污水处理厂
分析监测规范及运用

徐成华　杨森滔　辜　霞　刘　涛　主编

四川省水污染治理服务协会　组织编写

科学出版社
北　京

内 容 简 介

本书注重理论与实际生产相结合，强调监测指标对实际工程的指导意义，以污水处理厂指标监测及实验室建设管理为主线，包含污水处理及实验室的基础知识和水质在线监测系统等内容。

本书可供环境检测单位、污水处理厂检测人员及管理人员学习或工作参考，也可供高校环保相关专业的学生使用。

图书在版编目(CIP)数据

污水处理厂分析监测规范及运用 / 徐成华等主编. -- 北京：科学出版社, 2025.5. -- ISBN 978-7-03-081599-6

Ⅰ. X505-65

中国国家版本馆 CIP 数据核字第 2025DM0133 号

责任编辑：刘 琳 / 责任校对：彭 映
责任印制：罗 科 / 封面设计：墨创文化

科学出版社出版
北京东黄城根北街16号
邮政编码：100717
http://www.sciencep.com

成都锦瑞印刷有限责任公司 印刷
科学出版社发行 各地新华书店经销

*

2025 年 5 月第 一 版　　开本：787×1092　1/16
2025 年 5 月第一次印刷　　印张：17 1/2
字数：420 000
定价：128.00 元
（如有印装质量问题，我社负责调换）

本 书 编 委

参编单位(按单位名称首字笔画数排列)：
    中国科学院成都有机化学有限公司
    四川发展国润水务投资有限公司
    四川国交能源环保工程有限责任公司
    四川省市政污水分布式处理技术工程研究中心
    四川碧朗科技有限公司
    成都信息工程大学
    凯乐检测认证集团股份有限公司
    泸州市兴泸污水处理有限公司
    眉山环天水务有限公司
    海天水务集团股份公司

主　编：徐成华　杨森滔　辜　霞　刘　涛
主　审：岳全辉　袁仁贵
编写人员：许　念　陈方方　肖仲斌　姜赞成　费俊杰　蒋沛廷　杜宜波
    许　娟　张洪钢　党伟平　陈仁义　陈义臣　张　进　梁仁君
    吴诗伟　李明伟　解希玲　陈雨菲　吕　红　罗　青　徐　成
    颜　宏　唐　宁　刁建伟　潘琳琳　张玉梅　戴艺轩

前　言

随着《中华人民共和国水污染防治法》的第二次修订并实施，治污减排的需求日益明显。近年来我国污水处理事业蓬勃发展，污水处理能力显著提高，为改善水生态环境发挥了重要作用。污水处理厂既是水污染物减排的重要工程设施，也是水污染物排放的重点单位，因此全面加强对污水处理厂的管理规范，保证污水处理厂的稳定运行是污水处理的重中之重。水质检测分析工作是污水处理厂的一项重要内容，对污水处理厂的运行管理具有非常重要的作用。

本书内容充分考虑本行业从业人员对相关理论知识的需求和认知水平，紧密结合污水监测岗位实际需要，并以国家标准及相关行业规范为依托，以污水监测指标为主线，详细介绍了污水处理厂实验室建设管理、指标的检测以及在线监测的基本知识、操作方法及管理要求等。本书共分为八章，内容包括：污水处理与监测基础知识、污水处理厂基本工艺及构筑物、污水处理厂的监测与安全生产、实验室的建设与管理、实验室基础知识、污水处理厂监测指标的分析方法、污水生物指标和污泥性质的监测以及污水处理厂水质在线监测系统。

在本书编写过程中编者多次到污水处理厂、环境监测单位、科研院校调研，得到了相关单位领导及同行的支持和帮助，尤其得到中国科学院成都有机化学有限公司、成都信息工程大学、凯乐检测认证集团股份有限公司、四川发展国润水务投资有限公司、海天水务集团股份公司、四川碧朗科技有限公司、四川国交能源环保工程有限责任公司、四川省市政污水分布式处理技术工程研究中心、泸州市兴泸污水处理有限公司及眉山环天水务有限公司等相关单位的大力支持，在此表示感谢！

由于编者知识水平有限，本书不完善或疏漏之处，敬请读者和广大同行批评指正。

编者
2024 年 7 月

凡本书中引用的标准(包括带年号的)，若有更新，应使用标准的现行有效版本。

目 录

第一章　污水处理与监测基础知识 ··· 1
　第一节　污水性质与监测指标 ··· 1
　　一、污水的来源及特点 ··· 1
　　二、污水的主要监测指标 ··· 1
　第二节　污水排放标准 ··· 7
　　一、国家排放标准 ·· 7
　　二、地方排放标准 ·· 9
　　三、执行标准的原则 ··· 10
　第三节　污水处理厂水质监测的意义和要求 ··································· 10
　　一、污水水质监测的意义 ··· 10
　　二、污水处理厂对水质监测的要求 ··· 11
第二章　污水处理厂基本工艺及构筑物 ··· 12
　第一节　污水处理方法的分类和分级 ··· 12
　　一、污水处理方法的分类 ··· 12
　　二、污水处理方法的分级 ··· 13
　第二节　污水处理的物理技术 ·· 13
　　一、格栅与筛网 ··· 13
　　二、沉砂与沉淀 ··· 14
　　三、均质调节池 ··· 19
　　四、隔油池 ·· 20
　　五、气浮 ·· 21
　　六、过滤 ·· 21
　第三节　污水处理的化学及物理化学技术 ····································· 22
　　一、化学中和 ··· 22
　　二、化学混凝 ··· 22
　　三、吸附 ·· 23
　　四、氧化和还原 ··· 24
　　五、离子交换 ··· 26
　第四节　污水处理的生物技术 ·· 27
　　一、生物处理基本原理 ··· 27
　　二、活性污泥法 ··· 28

三、好氧生物膜法 ……………………………………………………………… 29
　　四、厌氧生物处理法 …………………………………………………………… 32

第三章　污水处理厂的监测与安全生产

第一节　污水处理厂的监测要求 ……………………………………………………… 36
　　一、自动监测 …………………………………………………………………… 36
　　二、手工监测 …………………………………………………………………… 37
　　三、污水处理厂的自行监测要求 ……………………………………………… 37
第二节　水样的采集和保存 …………………………………………………………… 39
　　一、术语解释 …………………………………………………………………… 39
　　二、污水采样点位的选取 ……………………………………………………… 39
　　三、污水水样的采集方法和频率 ……………………………………………… 40
第三节　污泥样品的采集与保存 ……………………………………………………… 44
　　一、术语解释 …………………………………………………………………… 44
　　二、污泥监测项目及频次 ……………………………………………………… 44
　　三、污泥样品的采集和保存 …………………………………………………… 44
第四节　气体监测与噪声监测 ………………………………………………………… 45
　　一、气体监测 …………………………………………………………………… 45
　　二、噪声监测 …………………………………………………………………… 47
第五节　现场监测项目 ………………………………………………………………… 49
　　一、流量测量 …………………………………………………………………… 49
　　二、水样感官指标的描述 ……………………………………………………… 49
第六节　污水处理厂安全生产 ………………………………………………………… 49
　　一、井、池作业的安全事项 …………………………………………………… 49
　　二、泵房集水池的安全事项 …………………………………………………… 50
　　三、污水处理厂有害气体中毒的防范 ………………………………………… 50
　　四、气体中毒后的抢救方案 …………………………………………………… 50
　　五、防止硫化氢中毒 …………………………………………………………… 51
　　六、防止沼气爆炸和中毒 ……………………………………………………… 52
　　七、防止溺水和高空坠落事故 ………………………………………………… 52
　　八、清通管道时的注意事项 …………………………………………………… 53
　　九、采样时的安全事项 ………………………………………………………… 53

第四章　实验室的建设与管理

第一节　实验室建设的一般规定及实验室等级划分 ………………………………… 54
　　一、实验室建设的一般规定 …………………………………………………… 54
　　二、实验室等级划分 …………………………………………………………… 55
第二节　污水处理厂实验室建设内容与管理要求 …………………………………… 56
　　一、实验室设计布局要求 ……………………………………………………… 56
　　二、实验室检测指标及检测周期 ……………………………………………… 61

  三、实验室的组成及设备配置 ··· 63
  四、实验室人员配置及岗位职责 ··· 69
  五、实验室环境建设 ·· 71
  六、实验室仪器设备及档案管理要求 ··· 74
 第三节 实验室质量体系的建立与管理 ·· 74
  一、实验室质量体系的建立 ··· 75
  二、实验室质量体系的管理 ··· 83

第五章 实验室基础知识 ··· 85
 第一节 实验室器皿的一般知识和基本操作 ··· 85
  一、玻璃器皿 ··· 85
  二、操作注意事项 ··· 92
 第二节 实验室仪器的一般知识和基本操作 ··· 92
  一、常用辅助设备 ··· 93
  二、常用分析仪器 ··· 96
 第三节 实验室仪器设备及操作的管理 ·· 99
  一、实验室仪器设备的管理 ··· 99
  二、实验室仪器设备操作的管理 ··· 99
  三、实验室仪器设备检定、校准与期间核查 ····································· 100
 第四节 药品和标准物质管理和保存 ··· 103
  一、实验室药品管理 ··· 103
  二、实验室标准物质管理 ··· 106
  三、实验室药品和标准物质管理的安全控制 ····································· 107
  四、实验室药品和标准物质管理的文件和记录 ·································· 108
  五、实验室药品和标准物质管理的培训和考核 ·································· 108
  六、实验室药品和标准物质管理的外部评估和认证 ··························· 108
 第五节 实验室安全 ·· 109
  一、危险化学品的警示标识 ··· 109
  二、实验室危险源识别 ·· 117
  三、实验室的安全管理制度 ··· 118
  四、实验室的安全应急预案 ··· 120

第六章 污水处理厂监测指标的分析方法 ························· 123
 第一节 水温（水温计法） ·· 123
  一、基本原理 ··· 123
  二、分析步骤 ··· 123
  三、常见问题分析及注意事项 ··· 124
 第二节 色度的测定-稀释倍数法 ·· 124
  一、基本原理 ··· 124
  二、分析步骤 ··· 124

三、常见问题分析及注意事项 ································ 126
第三节　浊度的测定 ·· 127
　　一、方法原理 ·· 127
　　二、分析步骤 ·· 127
　　三、常见问题分析及注意事项 ································ 128
第四节　电导率的测定(便携式电导率仪法) ·························· 128
　　一、基本原理 ·· 128
　　二、分析步骤 ·· 129
　　三、常见问题分析及注意事项 ································ 130
第五节　pH 的测定 ·· 130
　　一、基本原理 ·· 130
　　二、分析步骤 ·· 130
　　三、常见问题分析及注意事项 ································ 133
第六节　溶解氧的测定 ······································ 133
　　一、基本原理 ·· 133
　　二、分析步骤 ·· 134
　　三、常见问题分析及注意事项 ································ 137
　　四、电化学探头法 ······································ 137
第七节　悬浮物分析解析 ····································· 142
　　一、基本原理 ·· 142
　　二、分析步骤 ·· 142
　　三、常见问题分析及注意事项 ································ 143
第八节　化学需氧量 ······································· 145
　　一、基本原理 ·· 145
　　二、分析步骤 ·· 146
　　三、常见问题分析及注意事项 ································ 149
第九节　五日生化需氧量 ····································· 150
　　一、基本原理 ·· 151
　　二、分析步骤 ·· 151
　　三、常见问题分析及注意事项 ································ 156
第十节　氮(氨氮、总氮) ····································· 158
　　一、氨氮的测定 ······································· 159
　　二、总氮的测定 ······································· 165
第十一节　总磷的测定 ······································ 170
　　一、基本原理 ·· 170
　　二、分析步骤 ·· 170
　　三、常见问题分析及注意事项 ································ 173

第七章 污水生物指标和污泥性质的监测 ... 176
第一节 细菌总数 ... 176
一、基本原理 ... 176
二、材料及分析步骤 ... 176
三、常见问题分析及注意事项 ... 181
第二节 粪大肠菌群数 ... 182
一、多管发酵法 ... 182
二、滤膜法 ... 186
三、酶底物法 ... 190
四、纸片快速法 ... 194
五、粪大肠菌群检测方法对比及应用范围 ... 198
六、粪大肠菌群检测结果对生产的指示意义 ... 199
第三节 活性污泥生物相观察 ... 200
一、基本原理 ... 200
二、材料及分析步骤 ... 200
三、注意事项 ... 201
四、常见原后生动物对生产的指示意义 ... 201
第四节 混合液悬浮固体浓度 ... 205
一、基本原理 ... 205
二、材料及分析步骤 ... 205
三、注意事项 ... 206
四、混合液悬浮固体浓度对生产的指示意义 ... 206
第五节 挥发性悬浮固体浓度 ... 207
一、基本原理 ... 207
二、材料及分析步骤 ... 207
三、注意事项 ... 207
四、挥发性悬浮固体浓度对生产的指示意义 ... 208
第六节 污泥沉降比 ... 208
一、基本原理 ... 208
二、材料及分析步骤 ... 208
三、注意事项 ... 209
四、污泥沉降比对生产的指示意义 ... 209
第七节 污泥体积指数 ... 209
一、基本原理 ... 209
二、材料及分析步骤 ... 210
三、注意事项 ... 210
四、污泥体积指数对生产的指示意义 ... 210

第八章 污水处理厂水质在线监测系统 ··········· 213
第一节 水质在线监测系统概述 ··········· 213
第二节 术语和定义 ··········· 214
  一、水污染源在线监测系统 ··········· 214
  二、水污染源在线监测仪器 ··········· 214
  三、水质自动采样单元 ··········· 214
  四、数据控制单元 ··········· 214
第三节 水污染源在线监测系统的组成及建设要求 ··········· 214
  一、水污染源排放口建设要求 ··········· 214
  二、流量监测单元建设要求 ··········· 215
  三、监测站房建设要求 ··········· 215
  四、水质自动采样单元建设要求 ··········· 216
  五、数据控制单元建设要求 ··········· 217
  六、水质自动分析仪建设要求 ··········· 218
第四节 水污染物在线监测系统相关设备 ··········· 218
  一、流量计 ··········· 218
  二、数采仪 ··········· 219
  三、水质自动采样器 ··········· 222
  四、水质自动分析仪 ··········· 222
第五节 监测质量保证与质量控制 ··········· 242
  一、在线监测系统运营模式与责任划分 ··········· 242
  二、在线监测系统质量管理 ··········· 243
  三、在线监测系统运行与维护管理 ··········· 245
第六节 在线监测系统运维安全风险防控 ··········· 253

参考文献 ··········· 256
参考资料 ··········· 256
附录 ··········· 258
附录 A 常用污水监测指标的采样和水样保存要求 ··········· 258
附录 B 粪大肠菌群数查询表 ··········· 262

第一章　污水处理与监测基础知识

第一节　污水性质与监测指标

一、污水的来源及特点

城镇污水主要是指由城镇排水系统收集的生活污水、工业废水及部分城镇地表径流（雨雪水）的混合物。合流制排水系统中，还包括被截留的初期污染雨水。

生活污水主要是居民生活活动所产生的污水，包括来自住宅区、学校、医院、商场以及工厂生活间、厕所、厨房、浴室、洗衣房等处排放出的水等。这类污水中含有较多的有机物，如蛋白质、脂肪、淀粉、糖类等，还有氨、硫等无机盐类，微生物及病原体等。

工业废水主要是工业生产活动中使用过的受到不同程度污染的水，包括被生产原料、半成品或成品等废料所污染的水以及未直接参与生产工艺，未被污染或只是温度升高的水等。

初期污染雨水冲刷了地表的各种污染物，经雨水溢流井截流进入污水处理厂，其水量取决于截流倍数。

二、污水的主要监测指标

城镇污水的水质主要受到以下因素的影响：生活污水与生产污水所占的比例、排水体制（分流制、合流制、半分流制等）、城镇规模、居民生活习惯、气候条件等。水质指标是评价水质污染程度、进行污水处理工程设计、反映污水处理效果、开展水污染控制的基本依据，污水的水质指标一般分为物理性质、化学性质和生物性质三类。

（一）污水的物理性质及指标

1. 水温

污水的水温对污水的物理性质、化学性质及生物性质有直接影响。各地生活污水的年平均温度在 10～20℃，生产污水的水温与生产工艺有关，且变化很大。污水的水温过低（如低于 5℃）或过高（如高于 40℃）都会影响污水生物处理的效果。

2. 色度

色度是一项感官性指标。生活污水的颜色常呈灰色，但当污水中的溶解氧降低至零，污水所含有机物腐烂，发生厌氧反应，则水色转呈黑褐色并有臭味。生产污水的色度视工矿企业的性质而异，差别极大，如印染、造纸、农药、焦化、冶金及化工等的生产污水，都有各自的颜色。

3. 臭味

天然水是无臭无味的，当水体受到污染后会产生异样的气味。生活污水的臭味主要由有机物腐败产生的气体造成，工业废水的臭味主要由挥发性化合物造成。臭味同色度一样也是感官指标。

4. 固体含量

污水中固体物质按存在形态的不同可分为：悬浮的、胶体的和溶解的三种。按性质的不同可分为有机物、无机物和生物体三种。一定量水样在105～110℃烘箱中烘干至恒重，所得的质量为总固体量。把水样用定量滤纸过滤后，滤液蒸干所得的固体物质即为胶体和溶解固体(dissolved solids，DS)；被滤纸截留的滤渣，在105～110℃烘箱中烘干至恒重，所得的固体物质称为悬浮固体(suspended solids，SS)。

悬浮固体由有机物和无机物组成，所以又可以分为挥发性悬浮固体(volatile suspended solids，VSS)和非挥发性悬浮固体(non-volatile suspended solids，NVSS)，或称为固定性固体(fixed solids，FS)。悬浮固体在马弗炉中灼烧(600℃)所失去的质量为挥发性悬浮固体的质量，残留的质量为非挥发性悬浮固体的质量。

胶体和溶解固体(DS)也由有机物和无机物组成。生活污水中的溶解性有机物包括尿素、淀粉、糖类、脂肪、蛋白质等。工业废水的溶解性固体成分极为复杂，视工矿企业的性质而异，主要包括种类繁多的高分子有机物和金属离子等。

(二) 污水的化学性质及指标

1. 无机污染物指标

无机污染物指标包括酸碱度、氮、磷、重金属及无机非金属等。

1) 酸碱度(pH)

酸碱度用pH表示，pH等于氢离子浓度的负对数。pH=7时，污水呈中性，天然水体的pH一般接近中性；pH<7时，污水呈酸性，数值越小，酸性越强；pH>7时，污水呈碱性，数值越大，碱性越强。一般要求处理后污水的pH在6～9。

2) 氮、磷元素

污水中的氮、磷为植物营养元素，也是污水生物处理中微生物所必需的营养物质，主要来自人类排泄物、生活洗涤排水及某些工业废水。过多的氮、磷进入天然水体会导致富营养化，其是污水处理的重要指标之一。

(1) 氮及其化合物。

污水中的含氮化合物有四种：有机氮、氨氮、亚硝酸盐氮及硝酸盐氮。

①总氮(total nitrogen，TN)

总氮(TN，以 N 计)为水中各种形态有机氮和无机氮的总量，包括蛋白质、氨基酸、有机胺等有机氮和硝态氮、亚硝态氮、氨氮等无机氮。

②有机氮

有机氮很不稳定，容易在微生物的作用下，分解成其他三种含氮化合物。

③氨氮(NH_3-N)

氨氮是水中以游离氨(NH_3)和铵离子(NH_4^+)两种形式存在的氮，它是有机氮氧化分解的第一步产物。氨也是污水中重要的耗氧物质。

④硝态氮

在硝化细菌的作用下，氨被转化成亚硝酸盐(NO_2^-)和硝酸盐(NO_3^-)，所消耗的氧量为硝化需氧量。

⑤凯氏氮(Kjeldahl-nitrogen，TKN)

TKN 是氨氮与有机氮的总和。凯氏氮是一种指标而非实际物质，它可以用来判断污水在进行生物处理时，氮营养是否充足。测定 TKN 及 NH_3-N，两者之差即为有机氮。

(2) 磷及其化合物。

污水中的磷化合物可分为有机磷和无机磷两类。有机磷的存在形式主要有葡萄糖-6-磷酸、2-磷酸-甘油酸及磷肌酸等；无机磷都以磷酸盐形式存在，包括正磷酸盐(PO_4^{3-})、偏磷酸盐(PO_3^-)、磷酸氢盐(HPO_4^{2-})、磷酸二氢盐($H_2PO_4^-$)等。

3) 重金属

重金属指原子序数在 21~38 或相对密度大于 4 的金属。城市污水中的重金属主要有汞(Hg)、镉(Cd)、铬(Cr)、镍(Ni)、铅(Pb)等生物毒性显著的元素，以及一些具有一定毒性的一般重金属，如锌、铜、铁、锰、锡等。污水处理过程中，重金属离子60%左右被转移到污泥中。我国《污水排入城镇下水道水质标准》(GB/T 31962—2015)，对工业废水排入城市排水系统的重金属离子最高允许浓度有明确规定，超过此标准限值的废水，必须先在工矿企业内进行局部处理。

4) 无机性非金属有毒有害物

水中无机性非金属有毒有害污染物主要有砷化物、含硫化合物、氰化物等。

(1) 砷化物

污水中的砷化物主要来自化工、有色冶金、焦化、火力发电、造纸及皮革等工业废水。元素砷不溶于水，几乎没有毒性，但在空气中极易被氧化为剧毒的三氧化二砷(As_2O_3)，即砒霜。砷化物在污水中的存在形式是无机砷化物，如亚砷酸盐 AsO_2^-、砷酸盐 AsO_4^{3-} 以及有机物三甲基砷。

(2) 硫酸盐和硫化物

生活污水中的硫酸盐(SO_4^{2-})主要来自人类排泄物，工业废水中含有较高的硫酸盐，浓度可达 1500~7500mg/L。污水中的 SO_4^{2-}，在缺氧条件下，由于硫酸盐还原菌和反硫化菌的作用，被脱氧还原成硫化氢(H_2S)。释放出来的 H_2S 在排水管道中与管内壁附着的水珠接触，在噬硫菌的作用下生成 H_2SO_4。

污水中的硫化物主要来自生活污水和工业废水，如硫化染料废水和人造纤维废水等。硫化物在污水中的存在形式有硫化氢(H_2S)、硫氢化物(HS^-)与硫化物(S^{2-})。当污水 pH 较低(如低于 6.5)时，则以 H_2S 为主；pH 较高(如高于 9)时，则以 S^{2-} 为主。硫化物属于还原性物质，要消耗污水中的溶解氧，且能与重金属离子反应，生成金属硫化物的黑色沉淀。

(3) 氰化物

天然水体一般不含有氰化物(CN^-)，污水中的氰化物主要来自电镀、焦化、高炉煤气、制革、塑料、农药以及化纤等工业废水，CN^- 浓度在 20～80mg/L。氰化物是剧毒物质，人体摄入致死量是 0.05～0.12g。氰化物在污水中的存在形式是无机氰(如氢氰酸 HCN、氰酸盐 CN^-)及有机氰化物(称为腈，如丙烯腈 C_2H_3CN)。

2. 有机污染物指标

1) 生化需氧量

生化需氧量(biochemical oxygen demand，BOD)是在指定的温度和时间段内，在有氧条件下由微生物(主要是细菌)降解水中有机物所需的氧量。一般采用 20℃下 5 天的 BOD_5 作为衡量污水中可生物降解有机物的浓度指标。对于城市污水，其 BOD_5 为 BOD_{20} 的(20℃下 20 天)70%～80%。BOD 越高，表示水中有机物越多，污水的污染程度越大，处理难度也越大。

2) 化学需氧量

化学需氧量(chemical demand oxygen，COD)是化学氧化剂氧化水中有机污染物时所消耗的氧化剂量相对应氧的质量浓度(以 mg/L 为单位)，一般采用酸性条件下重铬酸钾为氧化剂时所消耗氧的浓度，即 COD_{Cr}。COD 越高，表示水中有机物越多，污水的污染程度越大，处理难度也越大。城市污水的 COD 大于 BOD_5，两者的差值大致为难生物降解的有机物量。在城市污水处理分析中，把 BOD_5/COD 的比值作为可生化性指标，比值越大，可生化性越好，适宜采用生化处理工艺。

3) 总需氧量和总有机碳

有机物的主要组成元素是 C、H、O、N、S 等，被氧化后分别产生 CO_2、H_2O、NO_2 和 SO_2，所消耗的氧量称为总需氧量(total oxygen demand，TOD)。TOD 的测定原理是将一定数量的水样注入含氧量已知的氧气流中，再通过以铂钢为触媒的燃烧管，在 900℃高温下燃烧，使水样中含有的有机物被燃烧氧化，消耗掉氧气流的氧，剩余的氧用电极测定并自动记录。氧气流原有含氧量减去剩余含氧量即等于 TOD。在高温下燃烧，有机物可被彻底氧化，所以 TOD 大于 COD。

总有机碳(total organic carbon，TOC)为水样中所有机污染物的含碳量，也是评价水样中有机污染物的一个综合参数。TOC 的测定与 TOD 一样，都采用燃烧氧化法，前者的测定结果以碳表示，后者则以氧表示。TOC、TOD 的耗氧过程与 BOD 的耗氧过程有本质不同，而且由于各种水样中有机物的成分不同，生化过程差别也较大。各种水质之间 TOC 或 TOD 与 BOD 不存在固定的相关性，而在水质基本相同的污水中，BOD 与 TOC 或 TOD

之间存在一定的相关性，即 TOD>COD>BOD$_5$>TOC。

4）脂肪和油类污染物

生活污水中的脂肪和油类来自人类排泄物、餐饮业洗涤水等，包括动物油脂和植物油。脂肪比碳水化合物和蛋白质更稳定，属于难降解有机物。石油污染物来自炼油、石油化工、焦化等工业废水，也属于难降解有机物。

5）酚类污染物

炼油、石油化工、焦化、合成树脂、合成纤维等工业废水都含酚。酚类是芳香烃的衍生物。酚的水溶液与酚蒸汽易被皮肤或呼吸道吸入人体引起中毒。水体受酚类化合物污染后影响水产品的产量和质量。酚的毒性可抑制水中微生物（如细菌、藻等）的自然生长速率，有时甚至使其停止生长。

6）表面活性剂

生活污水与部分工业废水含有大量表面活性剂。表面活性剂有两类：烷基苯磺酸盐（alkyl benzene sulfonate，ABS），俗称硬性洗涤剂，含有磷并易产生大量泡沫，属于难生物降解有机物；直链烷基苯磺酸盐（linear alkyl benzene sulfonate，LAS），俗称软性洗涤剂，属于可生物降解有机物，泡沫量大大减少，但仍然含有磷。

7）有机酸、碱

工业废水含短链脂肪酸、甲酸、乙酸和乳酸等。人造橡胶、合成树脂等工业废水含有机碱，包括吡啶及其同系物。它们都属于可生物降解有机物，但对微生物有毒害或抑制作用。

8）有机农药

有机农药有两大类，即有机氯农药与有机磷农药。有机氯农药（如 DDT 和六六六等）毒性极大且难分解，会在自然界不断积累，造成二次污染，故我国于 20 世纪 70 年代起禁止生产与使用。有机磷农药（含杀虫剂与除草剂）有敌百虫、乐果、敌敌畏等，毒性大，属于难生物降解有机物，并对微生物有毒害与抑制作用。

9）苯类化合物

苯环上的氢被氯、硝基、氨基等取代后生成的芳香族卤化物称为代苯类化合物，主要来自染料工业废水（含芳香族氨基化合物，如偶氮染料、蒽醌染料、硫化染料等）、炸药工业废水（含芳香族硝基化合物，如三硝基甲苯、苦味酸等）以及电器、塑料、制药、合成橡胶等工业废水（含多氯联苯、联苯胺、萘胺、三苯磷酸盐、丁苯等）。这些人工合成高分子有机化合物种类繁多、成分复杂，大多属于难生物降解有机物，使城镇污水的净化处理难度大大增加，并对微生物有毒害与抑制作用。

（三）污水的微生物性质及指标

1. 细菌总数

细菌总数是大肠菌群数、病原菌及其他细菌菌落数的总和，以每毫升水样中的细菌菌落总数表示。细菌总数愈多，表示病原菌存在的可能性愈大。细菌总数不能说明污染的来源，必须结合大肠菌群数来判断水的污染来源和安全程度。因此，用细菌总数、大肠菌群数及病毒 3 个卫生指标来评价污水受微生物污染的严重程度比较全面。

2. 大肠菌群数与大肠菌群指数

大肠菌群数是每升水样中所含有的大肠菌群的数目，以个/L 计；大肠菌群指数（大肠菌值）是从水样中检出 1 个大肠菌群形成单位所需的最少样品量，以毫升(mL)计。可见大肠菌群数与大肠菌群指数互为倒数，即

$$大肠菌群指数 = \frac{1000}{大肠菌群数}$$

比如，大肠菌群数为 500 个/L，则大肠菌群指数为 1000/500 等于 2mL。

大肠菌与病原菌都存在于人类肠道系统内，它们的生活习性及在外界环境中的存活时间都基本相同。每人每日排泄的粪便中含有大肠杆菌 $1\times10^{11}\sim4\times10^{11}$ 个，数量大大多于病原菌，但对人体无害。由于病原菌的培养检验十分复杂与困难，大肠菌的数量多且容易培养检验，因此，常采用大肠菌群数作为卫生指标。水中存在大肠菌，就表明受到粪便的污染，并可能存在病原菌。

3. 病毒

污水中已被检出的病毒有 100 多种。检出大肠菌群，可以表明肠道病原菌的存在，但不能表明是否存在病毒及其他病原菌(如炭疽杆菌)。因此还需要检验病毒指标。病毒的检验方法目前主要有数量测定法与蚀斑测定法两种。

(四)活性污泥混合液指标

1. 混合液悬浮固体浓度

混合液悬浮固体(mixed liquor suspended solid，MLSS)浓度又称混合液固体浓度，表示在曝气池单位容积混合液中所含有的活性污泥固体物质的总质量。

$$MLSS=Ma+Me+Mi+Mii$$

式中，Ma——具有代谢功能活性的微生物群体量；
　　　Me——微生物(主要是细菌)内源代谢、自身氧化的菌体残留物量；
　　　Mi——由原污水挟入并夹杂于活性污泥上的难为细菌降解的惰性有机物质量；
　　　Mii——由原污水挟入并夹杂于活性污泥上的无机物质量。

上式的表示单位为：mg/L，或 g/L，或 g/m^3，或 kg/m^3。分母 L 及 m^3 所表示的均为混合液或污水的容积单位。

2. 混合液挥发性悬浮固体浓度

混合液挥发性悬浮固体(mixed liquor volatile suspended solid，MLVSS)浓度表示混合液活性污泥中有机性固体物质部分的浓度，即

$$MLVSS=Ma+Me+Mi$$

MLVSS 与 MLSS 两项指标，虽然在表示具有活性的活性污泥微生物量方面不够精确，

但是由于测定方法简单易行,而且能够在一定程度上表示相对的活性污泥微生物量值,因此,广泛地用于活性污泥工艺系统的设计和运行管理。

3. 污泥沉降比

污泥沉降比(sludge setting ratio,SSR)表示,搅拌混合良好的混合液在量筒内静置30min后所形成沉淀污泥的容积占原混合液容积的百分比,以%表示。SSR能够反映在活性污泥反应系统的正常运行过程中,曝气池内的活性污泥量,可用以控制、调节剩余污泥的排放量,通过它还能及时地发现污泥膨胀等异常现象,是活性污泥反应系统重要的运行参数,也是评定活性污泥数量和质量的重要指标。

4. 污泥容积指数

污泥容积指数(sludge volume index,SVI)的物理意义是在活性污泥反应器曝气池的出口处的混合液,在静沉30min后,1g干污泥所形成的沉淀污泥体积,以mL计,其计算式为

$$SVI = \frac{混合液(1L)静沉30min形成的活性污泥体积(mL)}{混合液1L中悬浮固体干重(g)} = \frac{SSR(mL/L)}{MLSS(g/L)}$$

第二节 污水排放标准

污水排放标准,即水污染物排放标准,按控制形式可分为浓度标准和总量控制标准,按地域管理权限可分为国家排放标准、地方排放标准,按标准用途可以分为综合型排放标准、通用型排放标准、行业型排放标准。

一、国家排放标准

水污染物排放标准的标准编号有大写汉语拼音字母"GB"开头的均为国家排放标准。目前,我国现行的国家排放标准中《污水综合排放标准》(GB 8978—1996)是国家综合型排放标准,《城镇污水处理厂污染物排放标准》(GB 18918—2002)、《污水排入城镇下水道水质标准》(GB 31962—2015)、《污水海洋处置工程污染控制标准》(GB 18486—2001)为通用性排放标准,其他如《制浆造纸工业水污染物排放标准》(GB 3544—2008)、《船舶工业污染物排放标准》(GB 4286—84)、《海洋石油开发工业含油污水排放标准》(GB 4914—85)、《纺织染整工业水污染物排放标准》(GB 4287—2012)、《烧碱、聚氯乙烯工业水污染物排放标准》(GB 15581—2016)、《肉类加工工业水污染物排放标准》(GB 13457—92)、《合成氨工业水污染物排放标准》(GB 13458—2013)、《钢铁工业水污染物排放标准》(GB 13456—2012)、《磷肥工业水污染物排放标准》(GB 15580—2011)等属于国家行业型排放标准。

其中,《城镇污水处理厂污染物排放标准》(GB 18918—2002)对常规污染物排放标

准分为三级：一级标准、二级标准、三级标准。一级标准分为 A 标准和 B 标准。一级标准是为了实现城镇污水资源化利用和重点保护饮用水源的目的,适用于补充河湖景观用水和再生利用,应采用深度处理或二级强化处理工艺。二级标准主要是以常规或改进的二级处理为主的处理工艺为基础制定的。三级标准是对于一些经济欠发达的特定地区,根据当地的水环境功能要求和技术经济条件,可先进行一级半处理,适当放宽的过渡性标准。一类重金属污染物和选择控制项目不分级。

我国城镇污水处理厂污染物的排放除执行地方标准的外,多数执行《城镇污水处理厂污染物排放标准》(GB 18918—2002)。

当城镇污水处理厂出水排入较小的河湖作为景观用水和回用水等用途时,执行一级标准的 A 标准。

当城镇污水处理厂出水排入《地表水环境质量标准》(GB 3838—2002)地表水 III 类功能水域(划定的饮用水水源保护区和游泳区以外)、《海水水质标准》(GB 3907—1997)海水二类功能水域和湖、库等封闭或半封闭水域时,执行一级标准的 B 标准。

非重点控制流域或非水源保护区的建制镇的污水处理厂,根据当地经济条件和水污染控制要求,采用一级强化处理工艺时,执行三级标准。

城镇污水处理厂水污染物排放基本控制项目,执行表 1.1 和表 1.2 的规定。选择控制项目按表 1.3 的规定执行。

表 1.1　基本控制项目最高允许排放浓度(日均值)

基本控制项目	一级标准 A 标准	一级标准 B 标准	二级标准	三级标准
化学需氧量(COD)/(mg/L)	50	60	100	120
生化需氧量(BOD)/(mg/L)	10	20	30	60
悬浮物(SS)/(mg/L)	10	20	30	50
动植物油/(mg/L)	1	3	5	20
石油类/(mg/L)	1	3	5	15
阴离子表面活性剂/(mg/L)	0.5	1	2	—
总氮(以 N 计)/(mg/L)	15	20	—	—
氨氮(以 N 计)/(mg/L)	5(8)	8(15)	25(30)	—
总磷(以 P 计)/(mg/L) 2005 年 12 月 31 日前	1	1.5	3	5
总磷(以 P 计)/(mg/L) 2006 年 1 月 1 日起	0.5	1	3	5
色度(稀释倍数)	30	30	40	50
pH	5~9			
粪大肠菌群数/(个/L)	10³	10⁴	10⁴	—

表 1.2　部分一类污染物最高允许排放浓度（日均值）　　　　　　（单位：mg/L）

项目	标准值	项目	标准值
总汞	0.001	六价铬	0.05
烷基汞	不得检出	总砷	0.1
总镉	0.01	总铅	0.1
总铬	0.1		

表 1.3　选择控制项目最高允许排放浓度（日均值）　　　　　　（单位：mg/L）

选择控制项目	标准值	选择控制项目	标准值
总镍	0.05	三氯乙烯	0.3
总铍	0.002	四氯乙烯	0.1
总银	0.1	苯	0.1
总铜	0.5	甲苯	0.1
总锌	1.0	邻-二甲苯	0.4
总锰	2.0	对-二甲苯	0.4
总硒	0.1	间-二甲苯	0.4
苯并[a]芘	0.00003	乙苯	0.4
挥发酚	0.5	氯苯	0.3
总氰化物	0.5	1,4-二氯苯	0.4
硫化物	1.0	1,2-二氯苯	1.0
甲醛	1.0	对硝基氯苯	0.5
苯胺类	0.5	2,4-二硝基氯苯	0.5
总硝基化合物	2.0	苯酚	0.3
有机磷农药（以 P 计）	0.5	间-甲酚	0.1
马拉硫磷	1.0	2,4-二氯酚	0.6
乐果	0.5	2,4,6-三氯酚	0.6
对硫磷	0.05	邻苯二甲酸二丁酯	0.1
甲基对硫磷	0.2	邻苯二甲酸二辛酯	0.1
五氯酚	0.5	丙烯腈	2.0
三氯甲烷	0.3	可吸附有机卤化物（AOX，以 Cl 计）	10
四氯化碳	0.03		

二、地方排放标准

我国省、直辖市、自治区等根据经济发展水平和管辖地水体污染控制需要，可以依据《中华人民共和国环境保护法》《中华人民共和国水污染防治法》制定地方污水排放标准。

地方污水排放标准应严于国家污水排放标准的要求，否则应启动修订或废止工作。

三、执行标准的原则

地方污染物排放标准优先于国家污染物排放标准；地方污染物排放标准未规定的项目，应当执行国家污染物排放标准的相关规定。

同属国家污染物排放标准的，行业型污染物排放标准优先于综合型和通用型污染物排放标准；行业型或者综合型污染物排放标准未规定的项目，应当执行通用型污染物排放标准的相关规定。

同属地方污染物排放标准的，流域(海域)或者区域型污染物排放标准优先于行业型污染物排放标准；行业型污染物排放标准优先于综合型和通用型污染物排放标准，流域(海域)或者区域型污染物排放标准未规定的项目应当执行行业型或者综合型污染物排放标准的相关规定；流域(海域)或者区域型、行业型或者综合型污染物排放标准均未规定的项目，应当执行通用型污染物排放标准的相关规定。

新发布实施的国家污染物排放标准规定的控制要求严于现行的地方污染物排放标准的，地方污染物排放标准应当依法修订或者废止。

第三节 污水处理厂水质监测的意义和要求

一、污水水质监测的意义

水质检测分析工作是污水处理厂运行管理工作中的一项重要内容，对污水处理厂的运行管理具有非常重要的作用。

(1)及时掌握水厂进水水质。通过及时准确的水质监测结果，能够掌握污水处理厂各类入网单位的水质情况，防止工业废水超标后对厂内处理工艺的冲击。除此之外，污水厂处理日常运行积累的各项指标的监测数据也是本地区进行污水处理规划的重要依据。

(2)有利于控制出水质量，保证达标排放。污水处理厂运行日常管理最重要的工作就是保证出水在任何时候都能达到国家规定的排放标准。要求污水处理厂实验室能准确提供各项指标的检测结果，发现出水一项或数项指标达到临界状态或超标要及时反馈，便于厂内技术人员及时寻找原因，调整工艺。

(3)为污水处理系统正常运行提供科学依据。准确的水质监测结果可以反映出污水处理厂各处理工艺段的控制指标，有助于指导技术人员选择运行最佳工况点，使污水处理运行能经济、稳定地进行。

二、污水处理厂对水质监测的要求

(一)准确、可靠、及时、全面提供监测数据

提供准确监测数据是污水处理厂实验室的中心工作。不正确的监测数据可能会误导技术人员,影响处理系统的运行管理,甚至造成严重的后果。监测数据的正确性是由多个主、客观因素决定的,如检测人员的责任心、技术水平及实验室管理水平等。

监测数据的可靠性是和准确性密切相关的。作为检测人员不仅要掌握水质检测化验知识和技能,并不断积累经验,而且要掌握污水处理知识,了解各检测指标在污水处理过程中的实质意义,能根据各类指标的相关性、匹配性来判断检测结果,保证数据的可靠性。

实验室及时提供运行所需的各类监测数据是保证污水处理厂正常运行的重要条件之一。当运行的某些环节出现问题,水质恶化时,监测数据的及时性就显得更为重要。化验人员应建立合理的检测工作程序,快速准确地报出数据。同时应尽量选择合理的水样预处理方法和检测方法,提高检测速度。

(二)为在线仪表的校正提供准确数据

现代污水处理厂大都配备了各类在线仪表,如 pH 计、MLSS 测定仪、溶解氧仪、COD 在线测定仪、氮和磷测定仪等。其中部分仪器在调试及定期校正时是以化学方法测定值为参考的,因此为仪表校正提供准确数据对污水处理厂的正常运行具有重要意义。

第二章 污水处理厂基本工艺及构筑物

第一节 污水处理方法的分类和分级

现代污水处理技术按原理可分为物理处理法、化学处理法和生物处理法三类;按处理程度可分为一级处理、二级处理和三级处理,三级处理有时又称深度处理。

一、污水处理方法的分类

(一)物理处理法

物理处理法是通过物理作用分离、回收废水中不溶解的悬浮状态污染物(包括油膜和油珠)的方法,可分为重力分离法、离心分离法和筛滤截留法等。属于重力分离法的处理单元有沉淀、上浮(气浮)等,相应的处理构筑物有沉砂池、沉淀池、隔油池、气浮池及其附属装置等。离心分离法使用的处理装置有离心分离机和水旋分离器等。筛滤截留法有栅筛截留和过滤两种处理单元,前者使用的处理设备是格栅和筛网,而后者使用的是砂滤池和微孔滤机等。以热交换原理为基础的处理方法也属于物理处理法,其处理单元有蒸发、结晶等。

(二)化学处理法

该方法是通过化学反应和传质作用来分离、去除废水中呈溶解、胶体状态的污染物或将其转化为无害物质的方法。在化学处理法中,以投加药剂而发生的化学反应为基础的处理过程有混凝、中和、氧化还原等;而以传质为基础的处理单元则有萃取、汽提、吹脱、吸附、离子交换以及电渗析和反渗透等。电渗析和反渗透处理单元使用的是膜分离技术。

(三)生物处理法

生物处理法是通过微生物的代谢作用,使污水中呈溶解、胶体状态的有机污染物转化为稳定的无害物质的方法。主要方法分为两类,即利用好氧微生物作用的好氧法(好氧氧化法)和利用厌氧微生物作用的厌氧法(厌氧还原法)。废水生物处理广泛使用的是好氧生物处理法。好氧生物处理法又分为活性污泥法和生物膜法两类。活性污泥法本身就是一种处理单元,它有多种运行方式。属于生物膜法的处理设备有生物滤池、生物转盘、生物接触氧化池以及生物流化床等。生物氧化塘法又称自然生物处理法。厌氧生物处理法主要用于处理高浓度有机废水和污泥。厌氧生物处理的设备包括厌氧消化池、厌氧接触法、厌氧生物滤池、升流式厌氧污泥床、厌氧生物转盘、厌氧序批式反应器等。

由于废水中的污染物多种多样，因此实际工程中，往往需要将几种方法组合在一起，通过几个处理单元去除污水中的各类污染物，实现达标排放。

二、污水处理方法的分级

(一)一级处理

一级处理主要去除污水中呈悬浮状态的固体污染物质，物理处理法中大部分方法只能完成一级处理的要求，属于二级处理的预处理。城市污水一级处理的主要构筑物有格栅、沉砂池和沉淀池。

(二)二级处理

二级处理是城市污水处理的主要工艺，是在一级处理的基础上增加生化处理方法，其主要目的是去除污水中呈胶体、悬浮和溶解状态的有机污染物(即 BOD、COD)，去除率可达 90%以上，并同时完成生物脱氮除磷。二级处理采用的生化方法主要有活性污泥法和生物膜法。

(三)深度处理

污水深度处理(三级处理)是在一级、二级处理后，进一步处理难降解的有机物、氮磷等能够导致水体富营养化的可溶性无机物。主要方法有化学法、生物脱氮除磷法、混凝沉淀法、砂滤法、活性炭吸附法、离子交换法和电渗析法等。三级处理是深度处理的同义语，但是两者又不完全相同。三级处理常用于二级处理之后，而深度处理则以污水回收、再用为目的，在一级或二级处理后增加的处理工艺。

第二节 污水处理的物理技术

一、格栅与筛网

(一)格栅

污水进入污水处理厂后，一般都先经过格栅装置去除其中粗大的杂质。格栅由一组或数组平行的金属栅条、塑料齿钩或金属筛网、框架及相关装置组成，倾斜安装在污水渠道、泵房集水井的进口处或污水处理构筑物的前端，用来截留污水中较粗大的漂浮物和悬浮物，防止堵塞和缠绕水泵机组、曝气器、管道阀门等，减少后续处理产生的浮渣，保证污水处理设施的正常运行。

按栅条间隙，格栅可分为粗格栅(50～100mm)、中格栅(10～50mm)、细格栅(1.5～

10mm)和超细格栅(0.5～1.5mm)四种。按格栅形状,可分为平面格栅和曲面格栅。按清渣方式,可分为人工清渣和机械清渣格栅两种。处理流量小或所需截留的污染物量较少时,可采用人工清渣格栅。人工清渣格栅还常作为机械清渣格栅的备用格栅。每天的栅渣量大于 $0.2m^3$ 时,都应采用机械清渣方法。目前机械清渣的方式有很多种,常用的有往复移动耙机械格栅、回转式机械格栅(图 2.1)、钢丝绳牵引机械格栅、阶梯式机械格栅和转鼓式机械格栅(图 2.2)等。

图 2.1 回转式机械格栅　　　　图 2.2 转鼓式机械格栅

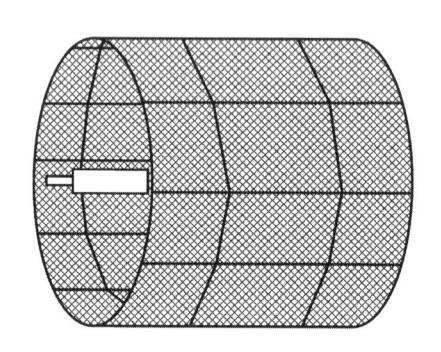

(二)筛网

筛网是由穿孔金属板或金属格网制成,孔眼的大小应根据被去漂浮物的性质和尺寸来确定。筛网的去除效果,可相当于初次沉淀池的作用。根据孔眼的大小筛网可分为粗滤机和微滤机;依照安装形式的不同,筛网可分为固定式、转动式和电动回转式。

筛网总是处于干湿交替状态,故其材质必须耐腐蚀。为消除油脂对筛网孔眼的堵塞,要根据具体情况,随时用蒸汽或热水及时冲洗筛网。筛网得以正常运转的关键是将被截留的悬浮杂质及时清理排出,使筛网及时恢复工作状态。如果自动除渣情况不理想,则要求操作工在巡检时及时将堵塞筛网孔眼的杂物人工清理掉。

二、沉砂与沉淀

(一)沉砂池

城镇污水中往往含有一些泥砂、煤渣等物质,特别是在易刮风沙的地区和城镇道路建设不够完备的地区。污水中的无机颗粒如不能及时分离、去除,会严重影响城镇污水处理厂的后续处理设施的运行,会板结在反应池底部,导致反应器有效容积减小,并引起曝气池中曝气器的堵塞和污泥输送管道的堵塞,甚至损坏污泥脱水设备。沉砂池的工作原理是以重力分离或离心力分离为基础,即控制进入沉砂池的污水流速或旋流速度,使相对密度大的无机颗粒下沉,而有机悬浮颗粒则被水流带走。

沉砂池主要从污水中分离出相对密度大于 1.5 且粒径大于 0.2mm 的颗粒物质,这些颗粒主要包括砂粒、砾石和少量密度较大的有机颗粒,如果核皮、种子等。沉砂池一般设置在提升设备和处理设施之前,以保护水泵和管道免受磨损,防止后续污水处理构筑物的堵塞和污泥处理构筑物容积的缩小,同时可减少活性污泥中的无机物含量,提高活性污泥的活性。在城镇污水处理厂的建设中,沉砂池占整个污水处理厂的用地比例和投资比例都极少,但若处置不当会给污水处理厂正常运行带来很大困难。

1. 平流式沉砂池

平流式沉砂池实际上是一个比入流渠道和出流渠道宽而深的渠道,当污水流过时,由于过水断面增大,水流速度下降,污水中夹带的无机颗粒在重力的作用下下沉,从而达到分离水中无机颗粒的目的。平流式沉砂池是早期污水处理系统中常用的一种形式,它具有截留无机颗粒效果较好、构造较简单等优点,但也存在流速不易控制、沉砂中有机颗粒含量较高、排砂常需要洗砂处理等缺点。平流沉砂池内的水流速度过大或过小都会影响沉砂效果,污水流量的波动会改变已建成沉砂池内的水流速度,工程上需要采用多格并联方式,实际操作时根据进水水量的变化调整运行的砂池格数。

2. 曝气沉砂池

普通沉砂池的最大缺点是在其截留的沉砂中夹杂一些有机物,这些有机物的存在使沉砂易于腐败发臭,夏季气温较高时尤甚,因此对沉砂的后处理和周围环境会产生不利影响。普通沉砂池的另一缺点是对有机物包裹的砂粒截留效果较差。曝气沉砂池(图 2.3)的优点是除砂效率稳定,受进水流量变化的影响较小。水力旋转作用使砂粒与有机物分离效果较好,在曝气沉砂池排出的沉砂中,有机物只占 5% 左右,长期搁置也不会腐败发臭。曝气沉砂过程的同时,还能起到气浮油脂并吹脱挥发性有机物的作用,还有预曝气充氧并氧化部分有机物的作用。

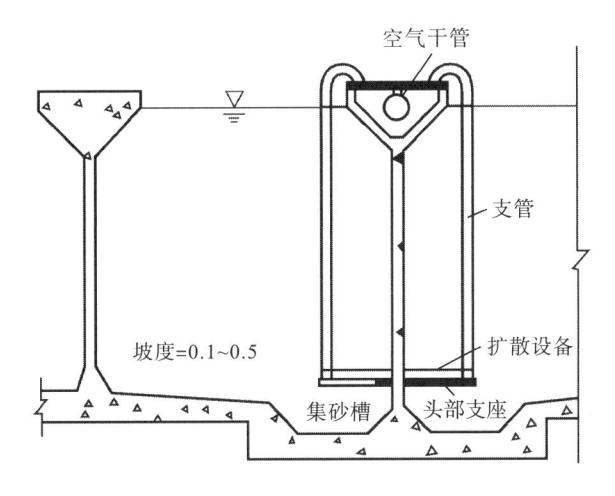

图 2.3 曝气沉砂池

3. 旋流沉砂池

一般旋流沉砂池(图2.4)由流入口、流出口、沉砂部分、砂斗、带变速箱的电动机、传动齿轮、压缩空气输送管和砂提升管及排砂管组成。污水从切线方向进入，进水渠道末端设有一跌水堰，使可能沉积在渠道底部的砂粒向下滑入沉砂池。池内设有可调速桨板，使池内水流保持螺旋形环流，较重的砂粒在靠近池心的一个环形孔口处落入底部的砂斗，水和较轻的有机物被引向出水渠，从而达到除砂的目的。砂斗内沉砂可采用空气提升、排砂泵等方式排除，再经过砂水分离器进行洗砂，达到砂粒与有机物再次分离从而清洁排砂的目的。

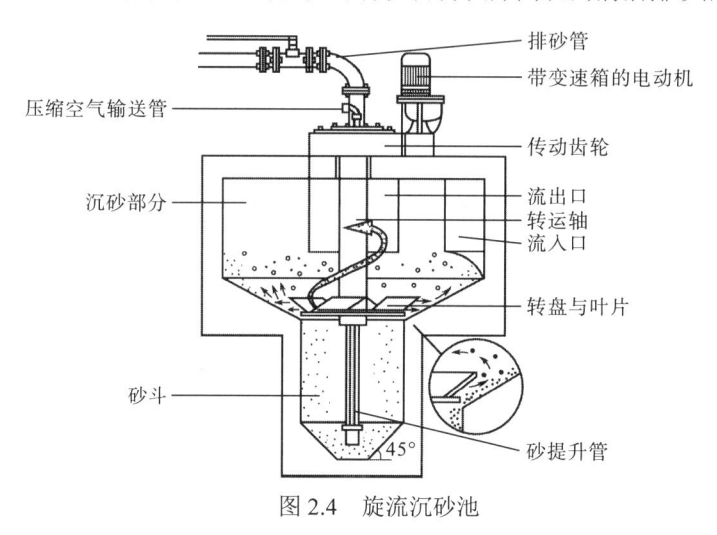

图2.4 旋流沉砂池

(二) 沉淀池

沉淀池是利用重力沉降作用将密度比水大的悬浮颗粒从水中去除的处理构筑物，是污水处理中应用最广泛的处理单元之一，可用于污水的一级处理、生物处理的后处理及深度处理。在不同的工艺中，所分离的固体悬浮物也有所不同。例如，在生物处理前的沉淀池主要是去除无机颗粒和部分有机物质，在生物处理后的沉淀池主要是分离出水中的微生物固体。沉淀池按构造形式，可分为平流式沉淀池、辐流式沉淀池和竖流式沉淀池，另外还有斜板(管)沉淀池和迷宫沉淀池。

1. 平流式沉淀池

平流式沉淀池平面呈矩形，一般由进水装置、出水装置、沉淀区、缓冲区、污泥区及排泥装置等构成。废水从池子的一端流入，按水平方向在池内流动，从另一端溢出，在进口处的底部设贮泥斗。排泥方式有机械排泥和多斗排泥两种，机械排泥多采用链带式刮泥机和桥式刮泥机。如图2.5所示的平流式沉淀池是使用比较广泛的一种，流入装置是横向潜孔，潜孔均匀地分布在整个池宽上，在潜孔前设挡板，其作用是消能，使废水均匀分布。流出装置多采用自由堰形式，堰前也设挡渣板，以阻拦浮渣，或设浮渣收集和排除装置。溢流堰是沉淀池的重要部件，它不仅控制沉淀池内水面的高程，而且对沉淀池内水流的均匀分布有着直接影响。单位长度堰口的溢流量必须相等。

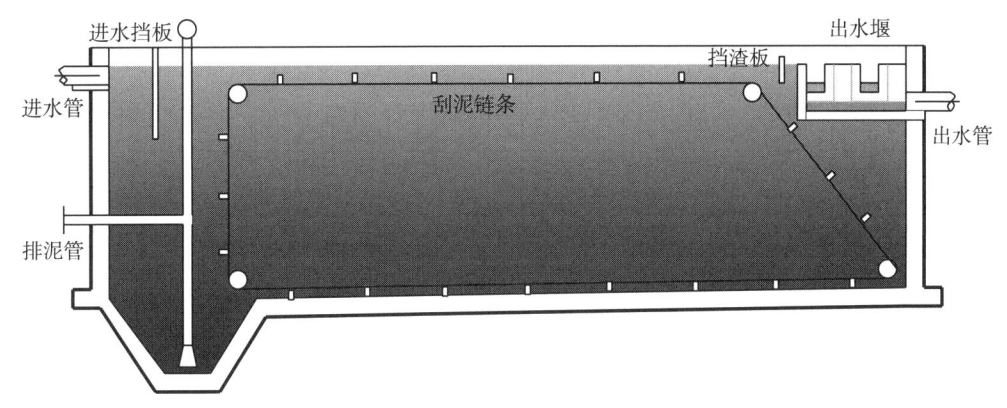

图 2.5 平流式沉淀池

2. 辐流式沉淀池

辐流式沉淀池一般为圆形或正方形。按进出水的形式，可分为中心进水周边出水、周边进水中心出水和周边进水周边出水三种类型。中心进水周边出水辐流式沉淀池应用最为广泛（图 2.6），主要由进水管、出水管、沉淀区、污泥区及排泥装置组成。在池中心处设中心管，废水从池底的进水管进入中心管，在中心管的周围常用穿孔障板围成流入区，使废水在沉淀池内得以均匀流动。流出区设于池周，由于平口堰不易做到严格水平，所以采用三角堰或淹没式溢流孔。为了拦截表面上的漂浮物质，在出流堰前设挡板和浮渣的收集、排出设备。辐流式沉淀池的优点为：①用于大型污水处理厂，沉淀池数量较少，成本较低，便于管理；②机械排泥设备已定型，排泥较方便。辐流式沉淀池的缺点是：①池内水流不稳定，沉淀效果相对较差；②排泥设备比较复杂，对运行管理要求较高；③池体较大，对施工质量要求较高。

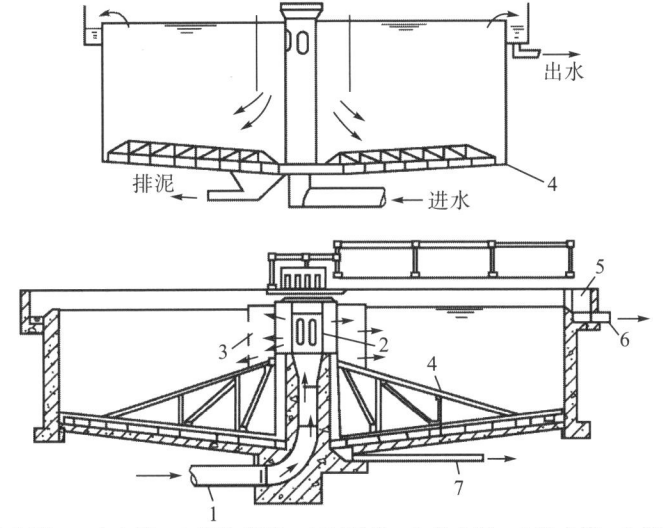

1-进水管；2-中心管；3-穿孔挡板；4-刮泥机；5-出水堰；6-排水管；7-排泥管
图 2.6 中心进水周边出水辐流式沉淀池

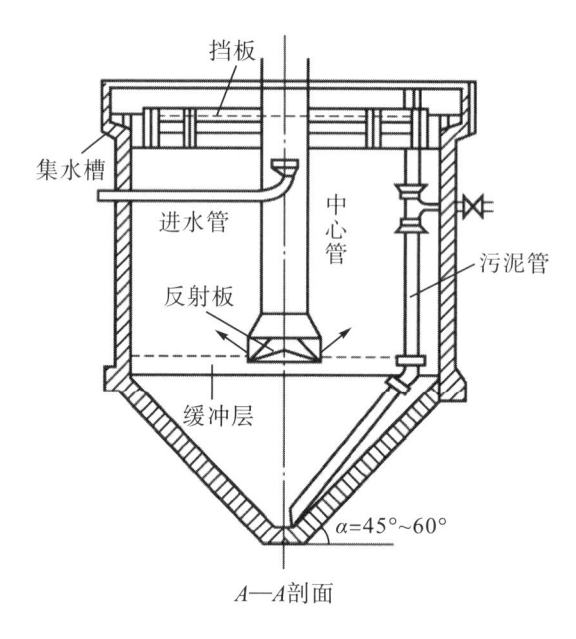

3. 竖流式沉淀池

竖流式沉淀池(图 2.7)的表面多呈圆形,也有采用方形和多角形的。沉淀池上部呈圆柱状的部分为沉淀区,下部呈截头圆锥状的部分为污泥区,在二区之间留有缓冲层 0.3m。竖流式沉淀池的优点是:排泥容易,不需要机械刮泥设备,便于管理。竖流式沉淀池的缺点是:池深大、施工难、造价高;每个池子的容量小,废水量大时不适用;水流分布不易均匀等。

图 2.7 竖流式沉淀池

4. 斜板(管)沉淀池

斜板(管)沉淀池是根据"浅层沉淀"理论,在沉淀池沉淀区放置与水平面成一定倾角(通常为 60°)的斜板或斜管组件,以提高沉淀效率的一种高效沉淀池。废水处理工程上采用的斜板(管)沉淀池,按水在斜板中的流动方向分为斜向流和横向流。斜向流又分为上向流和下向流,从水流与沉泥的相对运动方向讲,也称异向流和同向流。异向流斜板(管)沉淀池(图 2.8)水流自下向上,水中的悬浮颗粒是自上向下;同向流斜板(管)沉淀池水流和水中的悬浮颗粒都是自上向下。横向流又称侧向流,侧向流斜板(管)沉淀池水流沿水平方向流动,水中的悬浮颗粒是自上向下沉降。按水流断面形状分,有斜板和斜管。

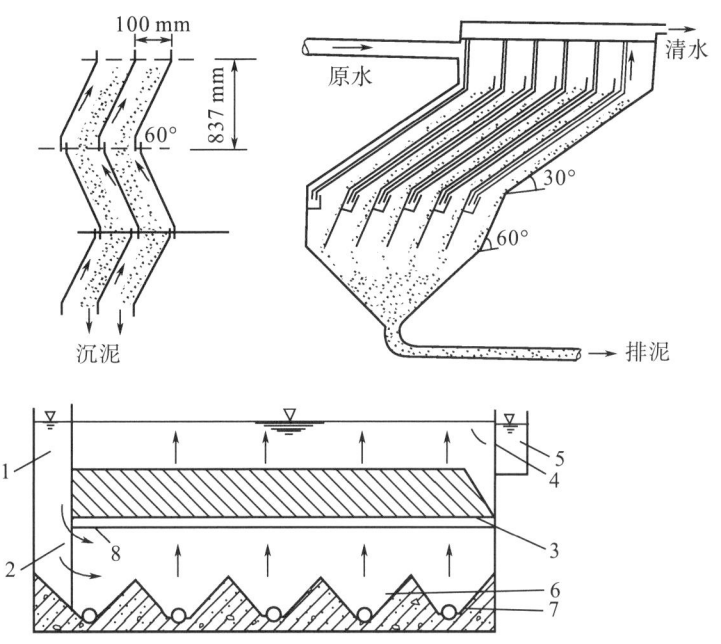

1-配水槽；2-穿孔墙；3-斜板或斜管；4-淹没孔口；5-集水槽；6-污泥斗；7-排泥管；8-阻流板

图 2.8　异向流斜板(管)沉淀池

三、均质调节池

无论是工业废水，还是城市污水，水量和水质在 24h 之内都有波动。工业废水的波动一般比城市污水大，中小型工厂的波动就更大。废水水质水量的变化对废水处理设备，特别是生物处理设备的运行是不利的。因此，在废水处理系统之前，设均质调节池，简称调节池，用以进行水量的调节和水质的均和。

根据功能，调节池分为均量池、均质池和均化池。均量池的主要作用是均化水量；均质池的主要作用是均化水质；均化池既能均量，又能均质。

(一)均量池

均量池的主要作用是调节水量。常用的均量池实际上是一座变水位的贮水池，来水为重力流，出水用泵抽。池中最高水位不高于来水管的设计水位，水深一般为 2m 左右，最低水位为死水位。如果在均质池中加搅拌设施，也能起到一定的均质作用，但因均量池的容积一般只占周期内总水量的 10%～20%，所以，即使搅拌，均质作用也不大。

(二)均质池

最常见的均质池可称为异程式均质池，为常水位，重力流。与沉淀池的主要不同之处在于沉淀池中的水流每一质点流程都相同，而均质池中水流每一质点的流程由短到长，都不相同，再结合进出水槽的配合布置，使前后流程的水得以相互混合，取得随机均质的效果。实践证明，这种均质池的效果是较好的，但这池只能均质，不能均量。

（三）均化池

均化池既能均量，又能均质。在池中设置搅拌装置，出水泵的流量用仪表控制。在均化池内设置搅拌装置，如采用表面曝气机或鼓风曝气，可使悬浮物不致沉淀和出现厌氧情况，还可以有预曝气的作用，能改进初沉效果，减轻曝气池负荷。

（四）事故池

为防止水质出现恶性事故，或发生破坏污水处理厂运行的事故，设置事故池，贮留事故排水，事故池是一种变相的均化池。事故池的进水阀门一般是自动控制的，否则无法及时发现事故并启动。这种池平时必须保证泄空备用。

四、隔油池

隔油池是用自然上浮法分离、去除含油废水中浮油的处理构筑物，其常用的形式有平流式隔油池、斜板式隔油池。

（一）平流式隔油池

平流式隔油池的构造与平流式沉淀池基本相同，平面多为矩形，但平流式隔油池出水端设有集油管。传统型平流式隔油池在我国应用较为广泛。废水从池的一端流入池内，从另一端流出。在流经隔油池的过程中，由于流速降低，相对密度小于1而粒径较大的油品杂质得以上浮到水面，而相对密度大于1的杂质则沉于池底。在出水一侧的水面上设集油管。集油管一般用直径为200～300mm的钢管制成，沿其长度在管壁的一侧开有切口，集油管可以绕轴线转动。平时切口在水面上，当水面浮油达到一定厚度时，转动集油管，使切口浸入水面油层之下，油进入管内，再流到池外。

（二）斜板式隔油池

根据浅池沉淀理论所设计的一种波纹斜板式隔油池如图2.9所示。水流向下，油珠上浮，属异向流分离装置，在波纹板内分离出来的油珠沿波纹板的峰顶上浮，而泥渣则沿峰底滑落到池底。斜板式隔油池具有处理效率高、占地面积小等优点，因此，在新建的含油废水处理工程中得到广泛应用。斜板材料要求表面光滑不沾油，重量轻、耐腐蚀，目前多采用聚酯玻璃钢。

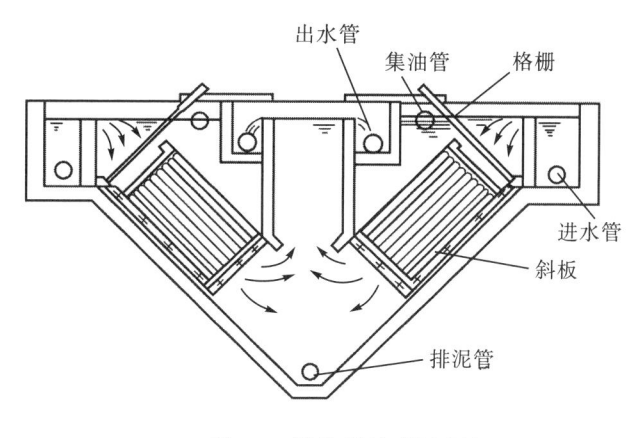

图 2.9　波纹斜板式隔油池

五、气浮

气浮处理法就是向废水中通入空气，并以微小气泡形式从水中析出成为载体，使废水中的乳化油、微小悬浮颗粒等污染物质黏附在气泡上，随气泡一起上浮到水面，形成泡沫-气、水、颗粒(油)三相混合体，通过收集泡沫或浮渣达到分离杂质、净化废水的目的。气浮法主要用来处理废水中靠自然沉降或上浮难以去除的乳化油或相对密度接近 1 的微小悬浮颗粒。为了提高气浮过程的选择性，加强捕收剂的作用并改善气浮条件，在气浮过程中常使用调整剂。调整剂包括抑制剂、活化剂和介质调整剂三大类。能够降低物质可浮性的药剂称为抑制剂。通过投加抑制剂，可以实现从废水中优先气浮出一种或几种有毒或值得回收的物质。能够消除抑制作用的药剂称为活化剂。投加活化剂可以消除抑制剂的抑制作用，促进气浮的进行。

为提高气浮法的固液分离效率，往往采取措施改变固体颗粒的表面特性，使亲水性颗粒转变为疏水性颗粒。为增加废水中悬浮颗粒的可浮性，需向废水中投加各种化学药剂，这种化学药剂称为气浮剂。气浮剂根据其作用的不同可分为捕收剂、起泡剂和调整剂。能够提高颗粒可浮性的药剂称为捕收剂。捕收剂一般为含有亲水性(极性)及疏水性基团的有机物，如硬脂酸、脂肪酸及其盐类、胺类等。亲水性基团能够选择性地吸附在悬浮颗粒的表面上，而疏水性基团朝外，这样，亲水性的颗粒表面就转化成为疏水性的表面而黏附在空气泡上。因此，捕收剂能降低颗粒表面的润湿性，增加悬浮颗粒的可浮性指标，提高其在气泡表面的黏附能力。

六、过滤

过滤是利用过滤材料分离废水中杂质的一种技术。根据过滤材料不同，过滤可分为颗粒材料过滤和多孔材料过滤两大类。废水处理中采用滤池，目的是去除废水中的细微悬浮物质，一般用于活性炭吸附或离子交换设备之前。某些炼油厂，在含油废水经气浮或混凝沉淀后，再通过滤池作进一步处理。当废水进入滤料层时，较大的悬浮颗粒自然被截留下来，而较细微的悬浮颗粒则通过与滤料颗粒或已附着的悬浮颗粒接触，发生吸附和凝聚而被截留下来。一些附着不牢的被截留物质在水流作用下，随水流到下一层滤料中去。或者由于滤料颗粒表面吸附量过大，孔隙变得更小，于是水流速增大，在水流的冲刷下，被截留物也能被带到下一层。因此，随着过滤时间的增长，滤层深处被截留的物质也多起来，甚至随水流出滤层，使出水水质变差。由于滤层经反冲洗水力分选后，上层滤料颗粒小，接触凝聚和吸附效率也高，加上一部分机械截留作用，使得大部分悬浮物质的截留是在滤料表面一个厚度不大的滤层内进行的。下层截留的悬浮物量较少，造成滤层中所截留悬浮物分布不均匀。

第三节 污水处理的化学及物理化学技术

一、化学中和

酸性工业废水和碱性工业废水来源广泛，如化工厂、化纤厂、电镀厂、煤加工厂及金属酸洗车间等都排出酸性废水。有的废水含无机酸，有的含有机酸，有的同时含有机酸和无机酸。废水中除含酸或碱外，还可能含有酸式盐、碱式盐以及其他的无机和有机等物质。当废水中酸性或碱性很高时，应考虑回用和综合利用的可能性，例如，用其制造硫酸亚铁、硫酸铁、石膏、化肥，也可以考虑供其他工厂使用等。当浓度不高时，回收或综合利用经济价值不高时，才考虑中和处理。中和处理就是去除废水中的酸或碱，使其pH达到或接近中性，以免废水腐蚀管道和构筑物、危害农作物和水生植物以及破坏废水生物处理系统的正常运行。

酸性废水中和处理采用的中和剂有石灰、石灰石、白云石、苏打、苛性钠等，碱性废水中和处理则通常采用盐酸和硫酸。苏打(Na_2CO_3)和苛性钠($NaOH$)具有组成均匀、易于贮存和投加、反应迅速、易溶于水而且溶解度较高的优点，但是由于价格较贵，通常很少采用。石灰来源广泛，价格便宜，所以采用较广。石灰石、白云石($MgCO_3 \cdot CaCO_3$)系石料，在产地使用较便宜。

二、化学混凝

混凝的过程即向水中投加混凝剂，使水中难以沉降的颗粒互相聚合增大，直至能自然沉淀或通过过滤分离。混凝法是废水处理中常采用的方法，可以用来降低废水的浊度和色度，去除多种高分子有机物、某些重金属和放射性物质。此外，混凝法还能改善污泥的脱水性能。废水中的细小悬浮颗粒和胶体微粒分量很轻，在废水中受水分子热运动的碰撞而做无规则的布朗运动，同时胶体微粒本身带有同性电荷，彼此之间存在静电排斥力，因此不能相互靠近结成较大颗粒下沉。另外，许多水分子被吸引在胶体微粒周围形成水化膜，阻止胶体微粒与带相反电荷的离子中和，妨碍颗粒之间接触并凝聚下沉。

废水中的细小悬浮颗粒和胶体微粒不易沉降，总保持着分散和稳定状态。要使胶体颗粒沉降，就必须破坏胶体的稳定性，促使胶体颗粒相互接触成为较大的颗粒(图2.10)。其关键在于减少胶粒的带电量，这可以通过压缩扩散层厚度、降低胶粒的ζ电位(胶粒与扩散层之间的电位差)来实现，这个过程也叫作胶体颗粒的脱稳作用。向废水中加入带相反电荷的物质，使它们之间产生电中和作用，如往带负电的胶体中加入金属盐类电解质后，立即电离出阳离子，进入胶团的扩散层。同时，在扩散层中增加阳离子浓度可以减小扩散层的厚度而降低ζ电位，所以电解质的浓度对压缩双电层有明显作用，另外电解质阳离子的化合价对降低ζ电位也有显著作用，化合价越高效果越明显。因此，常向废水中加入与水中胶体颗粒电荷相反的高价离子的电解质(如 Al^{3+})，使得高价离子从扩散层进入吸附层，以降低ζ电位。

图2.10 胶粒凝聚示意图

三、吸附

吸附是一种界面现象，其作用发生在两个相的界面上。例如，活性炭与废水接触，废水中的污染物会从水中转移到活性炭的表面，这就是吸附作用。具有吸附能力的多孔性固体物质称为吸附剂。而废水中被吸附的物质称为吸附质。根据吸附剂表面吸附能力的不同，吸附可分为物理吸附和化学吸附两种类型。物理吸附指吸附剂与吸附质之间通过范德瓦耳斯力而产生的吸附；而化学吸附则是由原子或分子间的电子转移或共有，即剩余化学键力所引起的吸附。在水处理中，物理吸附和化学吸附并不是孤立的，往往相伴发生，是两类吸附综合的结果，如有的吸附在低温时以物理吸附为主，而在高温时以化学吸附为主。

影响吸附的主要因素如下。

1. 吸附剂的性质

吸附剂的比表面积越大，吸附能力就越强。吸附剂种类不同，吸附效果也不同。一般是极性分子(或离子)型的吸附剂易于吸附极性分子(或离子)型的吸附质；非极性分子型的吸附剂易于吸附非极性的吸附质。例如，活性炭是一种非极性吸附剂(或称疏水性吸附剂)，可从溶液中有选择地吸附非极性或极性很低的物质。硅胶和活性氧化铝为极性吸附剂(或称亲水性吸附剂)，它可以从溶液中有选择地吸附极性分子(包括水分子)。此外，吸附剂的颗粒大小、细孔构造和分布情况以及表面化学性质等对吸附也有很大影响。

2. 吸附质特性

吸附质的溶解度对吸附有较大影响。吸附质的溶解度越低，一般越容易被吸附。能够降低液体表面自由能的吸附质更容易被吸附。例如活性炭吸附水中的脂肪酸,由于含碳较多的脂肪酸可使炭液界面自由能降低得较多,所以吸附量也较大。吸附质分子大小与不饱和度对吸附也有影响。例如活性炭与沸石相比,前者易吸附分子直径较大的饱和化合物,后者易吸附分子直径较小的不饱和化合物。吸附质浓度对吸附的影响是:当吸附质浓度较低时,由于吸附剂表面大部分是空着的,因此适当提高吸附质浓度将会提高吸附量,但吸附质浓度提高到一定程度后,再提高浓度时吸附量虽有增加,但速度减慢。

3. 废水 pH

废水的 pH 对吸附剂和吸附质的性质都有影响。活性炭一般在酸性溶液中比在碱性溶液中的吸附能力强。同时,pH 对吸附质在水中的存在状态(分子、离子、络合物等)及溶解度有时也有影响,从而影响吸附效果。

4. 共存物质

吸附剂可吸附多种吸附质,因此当共存多种吸附质时,吸附剂对某种吸附质的吸附能力比只有该种吸附质时的吸附能力低。

5. 温度

因为物理吸附过程是放热过程,温度高时,吸附量减少,反之吸附量增加。温度对气相吸附影响较大,对液相吸附影响较小。

6. 接触时间

在进行吸附时,应保证吸附剂与吸附质有一定的接触时间,使吸附接近平衡,以充分利用吸附能力。达到吸附平衡所需的时间取决于吸附速度,吸附速度越快,达到吸附平衡的时间越短,所需的吸附容器体积就越小。

四、氧化和还原

利用溶解于废水中的有毒有害物质在氧化还原反应中能被氧化或还原的性质,把它转化为无毒无害的新物质,这种方法称为氧化还原法。在废水处理中常用的氧化剂有空气中的氧、纯氧、臭氧、氯气、漂白粉、次氯酸钠、三氯化铁等;常用的还原剂有硫酸亚铁、亚硫酸盐、氯化亚铁、铁屑、锌粉、二氧化硫、硼氢化钠等。氧化和还原是互为依存的,在化学反应中,原子或离子失去电子称为氧化,接受电子称为还原。得到电子的物质称为氧化剂,失去电子的物质称为还原剂。

(一)氧化法

1. 药剂氧化法

向废水中投加氧化剂,氧化废水中的有毒有害物质,使其转变为无毒无害或毒性小的新物质的方法称为氧化法。药剂氧化法中最常用的是氯氧化法。氯是最普遍使用的氧化剂，而且氧化能力较强，可以氧化处理废水中的酚类、醛类、醇类以及洗涤剂、油类、氰化物、硫化物等，还有脱色、除臭、杀菌等作用。在化学工业方面，它主要用于处理含氰、含酚、含硫化物的废水和染料废水。

2. 臭氧氧化法

臭氧在水中分解很快，能与废水中大多数有机物及微生物迅速作用，因此在废水处理中对除臭、脱色、杀菌，除酚、氰、铁、锰，减少 COD 和 BOD 等具有显著的效果。剩余的臭氧很容易分解为氧，一般来说不产生二次污染。臭氧氧化适用于废水的三级处理。臭氧接触反应设备根据臭氧化空气与水的接触方式可分为气泡式、水膜式和水滴式三类。

3. 光氧化法

光氧化法是利用光和氧化剂产生很强的氧化作用来氧化分解废水中的有机物或无机物，氧化剂有臭氧、氯气、次氯酸盐、过氧化氢及空气加催化剂等，其中常用的为氯气。在一般情况下，光源多为紫外光，但它对不同的污染物有一定的差异，有时某些特定波长的光对某些物质比较有效。光对污染物的氧化分解起催化剂的作用，如以氯为氧化剂的光氧化法处理有机废水时，氯和水作用生成的次氯酸吸收紫外光后，被分解产生初生态氧[O]，这种初生态氧很不稳定且具有很强的氧化能力。初生态氧在光的照射下，能把含碳有机物氧化成二氧化碳和水。

4. 高级氧化新技术

1) 湿式氧化

湿式氧化法一般是在高温(150~350℃)高压(0.5~20MPa)操作条件下，在液相中，用氧气或空气作为氧化剂，氧化水中呈溶解态或悬浮态的有机物或还原态的无机物的一种处理方法，最终产物是二氧化碳和水。可以看作是不发生火焰的燃烧。在高温高压下，水及作为氧化剂的氧的物理性质都发生了变化。室温低于100℃，氧的溶解度随温度升高而降低，但在高温状态下，氧的这一性质发生了改变。当温度大于150℃，氧的溶解度随温度升高反而增大，且其溶解度大于室温状态下的溶解度。同时氧在水中的传质系数也随温度升高而增大。因此，氧的这一性质有助于高温下进行的氧化反应。

2) 芬顿(Fenton)氧化

Fenton 试剂由亚铁盐和过氧化氢组成，当 pH 足够低时，在 Fe^{2+} 的催化作用下，过氧化氢就会分解出·OH，从而引发一系列的链反应。

Fenton 试剂之所以具有非常强的氧化能力，是因为过氧化氢在催化剂铁离子存在的条件下生成氧化能力很强的羟基自由基(其氧化电位高达+2.8V)，另外羟基自由基具有很高的电负性或亲电子性，其电子亲和能为569.3kJ/mol，具有很强的加成反应特征。因而 Fenton 试剂可以无选择地氧化水中大多数有机物，特别适用于难生物降解或一般化学氧化难以奏效的有机废水的氧化处理。因此，Fenton 试剂在废水处理中的应用具有特殊意义，在国内外受到普遍重视。

Fenton 试剂氧化法具有过氧化氢分解速度快、氧化速率高、操作简单、容易实现等优点。然而，由于体系内有大量 Fe^{2+}，H_2O_2 的利用率不高，有机污染物降解不完全，且反应必须在酸性条件下进行，否则析出 $Fe(OH)_2$ 沉淀会使加入的 Fe^{2+} 或 Fe^{3+} 失效。中和还需消耗大量的酸碱，导致处理成本较高，制约了这一方法的广泛应用。鉴于此，随着近年来环境科学技术的发展，Fenton 试剂派生出许多分支，如 UV/Fenton 法、UV/H_2O_2 法和电/Fenton 法等。另外，人们还尝试以 Fe^{3+} 代替传统的 Fenton 体系中的 Fe^{2+}（Fe^{3+}+H_2O_2 体系），发现 Fe^{3+} 也可以催化分解过氧化氢。

(二) 还原法

废水中的有些污染物，如六价铬[Cr(Ⅵ)]毒性很大，可用还原的方法还原成毒性较小的三价铬[Cr(Ⅲ)]，再使其生成 $Cr(OH)_3$ 沉淀而去除。又如一些难生物降解的有机化合物（如硝基苯），有较大的毒性并对微生物有抑制作用，且难以被氧化，但在适当的条件下，可以被还原成另一种化合物（如硝基苯类、偶氮类生成苯胺类、高氯代烃类转化为低氯代烃或彻底脱氯生成相应的烃、醇或烯），进而改善可生物降解性和色度。

1. 药剂还原处理

药剂还原处理方法是通过投加还原剂，将废水中的污染物转变为无毒的或毒性较小的新物质的方法。水处理中常用的还原剂有铁屑、锌粉、硼氢化钠、硫酸亚铁、二氧化硫等。

2. 电解还原法处理

电解还原处理，包括污染物在阴极上得到电子而发生的直接还原和利用电解过程中产生的强还原活性物质使污染物发生的间接还原。例如，电解还原处理含铬废水，以铁板为阳极，在电解过程中铁溶解生成 Fe^{2+}，在酸性条件下，CrO_4^{2-} 被 Fe^{2+} 还原成 Cr^{3+}。同时由于阴极上析出氢气，废水 pH 逐渐升高，Cr^{3+} 和 Fe^{3+} 便形成氢氧化铬及氢氧化铁沉淀。氢氧化铁有凝聚作用，能促进氢氧化铬迅速沉淀。

五、离子交换

离子交换法是一种借助离子交换剂上的离子和废水中的离子进行交换反应而除去废水中有害离子的方法。离子交换过程是一种特殊的吸附过程，所以在许多方面都与吸附过程类似。但与吸附比较，离子交换的特点在于：它主要吸附水中的离子化物质，并进行等当量的离子交换。在废水处理中，离子交换主要用于回收和去除废水中金、银、铜、镉、铬锌等金属离子，对于净化放射性废水及有机废水也有应用。

水处理用的离子交换剂有离子交换树脂和磺化煤两类。离子交换树脂的种类很多，按其结构特征，可分为凝胶型、大孔型等孔型；根据其单体种类，可分为苯乙烯系、酚醛系和丙烯酸系等；根据其活性基团（亦称交换基或官能团）的性质，又可分为强酸性、弱酸性、强碱性和弱碱性，前两种带有酸性活性基团，称为阳离子交换树脂，后两种带有碱性活性基团，称为阴离子交换树脂。磺化煤为兼有强酸性和弱酸性两种活性基团的阳离子交换剂。阳离子交换树脂或磺化煤可用于水的软化或脱碱软化，阴、阳离子交换树脂配合则用于水的除盐。离子交换树脂是由空间网状结构骨架(即母体)与附属在骨架上的许多活性基团所构成的不溶性高分子化合物。活性基团遇水电离，分成两部分：①固定部分，仍与骨架牢固结合，不能自由移动，构成固定离子；②活动部分，能在一定空间内自由移动，并与其周围溶液中的其他同性离子进行交换反应，称为可交换离子或反离子。以强酸性阳离子交换树脂为例，可写成 $R-SO_3H^+$，其中 R 代表树脂母体即网状结构部分，SO_3^- 为活性基团的定离子，H^+ 为活性基团的可交换离子。有时更简写成 $R-H^+$，此时 R 表示树脂母体及牢固结合在其上面的固定离子。因此，离子交换的实质是不溶性的电解质(树脂)与溶液中另一种电解质所进行的化学反应，这一化学反应可以是中和反应、中性盐分解反应或复分解反应。

生产实践中，水的离子交换处理是在离子交换器中进行的，也将装有离子交换剂的离子交换器称离子交换床，离子交换剂层称离子交换床层。离子交换装置的种类很多，一般可分为固定床式离子交换器和移动床式离子交换器两大类，而固定床式离子交换器是在各领域用得最广泛的一种装置。

第四节　污水处理的生物技术

一、生物处理基本原理

生物处理是废水处理系统中最重要的过程之一，通常也称为生物化学处理。它是指在一定的水环境条件下，利用微生物自身的代谢作用，将废水中的可溶性有机物及部分不溶性有机物有效地去除，使废水得到净化。

废水的生物处理就是利用微生物氧化分解有机物，在好氧条件下微生物将有机污染物中一部分碳元素转化成 CO_2，厌氧条件下则将其转化为 CH_4 和 CO_2。按照微生物对氧需求程度不同，生物处理可分为好氧处理、厌氧处理、缺氧处理。好氧是指污水处理构筑物中的溶解氧含量在 1mg/L 以上。厌氧是指污水处理构筑物中基本没有溶解氧，硝态氮含量也非常低，一般硝态氮含量小于 0.2mg/L。缺氧指污水处理构筑物中 BOD_5 的代谢由硝态氮维持，硝态氮的初始含量不低于 0.4mg/L，溶解氧含量小于 0.7mg/L，最好小于 0.4mg/L。

根据微生物生长对氧环境的要求不同，生物处理方法可分为需氧生物处理与厌氧生物处理两大类。活性污泥法与生物滤池法等都属于需氧生物处理法。高浓度有机废水生物处理及污泥消化常用厌氧生物处理法。需氧生物氧化法是在不断供氧的环境中，利用好氧微生物的生命活动来氧化有机物；厌氧生物处理法则是在缺氧或无氧的环境中，利用厌氧微生物的生命活动来氧化有机物。

二、活性污泥法

(一)活性污泥的基本原理

好氧活性污泥法是以活性污泥为主体,利用活性污泥中悬浮生长的好氧微生物氧化分解污水中有机物质的污水生物处理技术,是一种应用最广泛的污水好氧生物处理技术。其净化污水的过程可分为吸附、代谢、固液分离三个阶段,由曝气池曝气系统、回流污泥系统及二次沉淀池等组成。

经过一级预处理的污水与二次沉淀池底部回流的活性污泥同时进入曝气池混合后,在曝气的作用下,混合液得到足够的溶解氧并使活性污泥与污水充分接触,污水中的胶体状和溶解性有机物被活性污泥吸附,并被活性污泥中的微生物氧化分解,从而得以净化。在二次沉淀池中,活性污泥与已被活性污泥净化的污水分离,澄清后的达标水排出系统;活性污泥在泥区进行浓缩后以较高的浓度回流到曝气池。微生物在氧化分解有机物的同时,自身也得以繁殖增长,即活性污泥量会不断增加,为使曝气池混合液中活性污泥浓度保持在一个较为恒定的范围内,需要及时将部分活性污泥作为剩余污泥排出系统。

(二)活性污泥净化污水的过程

第一阶段,污水主要通过活性污泥的吸附作用而得到净化。吸附作用进行得十分迅速,一般在30min内完成,BOD的去除率可高达70%。同时还具有部分氧化的作用,但吸附是主要作用。活性污泥具有极大的比表面积,内源呼吸阶段的活性污泥处于"饥饿"状态,其活性和吸附能力最强。吸附达到饱和后污泥就失去活性,不再具有吸附能力。但通过氧化阶段,除去了所吸附和吸收的大量有机物后,污泥又将重新呈现活性,恢复它的吸附和氧化能力。

第二阶段,也称氧化阶段,主要是继续分解氧化前阶段被吸附和吸收的有机物,同时继续吸附一些残余的溶解物质。这个阶段进行得相当缓慢。实际上,曝气池的大部分容积都用于进行有机物的氧化和微生物细胞物质的合成。氧化作用在污泥同有机物开始接触时进行得最快,随着有机物逐渐被消耗,氧化速率逐渐降低。因此如果曝气过度,活性污泥进入自身氧化阶段时间过长,回流污泥进入曝气池后初期所具有的吸附去除效果就会降低。

第三阶段,即泥水分离阶段,在这一阶段中,活性污泥在二次沉淀池中进行沉淀分离。微生物的合成代谢和分解代谢都能去除污水中的有机污染物,但产物不同。分解代谢的产物是CO_2和H_2O,可直接消除污染,而合成代谢的产物是新生的微生物细胞,只有将其从混合液中去除才能实现污水的完全净化处理。必须使混合液经过沉淀处理,将活性污泥与净化水进行分离,同时将与合成代谢生成的新微生物细胞等量的原有老化微生物,以剩余污泥的方式排出活性污泥处理系统,才能达到彻底净化污水的目的。同时,必须对剩余污泥进行妥善处理,否则可能造成二次污染。

三、好氧生物膜法

好氧生物膜法又称固定膜法，好氧生物膜法和好氧活性污泥法是污水处理行业应用最为广泛的两种生物处理技术。其基本特征是在污水处理构筑物内设置微生物生长聚集的载体(即一般所称的填料)，在充氧的条件下，微生物在填料表面积聚附着形成生物膜。经过充氧的污水以一定的流速流过填料时，生物膜中的微生物吸收分解水中的有机物，使污水得到净化，同时微生物也得到增殖，生物膜随之增厚。当生物膜增长到一定厚度，向生物膜内部扩散的氧受到限制，其表面仍是好氧状态，而内层则会呈缺氧甚至厌氧状态，并最终导致生物膜的脱落。随后，填料表面还会继续生长新的生物膜，周而复始使污水得到净化。

(一)生物滤池

进入生物滤池(图2.11)的污水，必须通过预处理，去除原污水中的悬浮物等能够堵塞滤料的污染物，并使水质净化。处理城市污水的生物滤池前设初次沉淀池。滤料上的生物膜不断脱落更新，脱落的生物膜随处理水流出，因此，生物滤池处理后也应设沉淀池(二次沉淀池)予以截留。生物滤池按负荷可分为低负荷生物滤池和高负荷生物滤池。低负荷生物滤池亦称普通生物滤池，负荷低，占地面积大，而且易于堵塞，因此在使用上受到限制。高负荷生物滤池采取处理水回流措施，加大水量，使水力负荷增大(是普通生物滤池的十倍)，于是普通生物滤池占地大、易于堵塞的问题得到一定程度的解决，但进水BOD含量必须限制在200mg/L以下。

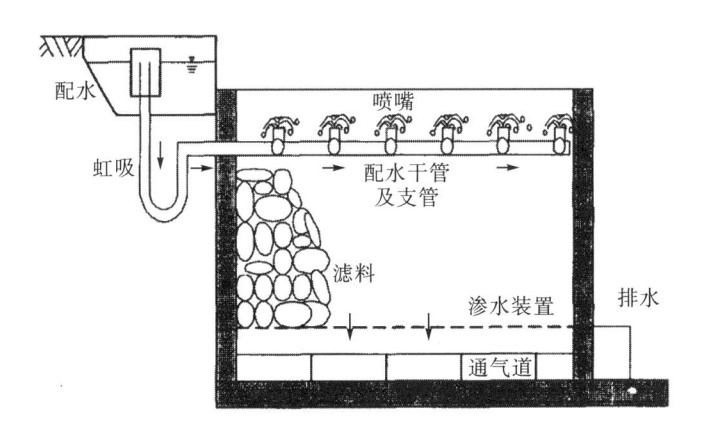

图2.11 固定式布水生物滤池

1. 普通生物滤池

普通生物滤池由池体、滤料、排水设备和布水装置四部分组成。滤料是生物滤池的首要组成部分，它对生物滤池净化功能的影响关系最大，应当正确选用。

2. 高负荷生物滤池

高负荷生物滤池属于第二代生物滤池，是在普通生物滤池的基础上为克服普通生物滤池在构造运行等方面存在的一些问题而发展起来的。按处理程度，高负荷生物滤池可分为完全处理和不完全处理两种。按是否采用处理水回流，高负荷生物滤池可分为处理水回流和处理水不回流两种。

3. 塔式生物滤池

塔式生物滤池属于第三代生物滤池，简称塔滤。在工艺上，塔式生物滤池与高负荷生物滤池没有根本的区别，但在构造、净化功能等方面具有一定的特征。在塔式生物滤池的各层生长着种属不同但又能适应流至该层废水性质的生物群。由于处理废水的性质不同，塔式生物滤池上的生物相也各不相同，但有一点是共同的，就是由塔顶向下，生物膜明显分层，各层的生物相组成不同，种类由少到多，由低级到高级。

(二) 生物转盘

生物转盘(图 2.12)是从传统生物滤池演变而来。生物转盘中，生物膜的形成、生长以及其降解有机污染物的机理，与生物滤池基本相同。与生物滤池的主要区别是它以一系列转动的盘片代替固定的滤料。部分盘片浸渍在废水中，通过不断转动与废水接触，氧则是在盘片转出水面与空气接触时从空气中吸取，而不进行人工曝气。生物转盘的主体部分由盘片、氧化槽、转轴以及驱动装置等部分所组成。生物膜固着在盘体的表面上，因此，盘体是生物转盘反应器的主体。盘片是生物转盘的主要组成部件。盘片可用聚氯乙烯塑料、玻璃钢、金属等制成。盘片的形式有平板式和波纹板式两种。

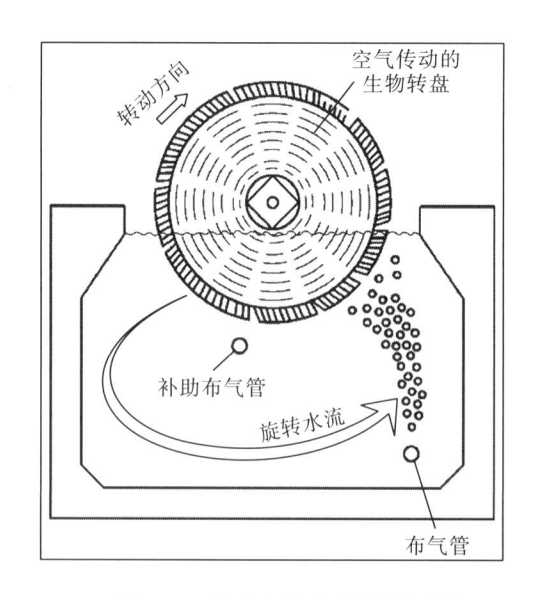

图 2.12　与曝气池合建的生物转盘

(三)生物接触氧化

生物接触氧化法(图 2.13),是在曝气池中填充块状填料,经曝气的废水流经填料层,使填料颗粒表面长满生物膜,废水和生物膜相接触,在生物膜的作用下,废水得到净化。生物接触氧化又名浸没式曝气滤池,也称固定式活性污泥法,它是一种兼有活性污泥法和生物膜法特点的废水处理构筑物,所以它兼有这两种处理法的优点。接触氧化反应器主要由池体、填料层、曝气系统、进水与出水系统以及排泥系统构成。

反应器池体的作用是接收被处理废水,在池内的固定部位充填填料,设置曝气系统为微生物创造适宜的环境条件,强化有机污染物的降解反应,排放处理水及污泥。反应器的结构形状可为圆形、方形和矩形,表面尺寸以满足配水布气均匀为宜。为便于填料充填和维护管理,设计时应尽量考虑与前处理构筑物及二次沉淀池的表面形式相协调,以降低水头损失。

废水在接触氧化反应器内的流态基本为完全混合式,因此,对进水系统无构造要求,可以考虑用管道直接进水,既可以采用从底部进水与空气同向流动,即同向流系统,也可以采用从上部进水与空气流向相对,即逆向流系统。接触氧化反应器装置的处理水出流系统也比较简单,当采用同向流系统时,在池顶四周溢流堰与出水槽排放处理水;而当采用逆向流系统时,则在反应器外壁与填料之间的四周设出水环廊,并在其顶部设溢流堰与出水槽,处理水由出水环廊上升经溢流堰与出水槽排放。填料充填支架安设在反应器内的固定位置,用以安装、固定填料,安设的部位与方式则根据采用的填料类型与安装方式确定。

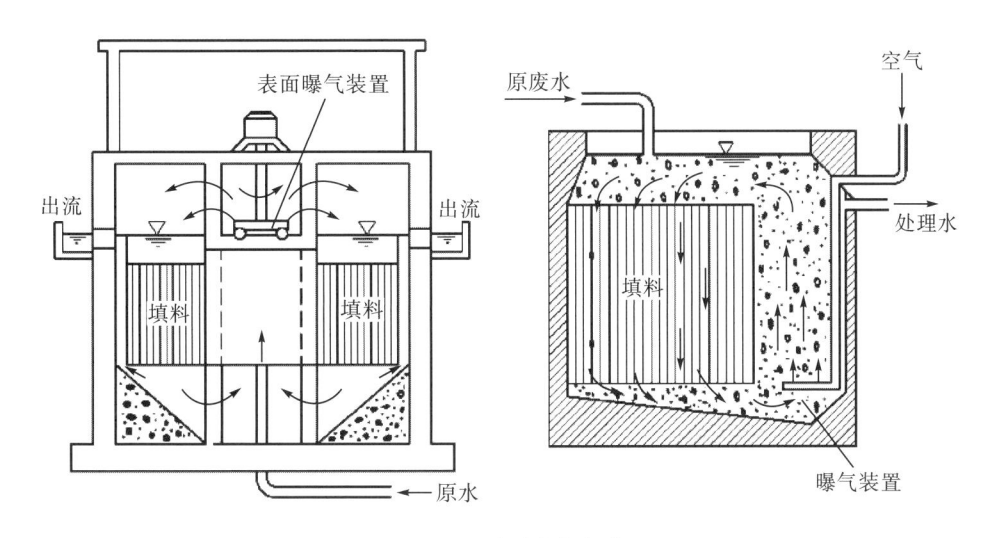

图 2.13 生物接触氧化池

(四)曝气生物滤池

曝气生物滤池(biological aerated filter,BAF),是 20 世纪 80 年代末至 90 年代初在普通生物滤池的基础上,借鉴给水滤池工艺而开发的新型污水处理工艺。它是普通生物滤池的一种变形工艺，也可看成生物接触氧化法的一种特殊形式，即在生物反应器内装填高比表面积的颗粒填料，以提供生物膜生长的载体。曝气生物滤池底部设承托层，其上部则是作为滤料的填料。在承托层设置曝气用的空气管及空气扩散装置，处理水集水管兼反冲洗水管也设置在承托层内。

被处理的原污水从池上部进入池体，并通过由填料组成的滤层，在填料表面有由微生物栖息形成的生物膜。在污水滤过滤层的同时，由池下部通过空气管向滤层进行曝气，空气通过填料的间隙上升，与下流的污水相向接触，空气中的氧转移到污水中，向生物膜上的微生物提供充足的溶解氧和丰富的有机物。在微生物的新陈代谢作用下，有机污染物被降解，污水得到处理。原污水中的悬浮物及由于生物膜脱落形成的生物污泥被填料所截留，滤层具有二次沉淀池的功能。当滤层内的截污量达到某种程度时，对滤层进行反冲洗，反冲洗水通过反冲洗水排放管排出。

四、厌氧生物处理法

厌氧生物处理是在厌氧条件下，由多种微生物共同作用，利用厌氧微生物将污水或污泥中的有机物分解并生成 CH_4 和 CO_2 等最终产物的过程。在不充氧的条件下，厌氧细菌和兼性(好氧兼厌氧)细菌降解有机污染物，又称厌氧消化或发酵，分解的产物主要是沼气和少量污泥，适用于处理高浓度有机污水和好氧生物处理后的污泥。

(一)升流式厌氧污泥反应器(UASB[①])

升流式厌氧污泥反应器(UASB)(图 2.14)的基本特征是在反应器的上部设置气、固、液三相分离器，下部为污泥悬浮层区和污泥床区，污水从底部流入，向上升流至顶部流出，混合液在沉淀区进行固、液分离，污泥可自行回流到污泥床区，使污泥床区保持很高的污泥浓度。从构造和功能上划分，UASB 反应器主要由进水配水系统、反应区(悬浮污泥区和颗粒污泥区)、三相分离器、集气排气系统、排泥系统及出水系统和浮渣清除系统组成。反应区中污泥床高度约为反应区总高度的 1/3，但其污泥量约占全部污泥量的 2/3 以上。污泥床的污泥量大，有机物浓度高，因此，80%的有机物去除率是在污泥床内实现的。虽然污泥悬浮层去除的有机物量不大，但其高度对产气量、混合程度和系统稳定性至关重要。

UASB 池形有圆形、方形、矩形等多种形式，小型装置常为圆柱形，底部呈锥形或圆弧形，大型装置为便于设置三相分离器，则一般为矩形。当污水流量较小而有机物浓度较高时，需要的沉淀区面积小，沉淀区的面积及池形可与反应区相同。当污水流量大而有机物浓度较低时，需要的沉淀区面积大，为使反应区的过流面积不至于过大，可加大沉淀区面积，即使 UASB 反应器上部直径大于下部直径。UASB 反应器内没有载体，是一种悬浮生长型的厌氧消化方法。在反应器底部污泥浓度较高的污泥层被称为污泥床，而在污泥床上部污泥浓度稍低的污泥层被称为污泥悬浮层，污泥床和污泥悬浮层统称为反应区。

---

① UASB 指 upflow anaerobic sludge blanket。

在厌氧状态下，微生物分解有机物产生的沼气在上升过程中产生强烈的搅动，有利于颗粒污泥的形成和维持。污水均匀地进入反应器的底部，污水向上通过包含颗粒污泥或絮状污泥的污泥床，在与污泥颗粒的接触过程中发生厌氧反应，经过反应的混合液上升进入气、固、液三相分离器。沼气泡和附着沼气泡的污泥颗粒向反应器顶部上升，上升到气体反射板的底面，沼气泡与污泥絮体脱离。沼气泡则被收集到反应器顶部的集气室中，脱气后的污泥颗粒沉降到污泥床，继续参与进水有机物的分解反应。在一定的水力负荷下，绝大部分污泥颗粒能保留在反应区内，使反应区具有足够的污泥量。UASB反应器不仅适用于处理高、中浓度的有机污水，也适用于处理城市污水一类的低浓度有机污水。

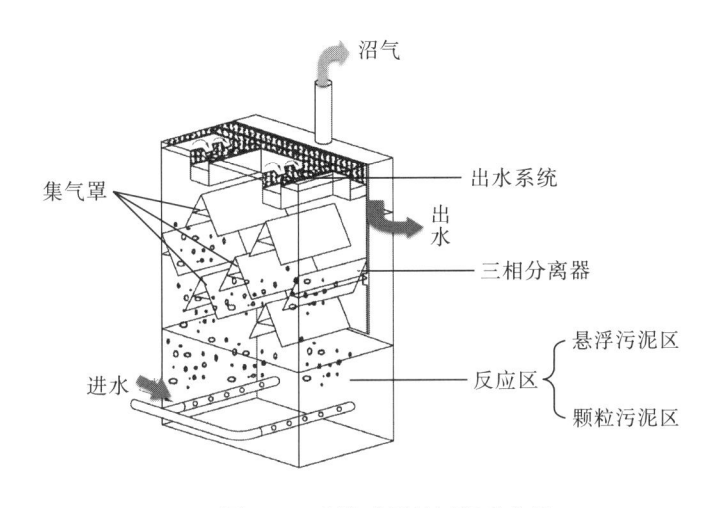

图 2.14 升流式厌氧污泥反应器

(二) 厌氧生物滤池

厌氧生物滤池是装有填料的厌氧生物反应器。其基本特征就是在反应器内装填了为微生物提供附着生长的表面和悬浮生长空间的载体。与好氧淹没式生物滤池(好氧接触氧化法)相似，在厌氧生物滤池填料的表面有以生物膜形态生长的微生物群体，构成了厌氧生物滤池厌氧微生物的主要部分。被截留在填料之间的空隙中、悬浮生长的厌氧活性污泥中的微生物群体，是厌氧生物滤池厌氧微生物的次要部分。污水流过填料层时，其中的有机物被厌氧微生物截留、吸附及代谢分解，最后达到稳定化，同时产生沼气、形成新的生物膜。为了分离处理水中携带的脱落的生物膜，通常需要在滤池后设置沉淀池。厌氧微生物以固着生长的生物膜为主，不易流失，因此除了正常的进出水或适当回流部分出水外，不需要污泥回流和使用搅拌设备。与 UASB 法相比，厌氧生物滤池另一个优点是系统启动或停运后的再启动比较容易，所需时间较短。

(三)厌氧膨胀床

1. 颗粒污泥膨胀床反应器(EGSB[①]反应器)

EGSB 反应器(图 2.15)是第三代厌氧反应器,其构造与 UASB 反应器有相似之处,可以分为进水配水系统、反应区、三相分离区和出水渠系统。与 UASB 反应器不同之处是,EGSB 反应器设有专门的出水回流系统。EGSB 反应器一般为圆柱状塔形,特点是具有很大的高径比,一般可达 3~5,生产装置反应器的高度可达 15~20m。颗粒污泥膨胀床可改善废水中有机物与微生物之间的接触,强化传质效果,提高反应器的生化反应速度,从而大大提高了反应器的处理效能。

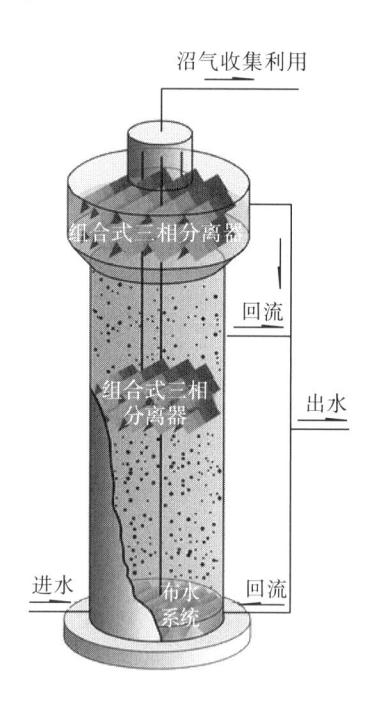

图 2.15 颗粒污泥膨胀床反应器

2. 内循环厌氧反应器(IC[②]反应器)

IC 反应器是基于 UASB 反应器颗粒化和三相分离器的概念而改进的新型反应器,属于 EGSB 反应器的一种。它主要由混合、膨胀床、精处理和回流 4 部分组成(图 2.16)。IC 反应器由两个 UASB 反应器的单元相互重叠而成。它的特点是在反应器内将沼气的分离分为两个阶段,底部第一反应区处于极端的高负荷,上部第二反应区处于低负荷。第一反应区包含颗粒污泥膨胀床,在此大多数的 COD 被转化为沼气。所产生的沼气被第一层三相分离器收集,收集的气体产生气提作用,污泥和水的混合液通过上升管带到位于反应器

[①] EGSB 指 expanded granular sludge bed。
[②] IC 指 internal cirulation。

顶部的气液分离器。沼气在这里从泥水混合液中分离出来,排出系统。

泥水混合液直接流到反应器的底部,造成反应器的内部循环流。在反应器的较低部分,液体的上升流速在 10～20m/h 之间。经过第一反应区处理后的废水进入第二反应区,在此所有剩余的可生化降解的有机物(COD)被去除。这个反应室里的液体的上升流速一般在 2～10m/h。

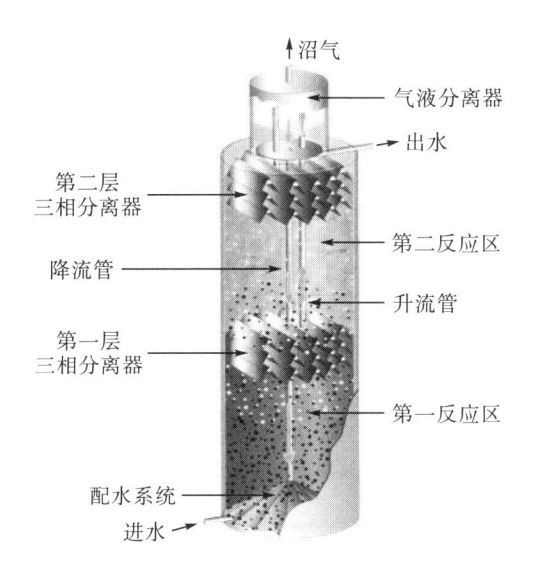

图 2.16　内循环厌氧反应器

第三章 污水处理厂的监测与安全生产

第一节 污水处理厂的监测要求

污水处理厂自行监测内容应当包括：水污染物排放监测；大气污染物排放监测；厂界噪声监测；环境影响评价报告书(表)及其批复有要求的，开展周边环境质量监测。

污水处理厂应当按照环境保护主管部门的要求，加强对其排放的特征污染物的监测。企业应当按照环境监测管理规定和技术规范的要求，设计、建设、维护污染物排放口和监测点位，并安装统一的标识牌。

污水处理厂自行监测应当遵守国家环境监测技术规范和方法。对于国家环境监测技术规范和方法中未作规定的，可以采用国际标准和国外先进标准。自行监测活动可以采用手工监测、自动监测或者手工监测与自动监测相结合的技术手段。环境保护主管部门对监测指标有自动监测要求的，污水处理厂应当安装相应的自动监测设备。

一、自动监测

采用自动监测的，应当全天连续监测；采用手工监测的，应当按以下要求频次开展监测，其中，国家或地方发布的规范性文件、规划、标准中对监测指标的监测频次有明确规定的，按《排污单位自行监测技术指南 水处理》（HJ 1083—2020）执行。城镇污水处理厂和其他生活污水处理厂废水排放检测指标及最低监测频次如表 3.1 所示。

表 3.1 城镇污水处理厂和其他生活污水处理厂废水排放检测指标及最低监测频次

监测点位	监测指标	监测频次 处理量≥2 万 m^3/d	监测频次 处理量<2 万 m^3/d
废水总排放[a]	流量、pH、水温、化学需氧量、氨氮、总磷、总氮[b]	自动监测	自动监测
	悬浮物、色度、五日生化需氧量、动植物油、石油类、阴离子表面活性剂、粪大肠菌群数	月	季度
	总镉、总铬、总汞、总铅、总砷、六价铬	季度	半年
	烷基汞	半年	半年
	GB 18918 的表 3 中纳入许可的指标	半年	半年
	其他污染物[c]		

续表

监测点位	监测指标	监测频次	
		处理量≥2万 m³/d	处理量<2万 m³/d
雨水排放口	pH、化学需氧量、氨氮、悬浮物	月 [d]	

注：a.废水排入环境水体之前，有其他排污单位废水混入的，应在混入前后均设置监测点位；b.总氮自动监测技术规范发布前，按日监测；c.接纳工业废水执行的排放标准中含有的其他污染物；d.雨水排放口有流动水排放时按月监测。如监测一年无异常情况，可放宽至每季度开展一次监测。设区的市级及以上生态环境主管部门明确要求安装自动监测设备的污染物指标，须采取自动监测

二、手工监测

以手工监测方式开展自行监测的，应当具备以下条件：①具有固定的工作场所和必要的工作条件；②具有与监测本单位排放污染物相适应的采样、分析等专业设备、设施；③具有两名以上监测事项相符的培训证书的人员；④具有健全的环境监测工作和质量管理制度；⑤符合环境保护主管部门规定的其他条件。

三、污水处理厂的自行监测要求

污水处理厂的自行监测方案可参照《排污单位自行监测技术指南 总则》（HJ 819—2017）、《排污单位自行监测技术指南 水处理》（HJ 1083—2020)执行。

1. 设置和维护监测设施

排污单位应按照规定设置满足开展监测所需要的监测设施。废水排放口、废气(采样)监测平台、监测断面和监测孔的设置应符合监测规范要求。监测平台应便于开展监测活动，应能保证监测人员的安全。

2. 监测人员

应配备数量充足、技术水平满足工作要求的技术人员，规范监测人员录用、培训教育和能力确认/考核等活动，建立人员档案，并对监测人员实施监督和管理，规避人员因素对监测数据正确性和可靠性的影响。

3. 监测设施和环境

根据仪器使用说明书、监测方法和规范等的要求，配备必要的如除湿机、空调、干湿度温度计等辅助设施，以使监测工作场所条件得到有效控制。

4. 监测仪器设备和实验试剂

应配备数量充足、技术指标符合相关监测方法要求的各类监测仪器设备、标准物质和实验试剂。监测仪器性能应符合相应方法标准或技术规范要求，根据仪器性能实施自校准

或者检定校准、运行维护、定期检查。标准物质、试剂、耗材的购买和使用情况应建立台账予以记录。

5. 记录和保存监测数据

排污单位应做好与监测相关的数据记录，按照规定进行保存，并依据相关法规向社会公开监测结果。

6. 监测质量保证与质量控制

排污单位应建立并实施质量保证与控制措施方案，以保证自行监测数据的质量。

7. 建立质量体系

排污单位应根据本单位自行监测的工作需求，设置监测机构，梳理监测方案制定、样品采集、样品分析、监测结果报出、样品留存、相关记录的保存等监测的各个环节，为保证监测工作质量，应制定工作流程、管理措施与监督措施，建立自行监测质量体系。质量体系应包括对以下内容的具体描述：监测机构，人员，出具监测数据所需仪器设备，监测辅助设施和实验室环境，监测方法技术能力验证，监测活动质量控制与质量保证等。委托其他有资质的检(监)测机构代其开展自行监测的，排污单位不用建立监测质量体系，但应对检(监)测机构的资质进行确认。

8. 手工监测记录和自动监测运维信息记录

1) 手工监测的记录
(1) 采样记录：采样日期、采样时间、采样点位、混合取样的样品数量、采样器名称、采样人姓名等。
(2) 样品保存和交接：样品保存方式、样品传输交接记录。
(3) 样品分析记录：分析日期、样品处理方式、分析方法、质控措施、分析结果、分析人姓名等。
(4) 质控记录：质控结果报告单。
2) 自动监测运维记录
包括自动监测系统运行状况、系统辅助设备运行状况、系统校准、校验工作等；仪器说明书及相关标准规范中规定的其他检查项目；校准、维护保养、维修记录等。
3) 生产和污染治理设施运行状况
记录监测期间企业及各主要生产设施(至少涵盖废气主要污染源相关生产设施)运行状况(包括停机、启动情况)、产品产量、主要原辅料使用量、取水量、主要燃料消耗量、燃料主要成分、污染治理设施主要运行状态参数、污染治理主要药剂消耗情况等。日常生产中上述信息也需整理成台账保存备查。
采用水处理排污单位运行情况日报表和月报表记录以下信息：
(1) 水量信息，应包括污水总进水量、排水量、处理量、再生利用量。

(2)耗电信息，应包括用电量、鼓风机组耗电量。

(3)药剂使用信息，应包括污水处理使用的各药剂名称及用量，并注明药剂的有效成分。

(4)污泥量信息，应包括污泥产生量、处理量、各类消纳量、贮存量。

第二节　水样的采集和保存

一、术语解释

(1)瞬时水样(instantaneous sample)：从污水中随机手工采集的单一水样。

(2)等时混合水样(equal time composite sample)：在某一时段内，在同一采样点位按等时间间隔所采等体积水样的混合水样。

(3)等比例混合水样(equal proportional composite sample)：在某一时段内，在同一采样点位所采水样量与时间或流量成比例的混合水样。

(4)全程序空白样品(whole program blank sample)：将实验用水代替实际样品，置于样品容器中并按照与实际样品一致的程序进行测定。一致程序包括运至采样现场、暴露于现场环境、装入采样瓶中、保存、运输以及所有的分析步骤等。

(5)实验室空白样品(laboratory blank sample)：将实验用水代替实际样品，按照与实际样品一致的分析步骤进行测定。

(6)自动采样(automatic sampling)：通过仪器设备按预先编定的程序自动连续或间歇式采集水样的过程。

二、污水采样点位的选取

确定取样位置时应注意：厂内取样的地点要相对稳定，所取水样要具有代表性；取样点的水流状况比较稳定，不能在死角或水流湍急处取样；如果每一工艺过程有多个并联单元，水样采集应尽量多点取样，或选择有代表性的单元取样。

(一)污染物排放监测点位

在污染物排放(控制)标准规定的监控位置设置监测点位。

对于环境中难以降解或能在动植物体内蓄积，对人体健康和生态环境产生长远不良影响，具有致癌、致畸、致突变的污染物，根据环境管理要求确定的应在车间或生产设施排放口监控的水污染物，在含有此类水污染物的污水与其他污水混合前的车间或车间预处理设施的出水口设置监测点位，如果含此类水污染物的同种污水实行集中预处理，则车间预处理设施排放口是指集中预处理设施的出水口。如环境管理有要求，还可同时在排污单位的总排放口设置监测点位。

对于其他水污染物，监测点位设在排污单位的总排放口。如环境管理有要求，还可同时在污水集中处理设施的排放口设置监测点位。

(二)污水处理设施处理效率监测点位

监测污水处理设施的整体处理效率时，在各污水进入污水处理设施的进水口和污水处理设施的出水口设置监测点位；监测各污水处理单元的处理效率时，在各污水进入污水处理单元的进水口和污水处理单元的出水口设置监测点位。

(三)雨水排放监测点位

排污单位应实施雨污分流，雨水经收集后由雨水管道排放，监测点位设在雨水排放口；如环境管理要求雨水经处理后排放的，监测点位按污染物排放监测点位设置。

三、污水水样的采集方法和频率

取样方式可以分为瞬时取样和混合取样，瞬时取样只能代表取样时的水流水质情况。混合取样是将多次取样混合在一起，然后再进行分析测定，其结果可以用来分析污水一日内平均浓度。对于污水处理厂来说，混合样可用于对来水或出水水质进行综合分析。采集混合样时可按相同的时间间隔采集等量的水样混合而成，也可在不同的时间点按污水流量的一定比例采样混合而成，上述两种方法分别适用于污水流量稳定和多变的情况。水样可以人工采集，也可以在重要取样位置安装自动取样器。采集水样所用的容器要根据检测项目选择，一般为硼硅玻璃瓶或聚乙烯瓶。

(一)污水监测项目和频次

排污单位的排污许可证、相关污染物排放(控制)标准、环境影响评价文件及其审批意见、其他相关环境管理规定等对采样频次有规定的，按规定执行。

如未明确采样频次的，按照生产周期确定采样频次。生产周期在8h以内的，采样时间间隔应不小于2h；生产周期大于8h，采样时间间隔应不小于4h；每个生产周期内采样频次应不少于3次。如无明显生产周期、稳定、连续生产，采样时间间隔应不小于4h，每个生产日内采样频次应不少于3次。排污单位间歇排放或排放污水的流量、浓度、污染物种类有明显变化的，应在排放周期内增加采样频次。雨水排放口有明显水流动时，可采集一个或多个瞬时水样。

为确认自行监测的采样频次，排污单位也可在正常生产条件下的一个生产周期内进行加密监测：周期在8h以内的，每小时采1次样；周期大于8h的，每2h采1次样；但每个生产周期采样次数不少于3次；采样的同时测定流量。

按照用途可以将污水处理厂水质监测的常规监测指标分为以下三类。

(1)反映处理效果的指标，进、出水的 BOD_5、COD_{Cr}(使用重铬酸钾作为氧化剂)、SS 及有毒有害物质(视进水水质情况而定)等。

(2) 反映污泥状况的指标，包括曝气池混合液的各种指标 SSR、SVI、MLSS、MLVSS 及生物相观察等和回流污泥的各项指标。

(3) 反映污泥环境条件和营养的指标，水温、pH、溶解氧、氮、磷等。污水处理厂有些指标采用在线仪表随时监测，如水温、pH、溶解氧等。有些指标需要定期在实验室测定。由于各个污水处理厂自动化程度不同，能够在线监测的项目也就不同。

(二) 污水监测采样准备

1. 采样器材和现场测试仪器的准备

采样器材主要是采样器具和样品容器。应按照监测项目所采用的分析方法的要求，准备合适的采样器材，如要求不明确时，可按照附录 A 执行。

采样器材的材质应具有较好的化学稳定性，在样品采集、样品贮存期内不会与水样发生物理化学反应，从而引起水样组分浓度的变化。采样器具可选用聚乙烯、不锈钢、聚四氟乙烯等材质，样品容器可选用硬质玻璃、聚乙烯等材质。

采样器具内壁表面应光滑，易于清洗、处理。采样器具应有足够的强度，使用灵活、方便可靠，没有弯曲物干扰流速，要尽可能减少旋塞和阀的数量。样品容器应具备合适的机械强度、密封性好，用于微生物检验的样品容器应能耐受高温灭菌，并在灭菌温度下不释放或产生任何能抑制生物活动或导致生物死亡或促进生物生长的化学物质。

污水监测应配置专用采样器材，不能与地表水、地下水等环境样品的采样器材混用。按照监测项目所采用的分析方法的要求，选择现场测试仪器。

2. 辅助用品的准备

准备现场采样所需的保存剂、样品箱、低温保存箱以及记录表格、标签、安全防护用品等辅助用品。

(三) 污水监测采样方法

基本要求：采集的水样应具有代表性，能反映污水的水质情况，满足水质分析的要求。水样采集方式可通过手工或自动采样，自动采样时所用的水质自动采样器应符合《水质自动采样器技术要求及检测方法》(HJ/T 372—2007)的相关要求。

1. 瞬时采样

下列情况适用瞬时采样：
(1) 所测污染物性质不稳定，易受到混合过程的影响。
(2) 不能连续排放的污水，如间歇排放。
(3) 需要考察可能存在的污染物，或特定时间的污染物浓度。
(4) 需要得到污染物最高值、最低值或变化情况的数据。
(5) 需要得到短期(一般不超过 15min)的数据以确定水质的变化规律。
(6) 需要确定水体空间污染物变化特征，如污染物在水流的不同断面和(或)深度的变化情况。

(7)污染物排放(控制)标准等相关环境管理工作中规定可采集瞬时水样的情况。

当排污单位的生产工艺过程连续且稳定，有污水处理设施并正常运行，其污水能稳定排放的(浓度变化不超过10%)，瞬时水样具有较好的代表性，可用瞬时水样的浓度代表采样时间段内的采样浓度。

2. 混合采样

下列情况适用混合采样：
(1)计算一定时间的平均污染物浓度。
(2)计算单位时间的污染物质量负荷。
(3)污水特征变化大。
(4)污染物排放(控制)标准等相关环境管理工作中规定可采集混合水样的情况。
混合采样包括等时混合水样和等比例混合水样两种。
当污水流量变化小于平均流量的20%，污染物浓度基本稳定时，可采集等时混合水样。
当污水的流量、浓度甚至组分都有明显变化，可采集等比例混合水样。等比例混合水样一般采用与流量计相连的水质自动采样器采集，分为连续比例混合水样和间隔比例混合水样两种。连续比例混合水样是在选定采样时段内，根据污水排放流量，按一定比例连续采集的混合水样。间隔比例混合水样是根据一定的排放量间隔，分别采集与排放量有一定比例关系的水样混合而成。

3. 采样记录

现场记录应包含以下内容：监测目的、排污单位名称、气象条件、采样日期、采样时间、现场测试仪器型号与编号、采样点位、生产工况、污水处理设施处理工艺、污水处理设施运行情况、污水排放量/流量、现场测试项目和监测方法、水样感官指标的描述、采样项目、采样方式、样品编号、保存方法、采样人、复核人、排污单位人员及其他需要说明的有关事项等，具体格式可自行制订。

4. 采样注意事项

采样前要认真检查采样器具、样品容器及其瓶塞(盖)，及时维修并更换采样工具中的破损和不牢固的部件。样品容器确保已盖好，减少污染的机会并安全存放。注意用于微生物等组分测试的样品容器在采样前应保证包装完整，避免采样前造成容器污染。

到达监测点位，采样前先将采样容器及相关工具排放整齐。

对照监测方案采集样品。采样时应去除水面的杂物、垃圾等漂浮物，不可搅动水底部的沉积物。

采样前先用水样荡涤采样容器和样品容器2~3次。

对不同的监测项目选用的容器材质、加入的保存剂及其用量、保存期限和采集的水样体积等，须按照监测项目的分析方法要求执行；如未明确要求，可按照附录A执行。

采样完成后应在每个样品容器上贴上标签,标签内容包括样品编号或名称、采样日期和时间、监测项目名称等,同步填写现场记录。

采样结束后,核对监测方案、现场记录与实际样品数,如有错误或遗漏,应立即补采或重采。如采样现场未按监测方案采集到样品,应详细记录实际情况。

其他要求:

(1) 部分监测项目采样前不能荡洗采样器具和样品容器,如动植物油类、石油类、挥发性有机物、微生物等。

(2) 部分监测项目在不同时间采集的水样不能混合测定,如水温、pH、色度、动植物油类、石油类、生化需氧量、硫化物、挥发性有机物、氰化物、余氯、微生物、放射性等。

(3) 部分监测项目保存方式不同,须单独采集储存,如动植物油类、石油类、硫化物、挥发酚、氰化物、余氯、微生物等。

(4) 部分监测项目采集时须注满容器,不留顶上空间,如生化需氧量、挥发性有机物等。

5. 污水水样的保存

样品采集后应尽快送实验室分析,并根据监测项目所采用分析方法的要求确定样品的保存方法,确保样品在规定的保存期限内分析测试。如要求不明确时,可按照附录 A 执行。

水样采集后,由于物理、化学和生物的作用会发生各种变化,为使这些变化降低到最低程度,必须对所采集的水样采取保护措施。水样的保存方法应根据不同的分析内容加以确定。

1) 充满容器或单独采样

采样时使样品充满取样瓶,样品上方没有空隙,减少运输过程中水样的晃动。有时对某些特殊项目需要单独定容采样保存,比如测定悬浮物时定容采样保存,然后可以将全部样品用于分析,防止样品分层或吸附在取样瓶壁上而影响测定结果。

2) 冷藏或冷冻

为了阻止生物活动、减少物理挥发作用和降低化学反应速度,水样通常应在 4℃冷藏,储存在暗处。如测定 COD_{Cr}、BOD_5、氨氮、硝酸盐氮、亚硝酸盐氮、总磷、硫酸盐及微生物项目时,都可以使用冷藏法保存。有时也可将水样迅速冷冻,但冷冻法会使水样产生分层现象,并有可能使生物细胞破裂,导致生物体内的化学成分进入水溶液,改变水样的成分,因此除了全量分析的指标,其他指标尽可能不使用冷冻的方法保存水样。

3) 化学保护

向水样中投加某些化学药剂,使其中待测成分性质稳定或固定,可以确保分析的准确性。但要注意加入的保护剂不能干扰以后的测定,同时应做相应的空白试验,对测定结果进行校正,如果加入的保护剂是液体,则必须记录由此引发的水样体积的变化。

化学保护的具体方法如下:①加生物抑制剂;②调节 pH,如在测定 Cr^{6+}的水样中需要加 NaOH 调整 pH 至 8,防止 Cr^{6+}在酸性条件下被还原;③加氧化剂,如在水样中加入

HNO₃(pH＜1)-K₂Cr₂O₇，可以改善汞的稳定性；④加还原剂，如在含有余氯的水样加入适量的 Na₂S₂O₃ 溶液，可以把余氯除去，消除余氯对测定结果的影响。

第三节　污泥样品的采集与保存

一、术语解释

污泥(sludge)：指城镇污水处理厂在污水净化处理过程中产生的含水率不同的半固态或固态物质，不包括栅渣、浮渣和沉砂池砂砾。

二、污泥监测项目及频次

污泥监测项目及频次按表 3.2 执行。对于污泥出厂后有其他用途的，则应按照相关标准要求开展监测。

表 3.2　污泥处理监测项目与频率

序号	项目	频率	序号	项目	频率
1	pH		14	铜及其化合物	
2	有机物含量		15	锌及其化合物	
3	含水率	每日一次	16	铅及其化合物	
4	脂肪酸		17	汞及其化合物	
5	总碱度		18	铬及其化合物	
6	沼气成分	每周一次	19	镍及其化合物	每季度一次
7	酚类		20	锡及其化合物	
8	氰化物		21	硼及其化合物	
9	矿物油		22	砷及其化合物	
10	苯并[a]芘	每月一次	23	总氮	
11	细菌总数		24	总磷	
12	大肠菌群		25	总钾	
13	蛔虫卵				

三、污泥样品的采集和保存

(一)测含水率的污泥样品

测定含水率的样品应剔除各类大型纤维杂质和大小碎石块等无机杂质，特别注意样品的代表性。采集的样品应放入密封容器中尽快分析测定。如需放置，应密闭贮存在 4℃冰箱中冷藏，保存时间不能超过 24h。

(二)测大肠菌群和细菌总数的污泥样品

用于大肠菌群测定的采样瓶，应用可作耐灭菌处理的广口玻璃瓶。灭菌前，把具有玻璃瓶塞的采样瓶用铝或厚的牛皮纸包裹，瓶顶和瓶颈都要裹好，在 115℃经高压灭菌 20min。

采得的泥样应立即送检，时间不超过 2h，如不能立即送检，应置于冰箱中，但不得超过 24h，否则将影响检验结果。

(三)测有机物降解率的污泥样品

测定含有机物的样品应剔除各类大型纤维杂质和大小碎石块等无机杂质，特别注意样品的代表性。采集的样品应尽快分析测定。如需放置，应在 4℃冰箱中密闭冷藏，保存时间不能超过 24h。

参考标准：《污水监测技术规范》（HJ 91.1—2019）；《排污单位自行监测技术指南 水处理》（HJ 1083—2020）；《城镇污泥标准检验方法》（CJ/T 221—2023）。

第四节　气体监测与噪声监测

一、气体监测

(一)气体监测项目

污水处理厂一般需要监测的气体有氨气、硫化氢、甲烷、氧气、一氧化碳，以及其他恶臭气体(如甲硫醇、甲硫醚、二甲二硫醚等)等。其中氨气、硫化氢、一氧化碳属于有毒有害气体，吸入量达到一定值时会对身体造成明显伤害甚至死亡；甲烷属于可燃气体，积累密度达到一定值时容易发生火灾甚至爆炸；监测氧气含量则是为了避免因缺氧而导致的人员昏迷甚至死亡；恶臭气体会损害污水处理厂周边居民的生活环境，刺激人体嗅觉器官引发不愉快感觉，其总体影响通常以臭气浓度(即用无臭清洁空气对臭气样品连续稀释至嗅辨员嗅觉阈值时的稀释倍数)来表征。

(二)气体监测方法

依据污水处理厂所产生气体的管理要求和现有的监测技术条件，对人体危害性较大的甲烷、一氧化碳、硫化氢、氨气等气体一般采取在污水处理厂内重点关注的位置安装固定式自动气体监测仪和报警器(包括氧气报警器，通常采用相匹配的电化学式传感器)，实时监控，出现异常立即发出报警信号，或者由污水处理厂操作人员随身配备便携式有毒有害气体检测仪和报警器开展日常巡检，及时提醒污水处理厂管理人员作出相应的处置。其他暂无固定式或便携式检测设备和条件的或依照标准规范应开展手工监测的气体指标，通常采用手工监测的方式，比如有组织废气(即从污水处理厂除臭装置排气筒排放的废气)中的臭气浓度、硫化氢、氨气；无组织废气中的臭气浓度、硫化氢、氨气，以及厂区内甲烷体积浓度最高处(通常位于格栅、初沉池、污泥消化池、污泥浓缩池、污泥脱水机房等位置)的甲烷。

1. 有组织废气监测方法

依据《恶臭污染物排放标准》(GB 14554—93)和《恶臭污染环境监测技术规范》(HJ 905—2017)，有组织废气中氨气和硫化氢是以污染物的排放量(kg/h，由排放废气中污染物浓度的实测值与标准状态下干燥的废气流量相乘的结果换算所得)作为评价标准限值，臭气浓度是按实测值直接评价。其采样位置应按照《固定污染源排气中颗粒物测定与气态污染物采样方法》(GB/T 16157—1996)中气态污染物采样方法进行，相关要求如下。

(1) 应优先选择在垂直管段、避开烟道弯头和断面急剧变化的部位距弯头、阀门、变径管下游方向不小于 6 倍直径和距上述部件上游方向不小于 3 倍直径处，对矩形烟道，其当量直径 $D=2AB/(A+B)$，A、B 是矩形烟道的内边长。

(2) 用真空瓶采集恶臭气体样品时，采样位置应选择在排气压力为正压或常压的点位处。

(3) 尽量选取排气筒烟道截面的中心位置采样。

(4) 采样位置处应为采样人员设置有足够工作面积的采样平台，以利于安全、方便地操作，平台面积应不小于 $1.5m^2$，并设有 $1.1m$ 高的护栏，采样孔距平台面约为 $1.2\sim1.3m$。

2. 无组织废气监测方法

依据《城镇污水处理厂污染物排放标准》(GB 18918—2002)和《恶臭污染环境监测技术规范》(HJ 905—2017)，无组织废气监测按照《大气污染物综合排放标准》(GB 16297—1996)附录 C、《大气污染物无组织排放监测技术导则》(HJ/T 55—2000)进行，相关要求如下。

(1) 氨气、硫化氢、臭气浓度监测点设于污水处理厂厂界或防护带边缘的浓度最高点；甲烷监测点设于厂区内浓度最高点。

(2) 在进行无组织排放源恶臭监测采样时，应对风向和风速进行监测。一般情况下，点位设立在厂界主导风向的下风向轴线及风向变化标准偏差±$S°$ 范围内或在有臭气方位的边界线上，如图 3.1 所示。

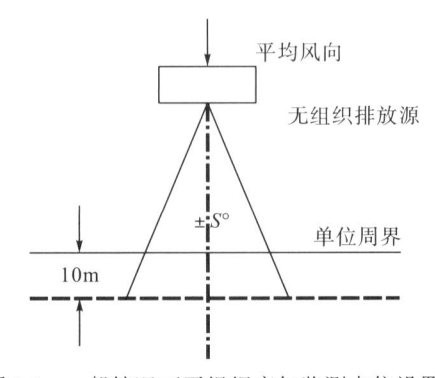

图 3.1 一般情况下无组织废气监测点位设置示意图

其中，±S°的计算测量方法：每分钟测量1次风向角度，连续测定10次，取其平均值并计算标准偏差范围值(S)。

(3)被测厂界无条件设置监测点位时，可在厂界内设置监测点位，原则上距离厂界不超过10m。当排放源紧靠围墙(单位厂界)，且风速小于1.0m/s时，在该处围墙外增设监测点。当两个或两个以上无组织排放源的单位毗邻时，应选择被测无组织排放源处于上风向时进行监测。

(4)雨、雪天气下，因污染物会被吸收，影响监测数据的代表性，不宜进行无组织排放监测。

(5)一般设置3个点位，根据风向变化情况可适当增加或减少监测点位。

(三)气体监测指标和频次

依据《排污单位自行监测技术指南 水处理》(HJ 1083—2020)和《排污许可证申请与核发技术规范水处理(试行)》(HJ 978—2018)，污水处理厂有组织废气(排气筒)中的臭气、硫化氢、氨气浓度等指标应至少半年开展1次监测。连续有组织排放源按生产周期确定采样频次，样品采集次数不小于3次，取其最大测定值，生产周期在8h以内的，采样间隔不小于2h；生产周期大于8h的，采样间隔不小于4h。间歇有组织排放源应在恶臭污染浓度最高时段采样，样品采集次数不小于3次，取其最大测定值。

无组织废气中的臭氧、硫化氢、氨气浓度等指标应至少半年开展1次监测，甲烷至少一年开展1次监测。每2h采集1次，共采集4次样品，取其最大测定值。

(四)气体控制要求

根据相关的国家标准方法和规范，污水处理厂的气体控制应满足以下要求：

(1)对厂区内的有毒有害气体进行有效监控，将安全生产放在第一位，谨防发生造成人员伤害甚至死亡的突发事件。

(2)对产生的恶臭气体进行有效收集和集中处理，减少无组织排放，降低对周边环境和人员的影响。

(3)有组织废气排放应达到《恶臭污染物排放标准》(GB 14554—93)的限值要求；无组织废气排放应达到《城镇污水处理厂污染物排放标准》(GB 18918—2002)的限值要求。

二、噪声监测

(一)污水处理厂噪声源的特点和规律

污水处理厂的噪声主要来自机械设备、排气设施、水泵、风扇等。各个设备噪声强度与频率不同。噪声源在传播过程中遵循物理规律，随着距离的增加噪声强度逐渐减弱。噪声往往具有周期性、单频、复频和随机性等特点，这些特点给噪声控制带来了一定的难度。

污水处理厂中的音频频率一般在100~1000Hz，而噪声主要来自风扇、空气压缩机、水泵等设备。在噪声控制的过程中需要根据噪声源的特点和规律,选取适当的技术手段和措施,以达到控制噪声的目的。

(二)噪声监测方法

噪声监测仪器一般采用积分平均声级计,其性能应达到1型或2型声级计的性能要求,且至少应满足35~120dB的测量范围,并应经过声校准器校准。声级计和声校准器应定期检定或校准合格,并在其有效期内使用,每次测量前、后必须在测量现场进行声学校准,其前、后校准示值偏差不得大于0.5dB,否则测量结果无效。

根据污水处理厂的声源、周边噪声敏感建筑物的布局以及毗邻的区域类别,在污水处理厂厂界布设多个测点,其中包括距噪声敏感建筑物较近以及受被测声源影响大的位置。

一般情况下,测点应选在工业企业厂界外1m、高度1.2m以上、距任一反射面距离不小于1m的位置;当厂界有围墙且周围有受影响的噪声敏感建筑物时,测点应选在厂界外1m、高于围墙0.5m以上的位置;当厂界无法测量到声源的实际排放状况时(如声源位于高空、厂界设有声屏障等),除在厂界外1m布设测点外,还应同时在受影响的噪声敏感建筑物户外1m处另设测点。

特殊情况下固定设备结构传声和敏感建筑物室内噪声监测,依据《工业企业厂界环境噪声排放标准》(GB 12348—2008)的规定开展。

噪声监测应在无雨雪、无雷电天气,风速为5m/s以下时进行,且测量时传声器应加防风罩。

(三)噪声监测指标和频次

噪声监测的指标主要有等效连续A声级(L_{eq})、累积百分声级(L_{10}、L_{50}、L_{90})、最大声级(L_{max})、最小声级(L_{min})、标准偏差(SD)。其中,L_{eq}是指在规定测量时间T内A计权网络处理后的声级的能量平均值,是最常用的评价指标,各类噪声相关的评价标准中都有其评价限值。其他则是噪声监测过程的统计学指标,用于判断噪声声源的能量变化情况。

依据《排污单位自行监测技术指南 水处理》(HJ 1083—2020),厂界噪声等效连续A声级(L_{eq})应至少每季度开展一次昼夜监测。每次应选择在正常工作且有代表性的时间段进行监测。

(四)噪声控制要求

根据噪声相关的国家标准方法和规范,污水处理厂的噪声控制应满足以下要求:

(1)污水处理厂内的各噪声源设备应尽量选择低噪声设备,并做好日常的保养和维护,降低噪声排放。

(2)对于噪声源,应采取隔声、降噪等措施,降低噪声对员工和周边环境的影响。

(3)厂界噪声监测结果应符合《工业企业厂界环境噪声排放标准》(GB 12348—2008)的对应限值,通常污水处理厂周边为2类或3类声功能区,厂界昼间(6:00到22:00)噪声$L_{eq} \leq 60$dB(A),夜间(22:00到次日6:00)噪声$L_{eq} \leq 50$dB(A),均能满足要求。

第五节　现场监测项目

水温、pH 等能在现场测定的监测项目或分析方法中要求须在现场完成测定的监测项目，应在现场测定。

一、流量测量

已安装自动污水流量计，且通过计量部门检定或通过验收的，可采用流量计的流量值。

采用明渠流量计测定流量，应按照标准 CJ/T 3008.1—1993、CJ/T 3008.2—1993、CJ/T3008.3—1993、CJ/T 3008.4—1993、CJ/T3008.5—1993 等相关技术要求修建或安装标准化计量堰(槽)。排污渠道的截面底部须硬质平滑，截面形状为规则几何形，排放口处须有 3~5m 的平直过流水段，且水位高度不小于 0.1m。通过测量排污渠道的过水截面积，以流速仪测量污水流速，计算污水量。

在以上流量测量方法不满足条件无法使用时，可用统计法、水平衡计算等方法。

二、水样感官指标的描述

用文字定性描述水的色度、浑浊度、气味(嗅)等样品状态、水面有无油膜等表观特征，并均应做现场记录。

第六节　污水处理厂安全生产

一、井、池作业的安全事项

(1)下井、池作业人员必须经过安全技术培训，懂得人工急救的基本方法，熟悉防护用具、照明器具和通信器具的使用方法。

(2)患深度近视、高血压、心脏病等严重慢性疾病及有外伤疮口尚未愈合者不得从事井、池下作业。

(3)操作人员下井作业时，必须穿戴必要的防护用品，比如悬托式安全带、安全帽、手套、有毒有害气体报警器、防护鞋和防护服等。如果在已采取常规措施仍无法保证井下空气的安全性而又必须下井时，严禁使用过滤式防毒面具和隔离式供氧面具，而应当佩戴供压缩空气的隔离式防护装具。

(4)有人在井下作业时，井上应有两人以上监护。如果进入管道，还应在井内增加监护人员作为中间联络人。无论出现什么情况，只要有人在井下作业，监护人就不得擅离职守。

(5)每次下井作业的时间不宜超过1h。

二、泵房集水池的安全事项

污水中含有有毒有害或易燃性挥发性物质时，集水池应当设置成封闭式，在集水池平面距离最大的两点设通风孔，使集水池液面以上的空气形成最大程度的对流，并在合适的位置安装高空排放的排气筒，必要时还要安装风机强制通风，有时还要在操作人员巡检必须经过的部位设有毒气体标志。

清理池底淤泥时，因为集水池都很深（一般是污水处理厂的最低点），所以一定要严格遵守下井、池作业的规定，注意操作人员的人身安全。清池前，先关闭进水闸或堵塞靠近集水池的检查井停止进水，并用泵将池内存水排空，再用高压水将淤泥反复搅动几次，然后要采用强制通风，在通风最不利点检测有毒气体（硫化氢、甲烷及可燃气等）的浓度和含氧量，在达到安全部门的规定要求后，操作人员方可下池工作，同时池上必须有人监护。

特别值得注意的是，操作人员下池后，仍要保持一定的通风量，因为人进入后，对淤泥层的搅动仍可能释放出有毒气体。每个操作人员在池下的工作时间不宜超过30min。

三、污水处理厂有害气体中毒的防范

在污水管道和处理厂的各种构筑物和井内，都有可能存在对人体有害的气体。这些有害气体成分复杂、种类繁多，根据危害方式的不同，可将它们分为有毒有害气体（窒息性气体）和易燃易爆气体两大类。

有毒有害气体主要通过人的呼吸器官对人体造成伤害，比如硫化氢（一般有臭鸡蛋气味，但高浓度的硫化氢会麻痹人的嗅觉神经，反而使人无法闻出气味）、一氧化碳（无色无味）等气体，这些气体进入人体内部后会抑制人体细胞的换氧能力，引起肌体组织缺氧而发生窒息性中毒。

易燃易爆气体是遇到各种明火或温度升高到一定程度能引起燃烧甚至爆炸的气体，比如沼气、石油气等，在污泥井、集水井（池）等气体流通不畅或长时间没有任何操作的地方，这些气体容易积聚成害。

四、气体中毒后的抢救方案

(1)报警：操作人员或管理人员发现有人中毒后，立即大声呼救并迅速跑向值班室报告，当班负责人问明大致情况后，立即安排人员拨打急救电话120和气防报警电话119（一般和火警电话相同），同时通知上级有关管理部门。

(2)抢救：在有人报警的同时，当班负责人还应安排其他人员立即施救。施救人员要按要求穿戴好空气呼吸器后，力争在最短的时间内把中毒人员抢救到通风无毒区，然后立即实施正确的心肺复苏术。

(3)心肺复苏：在发现中毒人员无意识后，应立即实施人工呼吸、胸外按压等急救措施。如果是氯气中毒，为防止施救人员中毒，不能进行口对口的人工呼吸，应采用胸外按压法急救。

(4)注意事项：施救人员在到中毒区抢救中毒人员时，一定要注意做好自身的防护。在将中毒人员抢救出来后，立即隔离事故现场，防止未佩戴防护器具的人员进入而引起再次中毒事故。

五、防止硫化氢中毒

污水处理厂发生的许多伤亡事故都与硫化氢有关，比如因在各种下水道、集水井（池）、泵站和构筑物内均有出现硫化氢聚集而引起工作人员中毒，甚至死亡。因此，无论城市污水处理厂还是工业废水处理厂，都必须具有一系列预防硫化氢中毒的安全措施。

(1)掌握污水成分和性质，弄清硫化氢污染物的来源。对各个排水管线的硫化物浓度及其变化规律要做到心中有数，要严格控制和及时检测酸性污水的pH和含硫污水的硫化物浓度。

(2)经常检测集水井（池）、泵站、构筑物等污水处理操作工巡检时所到之处的硫化氢浓度，进入污水处理厂的所有井、池或构筑物内工作时，必须连续检测池内、井内的硫化氢浓度。

(3)泵站尤其是地下泵站必须安装通风设施，硫化氢密度比空气大，所以排风机一定要装在泵站的低处，在泵房高处同时设置进风口。

(4)进入检测到含有硫化氢气体的井、池或构筑物内工作时，要先用通风机通风，降低其浓度，进入时要佩戴对硫化氢具有过滤作用的防毒面具或使用压缩空气供氧的防毒面具。

(5)严格执行下井、进池作业票制度。进入污水集水井（池）、污水管道及检查井清理淤泥属于危险作业，必须按有关规定填写各种作业票证，经过有关管理人员签字才能进行。施行这一管理制度能够有效控制下井、进池的次数，避免下井、进池的随意性；并能督促下井、进池人员重视安全，避免事故的发生。

(6)必须对有关人员进行必要的气防知识培训。要使有关人员懂得硫化氢的性质、特征、预防常识和中毒后的抢救措施等，尽量做到事前预防，一旦发生问题，还要做到不慌不乱，及时施救，杜绝连续伤亡事故的发生。

(7)在污水处理厂有可能存在硫化氢的地方，操作工巡检或化验工取样时不能一人独往，必须有人监护。

六、防止沼气爆炸和中毒

为防止污染大气，一般不允许将剩余沼气直接向空气中排放。在确有沼气而又无法利用时，可安装燃烧器将其焚烧。燃烧器通常能自动点火和自动灭火，必须安装在安全地区，其前要有阀门和阻火器。燃烧器要设置在容易检视的开阔地区，与消化池盖或贮气柜之间的距离要在15m以上。

沼气中的甲烷是易燃易爆气体，因而在厌氧处理系统的运行中，必须对防止沼气可能引起的爆炸问题高度重视。另外，沼气浓度较高的地方氧的含量必然较低，加上沼气中含有硫化氢气体，如果进入沼气富集区而没有任何防范措施，还可能导致人窒息死亡的严重后果。

为杜绝沼气泄漏，要定期对厌氧系统进行有效的检测和维护，如果发现泄漏，应立即进行停气修复。检修过的厌氧反应池、管道和贮存柜等相关设施，重新投入使用前必须进行气密性试验，合格后方可使用。埋设沼气管道上面不能有建筑物或堆放障碍物。

在巡检、维修等过程中出现的人为明火，比如抽烟、带铁钉鞋与混凝土地面的摩擦、金属工具互相撞击或与混凝土结构的撞击、进行电气焊作业等均可产生明火。

应当在值班或操作位置及巡检路线上设置甲烷浓度超标报警装置，在进入厌氧反应器内作业之前要进行空气置换，并对其中的甲烷和硫化氢浓度进行检测，符合安全要求后才能进入，作业中要有强制排风设施或连续向池内通入压缩空气。

七、防止溺水和高空坠落事故

污水处理厂操作工和管理人员需要经常在污水池上巡检，检修人员也需要经常在污水池上进行检修或更换设备等工作，因为一般污水池的水深都在3m以上，所以预防溺水事故是污水处理厂的一项重要工作，在污水处理厂工作的有关人员必须懂得一些溺水急救的常识。另外，污水处理厂的流程一般是一次提升后靠重力流动，因此均质池、沉砂池乃至曝气池都高于地面3m以上，所以在污水处理厂工作或参观必须当心高空坠落事故的发生。具体做法如下：

(1)污水池等构筑物必须安装符合国家有关规定的栏杆，栏杆高度不低于1.2m。

(2)池上走道不能高低不平，也不能太滑，尤其是北方寒冷地区必须有防滑措施。在雨、雪、风天和有霜的季节，有关人员在构筑物爬梯和池顶上行走时，必须手扶栏杆，注意脚下。

(3)有关人员不准随便跨越栏杆，必须跨越栏杆工作时，必须穿好救生衣或系好安全带，并有专人监护。

(4)污水池栏杆必须设置救生圈等救生措施。

(5)各种井盖、排水沟盖板、走道踏板等要定期检查，一旦发现腐蚀损坏，必须及时更换。

(6) 在对污水处理设施放空后进行检修或在外池壁上作业时，必须配备登高作业的"三件宝"（安全帽、安全带、安全网），并遵守登高作业的其他有关规定。

八、清通管道时的注意事项

清通管道时应当尽量避免下井作业，比如在检查管道内部情况时，最好采用反光镜照射等间接方法。必须下井时，要注意以下事项：

(1) 下井作业前必须履行各种手续，检查井井盖开启后，必须设置护栏和明显标志。

(2) 下井前必须提前打开检查井井盖及其上下游井盖进行自通风，并用竹棒搅动井内泥水，以散发其中的有害气体。必要时可采用人工强制通风，使有毒有害气体浓度降到允许值以下且含氧量达到规定值。

(3) 人员下井前，必须进行气体检测，测定井下空气中常见有害气体的浓度和含氧量，其含氧量不得少于18%。准确量化的测定方法是使用多功能气体检测仪，检测方便快捷。简易检测方法方面，可将安全灯放入井内，如果缺氧，灯会熄灭；如果有可燃性爆炸性气体（未到爆炸极限），灯熄灭前会爆闪。还可以将鸽子等小鸟放入井内，观察小鸟的活动是否异常来判定人能否下井。

(4) 严禁进入管径小于0.8m的管道作业，对井深不超过3m的检查井，在穿竹片牵引钢丝绳和掏挖淤泥时，也不宜下井作业。

(5) 井下严禁使用明火。照明必须使用防爆型设备，而且供电电压不得大于12V。井下作业面上的照度要大于50lx。进入污水处理厂的其他井、池作业时的注意事项也可以参照以上内容。

九、采样时的安全事项

在城市污水处理厂和工业废水处理厂采样时，必须采取必要的预防措施、配备相应的设备和仪器，采样人员必须注意以下安全事项：

(1) 在排水检查井、泵房集水池及均质池等存在高浓度有机污水或待处理污水的地方取样时，要有预防可燃性气体引发爆炸的措施。

(2) 在泵房、检查井等半地下式或地下式构筑物处取样时，要当心硫化氢、一氧化碳等有毒气体引起的中毒危险和缺氧引起的窒息危险。

(3) 取样时，如果需要上、下曝气池、二沉池、事故池等较高构筑物和地下式泵房的爬梯，要注意预防滑跌摔伤，尤其是在雨、雪、霜、风等恶劣天气条件时上、下室外爬梯更要十分当心。

(4) 在泵房集水池、曝气池等各种水处理构筑物上取样时必须小心操作，以防止溺水事故的发生。

第四章 实验室的建设与管理

第一节 实验室建设的一般规定及实验室等级划分

一、实验室建设的一般规定

污水处理厂的调试运行离不开及时准确的分析数据,实验室分析能力是保证污水设施正常运转和稳定达标的技术保障。因此污水处理厂实验室的建设是污水处理厂运行调控的关键。

实验室的建设不仅要根据检测指标的要求购置必要的仪器设备、化学试剂,还要综合考虑实验室的总体规划、合理布局和平面设计,以及通风、安全措施、环境保护等基础设施和基本条件。实验室环境条件将直接影响检测结果的质量、分析人员的身体健康及仪器设备的使用寿命等。检测分析产生的废气、废液和固体废物的妥善处置也是建设实验室需要考虑的因素。

为了保证实验室的规范化,实验室的建设与管理总体应达到《城镇污水处理厂运行、维护及安全技术规程》(CJJ 60—2011)中关于实验室的相关要求:

(1)实验室应依据实际运行情况建立健全质量管理体系、环境管理体系和职业健康安全管理体系。

(2)每一个检测指标都应有完整的原始记录。当日的样品应在当日内完成检测(粪大肠菌群数和BOD_5除外),对检测的原始数据和化验结果报告,应进行复审并保存。

(3)检测的各种仪器、设备、标准药品及检测样品应按产品的特性及使用要求固定摆放整齐,并应有明显的标识。

(4)检测所用的对检测数据有影响的量具应按规定由国家法定计量部门或其他具有检定校准资质的机构进行检定或校准。

(5)实验室必须建立危险化学品(含剧毒化学品)、易制毒药品、易制爆药品的申购、储存、领取、使用、销毁等管理制度。

(6)检测样品保存、容器类别均应符合现行国家标准及技术规范规定。

(7)实验室应配置紧急喷淋设施,配备防火、防盗等安全保护设施。工作完毕后,应对仪器开关、水、电、气源等进行关闭检查。

(8)易燃易爆物、强酸强碱、剧毒物、易制毒、易致爆及贵重器具必须由专门部门负责保管,并应建立监督机制,领用时应有规范手续,剧毒、易制毒、易制爆等管制药品试剂实施双人双锁制度。

第四章　实验室的建设与管理

(9) 实验室应设专人对检测的样品进行编号、登记和验收；实验室检测的精度范围和重现性应符合国家现行的有关标准和规定。

(10) 实验室应配备口罩、护目镜、手套、防护服等防护用品，检测人员应做好个人防护。

二、实验室等级划分

污水处理厂实验室的建设应根据污水处理规模、水质特征和检测资源共享条件等因素确定，根据《城镇供水与污水处理化验室技术规范》(CJJ/T 182—2014)的规定，污水处理实验室应实行分级设计和管理，其设施、设备和人员配置应根据实验室等级确定，并建立相应的管理制度。

城镇污水处理实验室的分级应符合表 4.1 的规定。

表 4.1　城镇污水处理实验室的分级

实验室等级	检测项目		
	污水	污泥	气体
I 级	化学需氧量、生化需氧量、悬浮物、氨氮、总磷、色度、pH、粪大肠菌群、硝酸盐氮、总氮、动植物油、石油类、阴离子表面活性剂、总固体、溶解性固体、硫化物、氯化物、总铅、总镉、总铬、六价铬、总砷、总汞、溶解氧	SSR、SVI、MLSS、MLVSS、镜检、含水率、有机份、脂肪酸、总碱度	硫化氢、甲烷、氨、臭气浓度以及一氧化碳、氧气
II 级	化学需氧量、生化需氧量、悬浮物、氨氮、总磷、色度、pH、粪大肠菌群、硝酸盐氮、总氮、动植物油、石油类、阴离子表面活性剂、总固体、溶解性固体、溶解氧	SSR、SVI、MLSS、MLVSS、镜检、含水率、有机份	硫化氢、甲烷、一氧化碳、氧气
III 级	化学需氧量、生化需氧量、悬浮物、氨氮(以 N 计)、总磷、色度、pH、粪大肠菌群、硝酸盐氮、溶解氧	SSR、SVI、MLSS、MLVSS、镜检、含水率、有机份	硫化氢、甲烷、一氧化碳、氧气

城镇污水处理实验室分级仪器设备的配置应符合表 4.2 的规定。

表 4.2　城镇污水处理实验室仪器设备的配置

实验室等级	主要仪器设备
I 级	原子荧光分光光度计、石墨炉/火焰原子吸收光谱仪、离子色谱仪、紫外/可见分光光度计、溶解氧测定仪、红外测油仪、酸度计、温度计、生物显微镜、天平、便携式气体测定仪、纯水系统、实验用供气系统/气体钢瓶。其中，辅助设备应包括无菌操作台、超声波清洗器、抽滤装置、液固萃取装置、索氏提取器、旋转蒸发仪、微波消解仪、菌落计数器、离心机、高压灭菌器、恒温干燥箱、培养箱、高温电阻炉、水浴锅、电炉、干燥器、冰箱、采样器等
II 级	紫外/可见分光光度计、溶解氧测定仪、红外测油仪、酸度计、温度计、生物显微镜、天平、便携式气体测定仪、纯水系统、实验用供气系统/气体钢瓶。其中，辅助设备应包括：无菌操作台、超声波清洗器、抽滤装置、微波消解仪、菌落计数器、高压灭菌器、恒温干燥箱、培养箱、高温电阻炉、水浴锅、电炉、干燥器、冰箱、采样器等
III 级	可见分光光度计、溶解氧测定仪、酸度计、温度计、生物显微镜、天平、便携式气体测定仪。其中，辅助设备应包括：纯水装置、无菌操作台、超声波清洗器、抽滤装置、微波消解仪、菌落计数器、高压灭菌器、恒温干燥箱、培养箱、高温电阻炉、水浴锅、电炉、干燥器、冰箱等

注：①城镇污水处理实验室的设置不应低于 III 级，当处理规模大于 10 万 m^3/a 以上时，宜提高实验室等级；②地级市或区域内处理规模达到 10 万 m^3/a 以上时，实验室的设置不应低于 II 级；③直辖市、省会城市、市域内规模达到 50 万 m^3/a 以上时，实验室的设置不应低于 I 级；当已有 I 级实验室时，可降低设置标准。

第二节 污水处理厂实验室建设内容与管理要求

一、实验室设计布局要求

(一) 实验室的位置选择

实验室的位置选择应满足以下要求：

(1) 有足够面积的场地，以满足各项实验室的需要，对每一类化验的操作均应有单独的适宜区域，各区域间最好有物理分隔。

(2) 远离生产车间、交通要道、泵房等噪声和震动强烈的地方，以减轻机器、车辆的震动、噪声对检测工作的影响。

(3) 远离污染源、电磁辐射，以免产生有害气体、电磁波等仪器、设备的侵蚀和干扰。

(4) 条件允许的情况下尽量选择一楼，以免楼层震动影响仪器灵敏度。

(二) 实验室的布局设计要求

1. 实验室的布局要求

实验室的布局设计应尽量为南北方向，合理优化布置应考虑以下几点：

(1) 同类型分析室布置在一起。
(2) 管路较多的分析室尽量布置在一起。
(3) 洁净级别不同的分析室根据分析流程组合在一起。
(4) 有特殊要求的分析室组合在一起(如无菌、预处理等)。
(5) 有毒分析室放置在一起并布置在实验楼合适的位置。
(6) 适宜放在建筑物北侧的实验室。
(7) 温湿度精度要求高的或有温湿度要求的实验室。
(8) 需避免日光直射的实验室。
(9) 器皿药品贮存间、空调机房、配电间、精密仪器存放间。

2. 实验室的建筑要求

实验用房的平面设计，要求保持实验室的通风流畅、逃生通道畅通。实验室开间、进深和层高应根据使用要求合理确定。开间不应小于 3.0m，进深不应小于 6.0m，层高不得小于 2.8m。化验用房应采用耐火材料，隔断和顶棚应具有防火性能，并应设置火灾烟雾报警器、灭火设施等。地面用地板砖、地胶或水磨石地面，并做防腐、防滑、防水措施。实验台选用耐腐、耐热材料制成，要求其牢固，台面平整。使用强酸、强碱的实验室地面应具有耐酸、碱腐蚀的性能；用水的实验室地面应设地漏。易发生火灾、爆炸、化学品伤害等事故的实验室的门宜向疏散方向开启。在有爆炸危险的房间内应设置外开门。

3. 给排水设计要求

实验室用房给排水系统应独立设计。排水装置最好用耐腐蚀能力强的聚乙烯管或聚氯乙烯管，接口用热熔焊接。化学检验实验台应安装水管、水龙头、水槽、紧急冲淋器、洗眼器等，一般实验室的废水经酸碱中和处理就可排入城市下水管道，而实验室的重金属、有机溶剂含量较大的废液应按危险废物收集暂存，并委托具有法定资质的单位进行危险废物处置。

1) 实验室的给水系统

在保证水质、水量和供水压力的前提下，从室外的供水管网引入进水并输送到各个用水设备、配水龙头和消防设施，以满足化验、日常生活和消防用水的需要。

实验室给水系统包括生活给水系统、消防给水系统、实验给水系统三大类。生活给水系统和消防给水系统与一般建筑的给水系统一致，通常可与一般实验给水系统合并成一个系统。室内消防给水系统包括普通消防系统、自动喷洒消防给水系统和水幕消防给水系统等。实验给水系统分为一般实验用水与实验用纯水，而实验室纯水系统属于独立的给水系统，要重点考虑。

不同的实验室对实验用水有不同的要求，实验仪器的循环冷却水水质应满足各类仪器对水质的不同要求。给水设计时应满足以下原则：

(1) 凡进行剧毒液体、强酸、强碱的实验，并有飞溅爆炸可能的实验室，应就近设置应急喷淋设施，当应急洗眼器水压太大时，应采取减压措施。

(2) 库房、化验楼等建筑物在必要时应设立室外消防给水系统，由室外消防给水管道消防水泵和室外消火栓等组成。

(3) 对于化学实验室，应设置紧急洗眼器、紧急淋浴器等，水流要足够大，开启放水阀门反应要快。

2) 实验室的排水系统

实验室排水系统要求排水管道应尽可能少拐弯，并具有一定的倾斜度，以利于废水排放，当排放的废水中含有较多的杂物时，管道的拐弯处应预留"清理孔"，以备必要之需。排水干管应尽量靠近排水量最大、杂质较多的排水点设置，注意排水管道的腐蚀，最好采用耐腐蚀的塑料管道。

实验室排水系统应根据实验室排出废水的性质、成分、流量和排放规律的不同而设置相应的排水系统。对于实验室设备的冷却水排水或其他仅含无害悬浮物或胶状物、受污染不严重的废水可不必处理，直接排至室外排水管网。对于较纯的溶剂废液或贵重试剂，应集中收集处置，可回收的回收利用，排放的废水如需重复使用，应做相应的处理。

为避免实验室废水污染环境，对于含有多种成分及有毒有害物质、可互相作用、损害管道或造成事故的废水，应与生活污水分开，并在实验室排水总管设置废水处理装置，处理后使之符合国家标准方可排入室外排水管网或分流排出。

化验楼应设有备用水源，在公共自来水系统供水不足或停止时，备用水源应能保证各种仪器的冷却水、蒸馏器用水、蒸馏瓶冷凝管用水和洗眼器用水的正常供给。

4. 通风系统要求

化验过程中通常会产生一些有毒的、可致病的或毒性不明的化学气体，这些有害气体如不及时排出室外，就会造成室内空气污染，影响化验人员的健康与安全，也会影响仪器设备的精确度和使用寿命，因此实验室应有良好的通风。实验室通风系统设计的主要目的是保证实验室操作人员的安全和延长仪器的使用寿命。

通风应采用专用管道排放，酸性废气、有机废气应处理后排放。精密仪器室、洁净实验室的送排风系统应各自独立设计，独立使用。实验室的通风方式有两种，即全室通风和局部排风。全室通风可通过安装抽风机或排气扇强制换气，在房间的进风口安装适当的过滤器阻隔带入的室外灰尘和其他干扰物。局部排风是有害物质产生后立即就近排出，这种方式能以较小的风量排走大量的有害物，效果比较理想，所以在实验室中被广泛地采用。对于有些实验不能使用局部排风，或者局部排风满足不了要求时，应该采用全室通风。

1）局部排风

（1）通风柜。

通风柜也称通风橱，是实验室中最常用的一种局部排风设备（图4.1），通风柜的结构为上下式，其顶部有排气孔，可安装风机。上柜中有导流板、电路控制触摸开关、电源插座等，透视窗采用钢化玻璃，可左右或上下移动，以供人操作。下柜采用实验边台样式，上面有台面，下面是柜体。台面可安装小水槽和水龙头。

图4.1 实验室常用通风橱

通风柜的排风系统可分为集中式和分散式两种。

集中式排风系统是把一层楼面或几层楼面的通风柜组成一个系统，或者整个化验楼分成1～2个系统。它的特点是通风机少，设备投资省，而且对通风柜的数量稍有增减以及位置的变更都具有一定的适应性。然而由于系统较大，风量不易平衡，尽管每个通风柜上都装有调节阀，但使用不方便，并且也不容易达到预定的效果。如果系统风管损坏需要检修时，那么整个系统的通风柜就无法使用，所以原来采用集中式系统的实验室先后都改为分散式系统。

分散式排风系统是把一个通风柜或同房间的几个通风柜组成一个排风系统，其特点是：可根据通风柜的工作需要来启闭通风机，相互不受干扰，容易达到预定的效果，而且比集中式排风系统节省能源（因为只要一个通风柜在使用，集中式系统就得开动大通风机）。分散式排风系统由于系统小，排风量也小，阻力也小，所以通风机的风量、风压都不大，噪声与振动相应也较小。此外，分散式排风系统还易于处理不同性质的有害气体。

排风系统的通风机一般都装在屋顶上，或顶层的通风机房内，这样可不占用室内使用面积，而且使室内的排风管道处于负压状态，以免有害物质由于管道的腐蚀或损坏，以及由于管道不严密而渗入室内。此外，通风机安装在屋顶上或顶层的通风机房内，检修方便，易于消声或减振。

排风系统的废气排放高度，一般情况下不低于 15m。

(2) 排气罩。

在实验室内，由于实验设备装置较大，或者通风柜无法满足化验操作的要求，但又需要排走实验过程中散发的有害物质时，可采用排气罩（图 4.2）。实验室常用的排气罩主要有围挡式排气罩、侧吸罩和伞形罩 3 种。

图 4.2 实验室常用排气罩

排气罩布置时应尽量靠近产生有害气体的场所。用同样的排风量，距离近的比距离远的排出有害物质的效果好。对于有害物质不同的散发情况应采用不同的排气罩，对于火焰原子吸收仪，一般采用围挡式排气罩，如原子吸收罩；对于实验台面排风或槽口排风，可采用侧吸罩；对于色谱仪，宜采用伞形罩，如万向罩。

排气罩要便于实验操作和设备的维护检修。否则，尽管排气罩设计效果很好，但由于影响化验操作，或者维护检修麻烦，还是不会受到使用者的欢迎，甚至被拆除不用。

(3) 特殊实验室局部排风。

在洁净室内，为了排出工艺过程中散发出的有害物质，经常采用通风柜、排气罩等局部排风装置。在设计局部排风时,应选用性能好的排风装置,以便在满足卫生和安全要求的情况下使排风量最小。排风系统应以小通风机为主,尽可能使每个洁净室单独设置排风系统,使用方便,而且不会相互干扰,由于通风机小,噪声也低。

为了防止室外空气通过排风系统侵入洁净室内造成污染,在排风系统上应设置止回阀或中效过滤器,或废气净化设备。

另外,为了减少对室内的污染,排风装置应布置在洁净工作区气流的下风侧。

如果排风系统的噪声值超过室内允许的噪声值时,应在排风机吸入端的管道上装设消声器。

2) 全室通风

全室通风可以在整体房间内进行全面的空气交换。当实验室内设备有通风柜时,如果通风柜的排风量较大,超过室内换气要求,可不再设置通风设备。但当有毒有害的气体大面积地扩散到实验台空间时,需要及时排出,还要有一定的新鲜空气进行补充,把有毒有害的气体量控制在规定的范围内,就必须进行全室通风。当室内不设通风柜而又需排出有害物质时,也应进行全室通风。实验室及有关辅助实验室(如药品库、暗室及储藏室等),由于经常散发有害物质,需要及时排出,就需要全室通风。全室通风的方式有自然通风和机械通风。

(1) 自然通风。

自然通风是采用室内外的温度差,即室内外空气的密度差而产生的热压,把室内的有害气体排出室外,依靠窗口让空气任意流动时,称作无组织自然通风;依靠一定的进风口和出风竖井,让空气按所要求的方向流动时,称作有组织自然通风。有组织自然通风的常见做法是:在外墙下部或门的下部装百叶风口,在房间内侧设置竖井,它适用于有害物质浓度低的房间,也适用于室内温度高于室外空气温度的场合。

(2) 机械通风。

当自然通风满足不了室内换气要求时,应采用机械通风,尤其是危险品库、药品库等,尽管有了自然通风,为了考虑事故通风,也必须采用机械通风。常见的做法是:在外墙上安装轴流风机,但效果较差,尽量避免在有窗的外墙上安装轴流风机,避免噪声。对于散发有腐蚀气体的房间(如储酸库)等,不宜使用轴流风机;对于散发有易爆气体的房间,必须采用防爆通风机。

5. 用电要求

实验室的多数仪器设备在一般情况下是间歇工作的,多属于间歇用电设备,但实验室不宜频繁断电,否则可能使化验中断,影响化验的精密度,甚至导致试样损失、仪器装置损坏。因此,实验室的供电线路宜直接由总配电室引出,并避免与大功率用电设备共线,以减少线路电压波动。

实验室用电主要包括照明电和动力电两大部分。动力电主要用于各类仪器设备用电及电梯、空调等的电力供应。两部分用电应分别布线,形成回路。精密仪器设备应配备不间断电源系统,并应设置接地保护(接地电阻应小于3Ω)。

在使用易燃易爆物品较多的实验室,还要注意供电线路和用电器运行中可能发生的危险,并根据实际需要配置必需的附加安全措施(如防爆开关、防爆灯具及其他防爆安全电器等)。

6. 供气系统

在现代化的实验室中，需要用到多种分析仪器，如原子吸收光谱仪(atomic absorption spectrometer，AAS)、气相色谱仪(gas chromatograph，GC)、气相色谱-质谱[联用]仪(gas chromatograph-mass spectrometry，GC-MS)、电感耦合等离子体原子发射光谱仪(inductively coupled plasma atomic emission spectrometer，ICP-AES)等，其中有些仪器需要用到高纯气体。实验室用气主要有不燃气体(氮气)、惰性气体(氩气、氦气等)、易燃气体(乙炔、氢气)、助燃气体(氧气)。

实验室供气系统按其供应方式可分为分散供气与集中供气。

(1) 分散供气是将气瓶或气体发生器分别放在各个仪器分析室，接近仪器用气点，使用方便，节约用气，投资少。但由于气瓶接近实验人员，安全性欠佳，一般要求采用防爆气瓶柜，并有报警功能与排风功能。报警器分为可燃性气体报警器及非可燃性气体报警器。气瓶柜应设有气瓶安全提示标志及气瓶安全固定装置。

(2) 集中供气是将各种实验分析仪器需要使用的各类气体钢瓶，全部放置在实验室以外独立的气瓶间内，进行集中管理，各类气体从气瓶间以管道输送形式，按照不同实验仪器的用气要求输送到每个实验室不同的实验仪器上。

集中供气可实现气源集中管理，远离实验室，保障实验人员的安全。但供气管道长，导致浪费气体，开启或关闭气源要到气瓶间，使用欠方便。

7. 安全设计要求

实验室要配备适宜的消防器材，配备有害液体废物的收集装置，以便进行无害化处理。库房应防明火、防潮湿、防高温、防日光直射。室内应设排气降温风扇，并应备有消防器材。化验用房供气系统应独立设计。压缩气体钢瓶应固定，并应远离火源，在阴凉处储存。易燃、易爆气体钢瓶应单独放置。

8. 其他要求

实验用房温度、湿度调节系统应根据仪器设备和检测环境要求设计。纯水室应有防尘设施，配置符合制水设备功率要求的电源线路。

二、实验室检测指标及检测周期

污水处理厂日常检测指标、周期和方法应符合现行国家标准《城镇污水处理厂污染物排放标准》(GB 18918—2002)、《污水排入城镇下水道水质标准》(GB/T 31962—2015)、《排污单位自行监测技术指南　总则》(HJ 819—2017)及《排污单位自行监测技术指南　水处理》(HJ 1083—2020)的规定，并应满足工艺运行管理需要。可参考表4.3、表4.4、表4.5及表4.6中的规定确定。

表 4.3 污水分析检测指标及周期

检测周期	序号	分析项目	检测周期	序号	分析项目
每日	1	pH	每月	1	阴离子表面活性剂
	2	BOD$_5$		2	硫化物
	3	COD		3	色度
	4	SS		4	动植物油
	5	氨氮		5	石油类
	6	总氮		6	氟化物
	7	总磷		7	挥发酚
	8	硝酸盐氮	每半年	1	总汞
	9	亚硝酸盐氮		2	烷基汞
	10	凯氏氮		3	总镉
	11	粪大肠菌群数		4	总铬
	12	SSR		5	六价铬
	13	SVI		6	总砷
	14	MLSS		7	总铅
	15	DO (dissolved oxygen, 溶解氧)		8	总镍
	16	镜检		9	总铜
每周	1	氯化物		10	总锌
	2	MLVSS		11	总锰
	3	总固体			
	4	溶解性固体			

注：亚硝酸盐氮、硝酸盐氮、凯氏氮的分析周期可根据工艺需要酌情增减。

表 4.4 污泥分析检测指标及周期

检测周期	序号	分析项目	检测周期	序号	分析项目
每日	1	含水率	每月	1	粪大肠菌群
每周	1	pH		2	蠕虫卵死亡率
	2	有机份		3	矿物油
	3	脂肪酸		4	挥发酚
	4	总碱度	每半年	1	总汞
	5	沼气成分		2	总镉
	6	上清液 总磷		3	总铬
	7	上清液 总氮		4	总锌
	8	悬浮物		5	总铅
	9	回流污泥 SSR%		6	总砷
	10	回流污泥 SVI		7	总铜
	11	回流污泥 MLSS		8	总镍
	12	回流污泥 MLVSS			

注：1.可结合当地相关规定适当选择执行；2.好氧堆肥处理，每月检测一次粪大肠菌群及蠕虫卵死亡率。

第四章　实验室的建设与管理　　63

表 4.5　废气排放检测指标及周期

检测周期	检测点位	序号	分析项目
每半年	除臭装置排气筒处	1	臭气浓度
		2	硫化氢
		3	氨
	厂界或防护带边缘浓度最高点[a]	1	氨
		2	硫化氢
		3	臭气浓度
每年	厂区甲烷体积浓度最高处[b]	1	甲烷

注：a.防护带边缘的浓度最高点，通常位于靠近污泥脱水机房附近。b.通常位于格栅、初沉池、污泥消化池、污泥浓缩池、污泥脱水机房等位置，选取浓度最高点设置监测点位。

表 4.6　厂界环境噪声监测指标及最低监测周期

检测周期	噪声源及主要设备	分析项目
每季度	进水泵、曝气机、污泥回流泵、污泥脱水机、空压机、各类风机等	等效连续 A 声级

三、实验室的组成及设备配置

(一)实验室的组成

不同等级的实验室有不同的用房要求，一般应包括化学分析室、仪器分析室、生物室、天平室、前处理室等；辅助功能用房包括纯水室、洗涤室、样品室、更衣室、档案室、加热室等；公共设施用房包括配电室、空调机房、办公室、气瓶室、库房、会议室、信息管理室等。

各等级实验室的用房配置要求应符合表 4.7 的规定。

表 4.7　实验室用房配置要求

实验室等级	配置要求
I 级	化学分析室、仪器分析室、天平室、生物室、放射性检测室、前处理室、加热室、样品室、纯水室、洗涤室、气瓶室、库房、配电室、更衣室、档案室、办公室、会议室、信息管理室
II 级	化学分析室、仪器分析室、天平室、生物室、放射性检测室、前处理室、加热室、样品室、洗涤室、库房、更衣室、档案室、办公室
III 级	化学分析室、仪器分析室、天平室、生物室、样品室、库房、更衣室、办公室

为做到有效隔离、互不干扰，实验室各用房要严格分开。在布局分配上同类化验用房可以组合在一起；有隔振要求的化验用房可以组合在一起，一般设于底层；放射性检测区与其他检测区要采用分区门或隔断墙等进行物理分隔；生物检测区要相对独立；管道较多的化验用房可以组合在一起。各实验用房的功能和要求如下。

(1)样品室：进行样品的采集准备、预处理、转移和留样储备。最好设置在底层，并独立使用。存储功能区间应划分清楚，需标明待测样品、在测样品和已测样品。

(2)化学分析室：进行基本的化验操作、普通的理化分析。要与前处理室用于基本的化验操作和普通的理化分析，有机、无机前处理等分开，要有排风设施。墙、地板、实验台、试剂柜等要绝缘、耐热、耐酸碱和耐有机溶剂腐蚀；地面需有地漏，防倒流。应该设置供实验台使用的上下水装置、电源插座。

(3)仪器分析室：放置大型、小型、精密仪器。需要防电磁干扰、防振动、防噪声、防腐蚀、防尘和恒定的温度、湿度等，要有足够的电源插座，最好安装稳压装置。

(4)生物室：主要负责生物学实验。为防止交叉污染，宜设置在高层，要有独立的操作区域，设置消毒设备，并远离有污染物的位置，如厕所等。

(5)天平室：专业的称量工作间。要防振动、防尘，最好设置在底层。设置双层玻璃和窗帘，有恒温恒湿系统，天平台需要防震动，天平台放置要距离墙壁1cm。不要设置洗涤台或任何管道穿过室内。

(6)放射性检测室：参照《科研建筑设计标准》(JGJ 91—2019)中开放型放射性同位素实验室的设计要求。室内装修力求简洁，做到防止积尘和积聚放射性物质。各种管线要暗敷，灯具采用嵌入式。地面、墙面、顶棚的阴角做成半径不小于0.05m的半角。

(7)气瓶室：存放气体钢瓶的场所。必须远离热源、火源及燃料仓库。钢瓶距明火热源10m以上，室内设有直立稳固的支架放置钢瓶。

(8)前处理室：对样品进行蒸发、蒸馏、浓缩、萃取、消解等前处理操作的场所。

(9)加热室：存放干燥箱、箱式电阻炉(马弗炉)等高温加热设备的场所。要有足够的电力条件，使用防火材料做隔断。

(10)洗涤室：设有专门清洗玻璃器皿的区域，有机分析用的器皿与无机分析用的器皿需分开，用于检测有毒物品的器皿要专用。

(11)办公室(辅助室)：数据处理、档案存放及日常事务管理及组织后勤补给等工作的场所。人员培训上岗，具有专业技能和理论基础。

(12)纯水室：制备实验用纯水的场所；要设置在便于工作且洁净的区域。要有防尘设施，工作台面应坚固耐热，配有能满足制水设备功率要求的电源线路。供水水龙头要有隔渣网。

(13)库房：用于化学试剂和玻璃器皿的贮藏和保管，有毒和危险试剂的安置(配备安全柜)以及危险废物的暂存等。库房要具有防明火、防潮湿、防高温、防日光直射、防雷电的功能。朝北、干燥、通风良好。

(14)配电室：其电源进线一般由底层或二层进入，电源线通过竖向井道至各层，设置稳压设备的空间。

(15)更衣室：其建议人均使用面积不小于0.60m^2，且设置换鞋柜。

(16)档案室：其要有温度、湿度控制和防水、防菌、防鼠措施。

(17)信息管理室：其应设置于电力系统较稳定、安全通道通畅的地方，要避开强电磁场干扰。

(二)实验室的仪器设备配置

实验室的仪器设备、玻璃器皿以及部分药品清单如表 4.8～表 4.10 所示。

表 4.8 实验室仪器设备一览表

序号	仪器名称	技术指标	单位
1	便携式 pH 计	pH 测量范围：0～14	台
2	生化培养箱	控温范围：5～50℃	台
3	紫外分光光度计	波长范围：190～1100nm，精度：±1nm	台
4	高压蒸汽灭菌器	额定工作压强：0.14～0.16MPa	台
5	真空抽滤泵	真空压强：0～80kPa	台
6	电热恒温干燥箱	温度范围 50～250℃，波动度：±1℃	台
7	电子天平	最大称量：210g，实际分度值：0.0001g	台
8	箱式电阻炉	额定温度 1000℃	台
9	显微镜	物镜 4/10/40/100，目镜 10 倍	台
10	电热恒温水浴锅	控温范围：5～99℃	台
11	电热恒温培养箱	控制范围：(室温+5)℃～65℃	台
12	实验室纯水机	制水量：10L/h	台
13	便携式溶解氧测定仪	范围：0～20mg/L，精度：±0.1%	台
*14	BOD 测定仪	范围：0～700mg/L，同时测定件数：6 份样品	台
*15	COD 测定仪	范围：0～1500mg/L，同时消解件数：25 份样品	台
16	COD 快速测定仪	范围：20～1500mg/L（分段），可同时处理 9 支水样	台

注：其中带*的部分为可选内容，如果 BOD_5 的测定采用压差法，需配置表 4.8 中的 14 号仪器，如果 COD 的检测采用仪器快速消解法，需配置表 4.8 中的 15 号仪器。

表 4.9 实验室玻璃器皿一览表

序号	名称	规格	单位
1	直管吸量器	1mL	支
		2mL	支
		5mL	支
		10mL	支
2	移液管	5mL	支
		10mL	支
		20mL	支
		25mL	支
		50mL	支
3	量筒	50mL	个
		100mL	个
		250mL	个
		500mL	个
		1000mL	个

续表

序号	名称	规格	单位
4	烧杯	100mL	个
		250mL	个
		500mL	个
		1000mL	个
5	锥形瓶	100mL	个
		250mL	个
		500mL	个
6	培养皿	直径100mm	个
7	容量瓶(白)	100mL	个
		200mL	个
		250mL	个
		500mL	个
		1000mL	个
8	容量瓶(棕)	100mL	个
		200mL	个
		250mL	个
		500mL	个
		1000mL	个
9	广口瓶(白/棕)	250mL	个
		500mL	个
		1000mL	个
10	细口瓶(白/棕)	250mL	个
		500mL	个
		1000mL	个
11	干燥器	中号	个
12	碘量瓶	250mL	个
13	下口瓶	5000mL	个
14	酸式滴定管(白)	25mL	个
		50mL	个
15	酸式滴定管(棕)	25mL	个
		50mL	个
16	玻璃棒	粗，长300mm	个
17	洗耳球	大号	个
		中号	个
		小号	个
18	载玻片	中号	个
19	盖玻片	中号	个

第四章 实验室的建设与管理

续表

序号	名称	规格	单位
20	漏斗	口径 60mm；管长 90mm	个
		口径 60mm；管长 120mm	个
21	溶解氧瓶	250mL	个
22	滴瓶	125mL	个
23	瓷坩埚		个
24	比色管	25mL(6cm×1cm)	盒
		50mL(6cm×1cm)	盒
25	抽滤瓶	1000mL	个
26	镊子	25cm	个
		16cm	个
27	坩埚钳	35cm	个
28	坩埚架	6 孔	个
29	滴定台	铁方台	套
*30	全玻璃回流装置	冷凝管长度 300～500mm	套
31	定量滤纸	中速 φ12.5	盒
		慢速 φ12.5	盒
32	定性滤纸	中速 φ12.5	盒
		慢速 φ12.5	盒
33	称量瓶	25mm×40mm	个
		40mm×25mm	个
34	牛角匙		组
35	比色管架	塑料	个
36	移液管架		个
37	毛刷		支
38	剪刀		把
39	纱布		袋
40	脱脂棉		袋
41	双顶丝		个
42	万能夹		个
43	打孔器		套
44	凯氏定氮蒸馏装置		套

注：其中带*的部分为可选内容，如果 COD 的测试采用回流法，需配置表 4.9 中的 30 号装置。

表 4.10 实验室部分药品清单

序号	名称	等级	单位
1	过硫酸钾	优级纯	瓶
		分析纯	瓶
2	抗坏血酸	分析纯	瓶
3	钼酸铵	分析纯	瓶
4	酒石酸锑氧钾	分析纯	瓶
5	硫酸	分析纯	瓶
6	磷酸二氢钾	优级纯	瓶
7	氢氧化钠	分析纯	瓶
8	硝酸钾	优级纯	瓶
9	盐酸	分析纯	瓶
10	硫酸锌	分析纯	瓶
11	氨基磺酸	分析纯	瓶
12	碘化钾	分析纯	瓶
13	碘化汞	分析纯	瓶
14	酒石酸钾钠	分析纯	瓶
15	氯化铵	优级纯	瓶
		分析纯	瓶
16	硫酸汞	分析纯	瓶
17	重铬酸钾	优级纯	瓶
18	硫酸银	分析纯	瓶
19	氯化钾	分析纯	瓶
20	硫酸锰	分析纯	瓶
21	淀粉	分析纯	瓶
22	硫代硫酸钠	分析纯	瓶
23	氢氧化锂	分析纯	瓶
24	丙烯基硫脲	分析纯	瓶
*25	磷酸二氢钾	分析纯	瓶
*26	磷酸氢二钾	分析纯	瓶
*27	七水合磷酸氢二钠	分析纯	瓶
*28	七水合硫酸镁	分析纯	瓶
*29	无水氯化钙	分析纯	瓶
*30	六水合氯化铁	分析纯	瓶
31	葡萄糖	分析纯	瓶
32	谷氨酸	分析纯	瓶
*33	邻菲罗啉	分析纯	瓶
*34	硫酸亚铁	分析纯	瓶

续表

序号	名称	等级	单位
*35	硫酸亚铁铵	分析纯	瓶
36	硅胶	分析纯	瓶
37	邻苯二甲酸氢钾	优级纯	瓶
38	硫酸钾	分析纯	瓶
39	硫酸钠	分析纯	瓶
40	硼酸	分析纯	瓶
41	碳酸钠	分析纯	瓶
42	甲基红	分析纯	瓶
43	亚甲基蓝	分析纯	瓶
44	乙醇	分析纯	瓶

注：其中带*的部分为可选内容，如果 BOD_5 的测试采用稀释与接种法，需配置表 4.10 中的 25~30 号药品，如果 COD 的测试采用回流法，需配置表 4.10 中的 33~35 号药品。

四、实验室人员配置及岗位职责

(一)实验室化验人员配置

根据《城镇供水与污水处理化验室技术规范》(CJJ/T 182—2014)的规定，污水处理厂实验室应实行分级设计和管理，其设施、设备和人员配置应根据实验室等级确定，并建立相应的管理制度。实验室人员一般根据污水处理厂的规模进行配置，污水处理厂规模划分及化验人员配置如表 4.11 所示。

表 4.11 污水处理厂规模划分及化验人员配置一览表

项目类别	I 类	II 类	III 类	IV 类	V 类
污水处理规模/(万 m^3/d)	50~100（含 50、100）	20~50（含 20）	10~20（含 10）	5~10（含 5）	1~5（含 1）
化验人员数量	≥5	≥4	≥3	≥3	≥2

实验室化验人员配置应为 2~5 人，并设置化验组长 1 名。化验人员应按照现行行业标准《市政公用设施运行管理人员职业标准》(JJ/T 249—2016)要求，统一组织实施职业能力评价，取得合格证明后方可上岗，并且应按要求进行定期培训和考核。

化验人员的主要工作为对污水处理厂进出水水质、过程控制指标进行检验、记录，具体岗位职责如下：每天采取化验水样，完成各项项目的化验分析工作；按要求认真做好日、月、年分析记录表和原始记录表；把当天的记录表交予化验组长审查；认真保养仪器设备；负责实验室环境卫生及室内化验仪器卫生的清扫、洗涤及保养工作。

另外，化验人员良好的技术业务素质及科学管理能力的养成，对保证分析测试质量也极其重要。作为分析化验人员，最重要的是有高度负责的敬业精神以及良好的职业操守。

分析测试人员要不断学习,理解分析方法原理,熟练掌握正确的操作技能;了解相关的国家标准及修订变更情况,并严格遵照执行。分析测试人员要逐步培养良好的工作习惯,即秉持严谨认真的工作态度,养成科学合理的工作方法和保持清洁整齐的工作环境。

(1)工作前要有计划,做好充分的准备,保证整个分析测试过程能有条不紊、紧张有序地进行。

(2)实验进行中所用的仪器、试剂要放置合理、有序;实验台面要清洁、整齐;每完成一个阶段的分析任务要及时整理;全部工作结束后,一切仪器、试剂、工具等都要放回原处。

(3)测试操作过程中要培养精细观察实验现象,准确、及时、如实记录实验数据的科学工作作风。数据要记录在专用的记录本上。记录要严格按照相关要求,及时、真实、齐全、整洁、规范。如有错误,要划掉重写,不得涂改。

(4)注意卫生。工作时要穿实验工作服。实验工作服不得在非工作场所穿用,以免有害物质扩散。工作前后要及时洗手,以免因手脏而玷污仪器、试剂和样品,以致引入误差;或将有害物质带出实验室,甚至入口、眼,导致伤害和中毒。

(5)熟悉实验室的规章制度,并自觉遵照执行。

另外,实验室内应至少始终配备一名急救人员,并进行定期培训。

(二)实验室化验人员岗位职责管理

实验室的日常工作都是由化验员来完成,因此要明确化验负责人及化验人员的岗位职责,以实现实验室的规范化管理。

1. 化验负责人岗位职责

①负责实验室技术管理工作;②负责审核实验室各项报告,确保监测报告数据的"五性"(代表性、准确性、精密性、完整性、可比性)及上报的准确性;③负责实验室培训工作,制定实验室人员的教育、培训和技能目标;确定培训需求和提供人员培训的目标,并能够与当前和预期的任务相适应,应评价这些培训活动的有效性;④监测数据出现异常时,立即上报分管领导,采取有效措施,尽快解决问题;⑤负责制定或修改实验室各项管理制度、水质分析技术规范书、经验反馈、操作规范等文件编写工作;⑥负责各种技术资料、原始记录、台账等综合管理工作,进行分类归档管理;⑦有权指导、监督、检查化验员执行化验操作规程,有权制止违章作业和不合理化的工作;⑧负责安排设备维护保养、化验项目定期考核工作的安排;⑨负责实验室化学药品的验收、盘点工作;⑩负责落实实验室需用计划,安排备品配件、药品采购计划、入库验收工作,做好化学药品库存、备品备件的平衡;⑪负责实验室劳保用品使用的合理性;⑫负责实验室安全/环境/质量管理工作。

2. 化验人员岗位职责

①熟练掌握水质分析化验技术各种标准规范;②应持证上岗,身体健康,无妨碍本岗位工作的疾病;③监测数据出现异常,立即报告化验负责人,同时填写《监测数据异常分

析报告表》，保留原水样；④熟知《化学危险品安全技术说明书》，严格按照《化学药品管理制度》操作；⑤化验分析工作中严格按照仪器仪表安全操作规程进行操作，防止损坏仪器仪表；⑥掌握分析仪器设备的安全维护保养工作；⑦对实验室所测定的每个分析数据的准确性负责，对所上报的数据准确性、可靠性负责；⑧负责配制各种试剂和标准溶液；⑨负责对样品的接收与保存工作，确保水样的有效性；⑩定期校准实验室所需仪器设备；⑪定期更换分光光度计曲线并校准；⑫负责定期工作的执行和台账的记录；⑬必须至少每年参加一次安全知识更新培训并考核通过。

五、实验室环境建设

实验室是获得监测结果的关键部门，要使监测质量达到规定水平，必须有合格的实验室条件。其中环境条件和设施是两项很重要的影响因素。实验室的设施包括照明设施、消防设施、排气设施等，而环境条件包括采光条件、通风条件、温湿度条件等。其中任何一项设施或任何一种环境条件不满足实验室的检测要求，均会对检测结果造成重大影响。实验只有在相同的设施和环境下进行，所检测的结果才具有可比性，数据才具有真实性和准确性。

(一)基础实验室对环境的要求及建设

1. 环境要求

(1)室内的温度、湿度要求较精密仪器室略宽松(可放宽至35℃)，但温度波动不能过大(应≤2℃/h)。
(2)室内照明宜用柔和自然光，要避免阳光直射。
(3)室内应配备专用的给水和排水系统。
(4)分析室的建筑应耐火，或用不易燃烧的材料建成。门应向外开，以利于发生意外时人员的撤离。
(5)由于化验过程中常产生有毒或易燃的气体，因此实验室要有良好的通风条件。

2. 基础设施建设

在化学分析室进行样品的化学处理和分析测定工作中，常使用一些小型的电器设备及各种化学试剂，如操作不慎也具有一定的危险性。针对这些特点，在化学分析室的基础设施建设时应注意以下要求：

(1)建筑要求：建筑应耐火，材料应具有防火性能；窗户要能防尘；室内采光要好；门应向外开。
(2)供水和排水：供水要保证必需的水压，水质和水量应满足仪器设备正常运行的需要；室内总阀门应设在易操作的显著位置；下水道应采用耐酸碱腐蚀的材料；地面应有地漏。
(3)通风设施：由于化验工作中常常会产生有毒或易燃的气体，实验室应有良好的通风条件，可以同时采用局部通风和全室通风。

①全室通风：采用排气扇或通风竖井，换气频率一般为 5 次/h。

②局部排气罩：在教学实验室中产生有害气体的上方，设置局部排气罩，以减少室内空气的污染。

③通风柜：内设置加热源、水源、照明等装置。

(4)供气与供电：有条件的实验室可安装供气管道。实验室的电源分照明用电和设备用电，照明最好采用荧光灯。设备用电中，24h 运行的电器（如冰箱）单独供电，其余电器设备均由总开关控制，烘箱、高温炉等电热设备应有专用插座、开关及熔断器。在室内及走廊上安装应急灯，以备夜间突然停电时使用。

(二)仪器分析室对环境的要求及建设

仪器分析室，这里主要指天平室及大型精密仪器室。

1. 天平室的环境要求及建设

1)天平室的环境要求

(1)万分之一及更高精度的天平，应工作在(20±2)℃、温度波动不大于 0.5℃/h、相对湿度 50%～60%的环境中。

(2)百分之一和千分之一精度的天平，应工作在温度为 18～26℃、温度波动不大于 0.5℃/h、相对湿度 50%～75%的环境中。

(3)在称量精度要求不高的情况下，工作温度可以放宽到 17～33℃，但温度波动仍不大于 0.5℃/h，相对湿度可放宽到 50%～90%。

(4)有恒重要求的，天平室室温要控制在 15～30℃，相对湿度控制在 45%～55%。

(5)天平室安置在底层时，应注意做好防潮工作。

(6)使用电子天平的实验室，天平室的温度应控制在(20±1)℃，且温度波动不大于 0.5℃/h，以避免温度变化对电子元件和仪器灵敏度的影响，保证称量的精确度。

2)天平室的建设

(1)空间要求：天平室应具备足够的空间来容纳天平设备及其操作区域。考虑到天平的尺寸和使用需求，应确保室内有足够的工作空间和行动自由。

(2)温度和湿度控制：天平室应具备稳定的温度和湿度控制，以减少外部环境对天平测量结果的影响。温度和湿度的变化可能导致天平的灵敏度和准确性受到影响。因此，天平室应远离振动源，设在人流少且方便工作的地方，要求防震、防尘、防风、防腐蚀、防潮、温度湿度相对恒定。

(3)振动控制：为确保天平的准确测量，天平室应采取措施来减少外部振动的影响。这可以包括选择适当的地面材料、隔离振动源以及使用减振台等装置。

(4)电磁干扰控制：天平室应避免电磁干扰对天平测量的影响。这包括远离电磁辐射源、合理布置电源线路、采取屏蔽措施等，以保持测量的稳定性和精确性。

(5)安全和环境要求：确保天平室符合安全和环境标准，包括适当的照明、通风和消防设施。还要考虑到天平操作过程中可能产生的化学品或物质，确保储存和处理的安全性。

(6) 实验室布局和工作流程：天平室应根据实验室的布局和工作流程进行设计，确保天平操作区域与其他实验设备、材料和人员的安全距离，并提供便利的工作环境。最好将药品室、高温室设计在天平室相邻的位置，符合取药品、干燥、称量的工作流程。对于万分之一以上精度的天平，须在进入天平操作区域前增设缓冲间。

(7) 合理的噪声控制：对于敏感的天平操作，天平室应考虑合理的噪声控制措施，以减少噪声对天平测量结果的干扰。

(8) 外窗宜密闭并设窗帘。

2. 大型精密仪器环境要求及建设

(1) 精密仪器室应尽可能保持温度恒定，一般温度在 15～30℃，有条件的最好控制在 18～25℃。

(2) 湿度在 60%～70%，需要恒温的仪器可装双层门窗及空调装置。

(3) 大型精密仪器应安装在专用实验室，一般有独立平台（可另加隔断分隔）。互相有干扰的仪器设备不要放在同一室。

(4) 精密电子仪器以及对电磁场敏感的仪器，应远离强磁场，必要时可加装电磁屏蔽。

(5) 实验室地板应致密及防静电，一般不要使用电毯。

(6) 大型精密仪器室的供电电压应稳定，一般允许的电压波动范围为±10%。必要时要配备附属设备（如稳压电源等）。为保证供电，可采用不间断电源系统（uninterruptible power system，UPS）或双电源供电。应设计有专用地线，接地极电阻小于 4Ω。

(7) 精密仪器室要求具有防火、防震、防电磁干扰、防噪声、防潮、防腐蚀、防尘、防有害气体侵入的功能。

(三) 清洁实验室对环境的要求及建设

实验室空气中往往含有细微的灰尘以及液体气溶胶等物质，对于一些常规项目的监测不会造成太大的影响，但对痕量分析和超痕量分析会造成较大的误差。因此在进行痕量和超痕量分析以及需要使用某些高灵敏度的仪器时，对实验室空气的清洁度有较高的要求。空气清洁度分为四个级别：100 级、1000 级、10000 级和 100000 级。它是根据室内悬浮固体颗粒粒径的大小和数量多少来分类的，一般有两个指标，即每立方米（每升）≥0.5μm 和≥5.0μm 的尘粒数。颗粒物数量与空气清洁度的关系见表 4.12。

表 4.12 空气清洁度划分标准

空气清洁度/级	每立方米（每升）空气中粒径≥0.5μm 尘粒数	每立方米（每升）空气中粒径≥5.0μm 尘粒数
100	≤35×100	
1000	≤35×1000	≤250
10000	≤35×10000	≤2500
100000	≤35×100000	≤5000

一般要求房间内达到 10000 级，局部超净工作台达到 100 级。要达到清洁度为 100 级标准，空气进口必须用高效过滤器过滤。高效过滤器效率为 85%～95%，对粒径为 0.5～5.0μm 颗粒的过滤效率为 85%，对粒径大于 5.0μm 颗粒的过滤效率为 95%。超净实验室面积一般较小，并有缓冲室，四壁涂环氧树脂油漆，桌面用聚四氟乙烯或聚乙烯膜，门窗密闭，室内略带正压，用层流通风柜。

没有超净实验室条件的可采用一些其他措施。例如，样品的预处理、蒸干、消化等操作最好在专用的通风柜内进行，并与一般实验室、仪器室分开。几种分析同时进行时应注意防止相互交叉污染。

六、实验室仪器设备及档案管理要求

(一)仪器设备管理要求

(1)仪器设备应定期检定校准。使用频繁的仪器，宜在两次检定校准期间进行期间核查。

(2)仪器设备应进行日常管理，包括建立仪器设备档案，仪器设备检定、期间核查、维护维修保养等。

(3)大型设备、精密仪器设备应由经过授权的检测人员操作。

(4)仪器设备应实行标识管理。仪器设备的状态标识应分为"合格"、"准用"和"停用"，并应以绿、黄、红三种颜色表示。

(5)实验室应建立仪器设备管理档案。仪器设备管理档案应包括设备名称、型号、制造商、出厂编号、出厂日期、验收日期、验收记录、检定及校准证书和报告、仪器使用记录、维修保养记录、期间核查记录等内容。

(二)档案管理要求

(1)应建立档案管理制度，档案资料不得任意删改。有条件的实验室可建立信息化管理系统。

(2)应建立档案资料的查阅、复印登记手续。

(3)以电子文件形式保存的档案资料，应定期备份，并应符合现行国家标准《电子文件归档与电子档案管理规范》(GB/T 18894—2016)的相关规定。

(4)应根据档案的重要性规定档案的保存期限。原始记录和检测报告应至少保存 5 年。销毁超过保存期限的文件时应做好记录。

第三节 实验室质量体系的建立与管理

实验室质量管理体系是指将检测工作的全过程以及涉及的其他方面作为一个有机的整体，系统地、协调地对影响检测质量的技术、人员、资源等因素及其质量形成过程中各个活动的相互联系和相互关系进行有效的控制。构建实验室质量管理体系，是实验室检测工作标准化和规范化的客观需要，更是保障实验室检测质量的前提。构建实验室质量管理体系，解决质量管理体系运行中的问题，使质量管理体系不断完善，持续有效地运行，才能保证监测数据的真实可靠、准确公正；通过质量管理体系的持续改进可以进一步提高实验室的检测能力。

一、实验室质量体系的建立

(一) 实验室质量体系编写依据

实验室质量体系编写依据可参考表 4.13 的标准及文献。

表 4.13　实验室质量体系编写依据

序号	标准及文献名称	标号
1	《检测和校准实验室能力的通用要求》	GB/T 27025—2019
2	《城镇供水与污水处理化验室技术规范》	CJJ/T 182—2014
3	《实验室设施和环境条件监测指南》	DB 51/T 2162—2016
4	《水和废水监测分析方法》	第四版
5	《环境监测质量管理技术导则》	HJ 630—2011
6	《检验检测机构资质认定能力评价 检验检测机构通用要求》	RB/T 214—2017
7	《污水监测技术规范》	HJ 91.1—2019
8	《城镇污水水质标准检验方法》	CJ/T 51—2018
9	《水质　样品的保存和管理技术规定》	HJ 493—2009
10	《排污单位自行监测技术指南　总则》	HJ 819—2017
11	《排污单位自行监测技术指南　水处理》	HJ 1083—2020
12	《城镇污水处理厂污染物排放标准》	GB 18918—2002

(二) 实验室质量体系建设内容

1. 管理机制

实验室的管理机制需要根据组织最高管理者授权正式发布的质量方针，制定在一定时间内所要达到的质量目标，质量目标通常是具体的、可量化的。然后建立有效的组织架构，落实岗位责任制，划出技术、管理、支持服务工作与质量管理体系的关系，即质量管理体系要素职能分配表。做到各项与质量有关的工作都能事事有人管、项项有部门负责，并定期召开工作会议，建章立制。

2. 实验室配置及环境要求

实验室按照国家及地方的要求配置相应的设备、试剂耗材及人员，实验室的环境要符合要求，保证化验检测工作顺利进行。

3. 实验室管理

实验室管理包括仪器设备的管理、样品采集的管理、化验检测质量的管理、危险品的管理及废弃物的管理等。所有管理工作必须符合相关规定，不违背国家法律法规，不弄虚作假。

4. 事故防范与突发事件应急救援

实验室需做好事故防范，建立应急预案并配备相应的应急用品，应对突发事件，做好应急演练。

5. 数据分析与应用

实验室需要将监测数据录入电脑，形成数据管理系统，并对数据进行曲线分析等，根据分析结果应用于生产优化与工作效率提高等方面。

6. 培训教育

实验室面对国家法律法规的更新，检测项目及化验人员的变化，需要做好相关培训教育以符合工作的要求，需要做好的工作包括培训计划、入职培训、特殊培训、转岗培训及日常培训等。

7. 台账报表

实验室的工作是严谨的，检测工作的同时需要真实准确记录监测数据，只有积累长期持续的数据才有利于数据分析与应用，数据记录需要配套各类清单报表及台账。

8. 其他

(1)定期召开实验室管理的季度会议，化验技术工作不能和生产运行工作脱离，需要邀请生产部门负责人参会交流，结合生产运行开展的化验工作才是最有效的。

(2)定期收集第三方检测报告和外单位监测数据，一是对照实验室数据的差异，检验自身化验水平；二是若发现对方数据异常，及时向领导汇报处理。

(3)体系建设形成的各类文件不能停留在个人电脑里，需要按照要求及时发布、上墙、培训与实施。

(三)实验室质量体系文件

实验室的管理体系在建设中涉及很多环节，也存在不清晰不明确的地方，需要编写相关环节的规章制度、操作规程、标准化工作流程和标准化管理台账等文件指导管理体系的建设。

1. 规章制度

水质化验管理制度需要编写的框架清单可参考表4.14。

第四章 实验室的建设与管理

表 4.14 水质化验管理制度框架清单

序号	制度名称	序号	制度名称
1	实验室管理制度	15	实验室设备维护与定检管理制度
2	实验室检测管理制度	16	实验室安全事故应急管理制度
3	实验室员工岗位责任制度	17	实验室安全管理规定
4	实验室水质指标检验方法汇总	18	实验室安全防护设备使用管理制度
5	实验室样品采集与保存管理制度	19	实验室化学药品库房管理制度
6	实验室质量控制管理制度	20	实验室化学药品使用管理制度
7	化验记录管理制度	21	危险化学品管理制度
8	标准物质管理制度	22	实验室废弃物管理制度
9	在线设备药剂管理制度	23	易制毒化学品管理制度
10	实验室外来水样检测管理制度	24	化学品"五双"管理制度
11	实验室设备管理制度	25	水质管理制度
12	实验室精密仪器使用管理制度	26	水质报告制度
13	实验室一般器材使用管理制度	27	实验室内务管理制度
14	化验设备降级与报废制度	28	……

注:"五双"管理制度,即双人收发、双人记账、双人双锁、双人运输、双人使用。

管理制度如实验室管理制度可参考电子资料附件进行编制。

2. 操作规程

化验各类操作规程框架清单可参考表 4.15。

表 4.15 化验操作规程框架清单

序号	操作规程名称	序号	操作规程名称
1	采集样品操作规程	14	隔水式生化培养箱操作规程
2	样品保存规程	15	电热恒温干燥箱操作规程
3	便携式取样器操作规程	16	离心机安全操作规程
4	COD、氨氮等指标的操作规程	17	浊度仪操作规程
5	电子天平操作规程	18	电热恒温水浴锅操作规程
6	显微镜操作规程	19	气相色谱仪操作规程
7	混凝试验搅拌机操作规程	20	液相色谱仪操作规程
8	紫外可见分光光度计操作规程	21	离子色谱仪操作规程
9	色度计操作规程	22	原子吸收分光光度计操作规程
10	精密酸度计操作规程	23	红外测油仪操作规程
11	COD 检测仪操作规程	24	示波极谱仪操作规程
12	氨氮检测仪操作规程	25	总有机碳测定仪操作规程
13	电导率仪操作规程	26	放射性检测仪操作规程

续表

序号	操作规程名称	序号	操作规程名称
27	硬度计操作规程	38	电热恒温培养箱操作规程
28	散射式浊度仪操作规程	39	原子荧光光度计操作规程
29	蒸馏器操作规程	40	余氯检测仪操作规程
30	恒温磁力搅拌器操作规程	41	多联过滤器操作规程
31	隔膜真空泵操作规程	42	生物安全柜操作规程
32	马弗炉操作规程	43	冰箱安全操作规程
33	旋转蒸发器操作规程	44	空调安全操作规程
34	漩涡振荡器操作规程	45	超净工作台操作规程
35	超声波清洗器操作规程	46	危险化学品使用规程
36	全自动菌落计数仪操作规程	47	……
37	高压蒸汽灭菌器操作规程		

实验室可根据自身情况逐步建立表格中的操作规程，可根据自身情况进行优化，涉及环保安全方面的操作规程以环保安全管理体系的要求为准。

3. 标准化工作流程

化验标准化工作流程框架清单可参考表 4.16。

表 4.16 化验标准化工作流程框架清单

序号	工作流程名称	序号	工作流程名称
1	实验室水样采集与预处理工作流程	11	在线设备试剂更换工作流程
2	检验方法的选择与确认流程	12	实验室物品采购与验收工作流程
3	各类水质指标检测流程	13	实验室剧毒化学品"五双"管理流程
4	外来水样检测工作流程	14	化学药品出入库工作流程
5	监测数据确认审核流程	15	实验室仪器设备出入库工作流程
6	监测数据异常原因分析流程	16	实验室内部培训与考核流程
7	化验设备外维工作流程	17	实验室安全综合检查工作流程
8	化验设备校准和检定工作流程	18	实验室安全事故应急处置流程
9	化验设备降级与报废工作流程	19	……
10	各类化验试剂配置标准流程		

实验室可根据自身情况逐步建立表格中的工作流程，可根据自身情况进行优化，涉及环保安全方面的工作流程以环保安全管理体系的要求为准。

4. 标准化管理台账

实验室标准化管理台账框架清单可参考表 4.17。

第四章 实验室的建设与管理

表 4.17 实验室标准化管理台账框架清单

序号	台账名称	序号	台账名称
1	水质分析日(月)报表	22	实验室精密仪器技术档案
2	水质分析原始记录	23	化验设备档案台账
3	实验室库房管理记录	24	安全防护设施台账
4	药品配置记录	25	化验器材损坏记录
5	剧毒(易致毒)化学药品管理记录	26	化验试剂配制记录
6	仪器仪表校准记录	27	化验设备维护保养记录
7	采样记录	28	实验室危废产生与处置记录
8	化验设备维修记录	29	化验设备外委质量反馈记录
9	在线监测数据与实验室比对记录	30	实验室物品验收记录
10	监测数据异常记录	31	化验设备降级与报废记录
11	实验室安全综合检查台账	32	剧毒化学品采购记录
12	实验室安全事故分析报告	33	在线试剂更换记录
13	外检平行样检测记录	34	剧毒化学品使用记录
14	外来水样检测记录	35	实验室物品采购台账
15	工艺段水质检测记录	36	化验仪器设备出入库记录
16	二次供水检测记录	37	实验室物品技术文件/检验报告档案
17	管网管水、末梢水检测记录	38	"五双"管理台账
18	外来材料检测记录	39	剧毒化学品领用记录
19	应急监测记录	40	实验室重要仪器设备期间核查记录
20	第三方监测报告	41	化学药品出入库记录
21	监测数据异常原因分析报告	42	……

实验室可根据自身情况逐步建立表格中的管理台账,可根据自身情况进行优化,涉及环保安全方面的台账以环保安全管理体系的要求为准。

5. 重要工作指引

实验室管理体系在建章立制过程中,各方面考量的情况存在差异,污水处理厂也可有针对性地编写一些重要工作指引,其框架清单可参考表 4.18。

表 4.18 重要工作指引框架清单

序号	台账名称	序号	台账名称
1	实验室管理体系(1)流程管理篇	6	实验室管理体系(6)计量设备定期检定及校准篇
2	实验室管理体系(2)检测标准篇	7	实验室管理体系(7)质量控制篇
3	实验室管理体系(3)仪器设备篇	8	实验室管理体系(8)化验交流篇
4	实验室管理体系(4)药剂耗材篇	9	实验室管理体系(9)监测数据分析与应用篇
5	实验室管理体系(5)显微镜使用与应用篇	10	……

6. 重要工作表单

实验室管理体系的建立在于每日的有效运转,运转的重要手段是数据填写(表单记录),所有管理体系重点体现在清单管理,重要工作表单具体可参考表 4.19。

表 4.19 重要工作表单框架清单

序号	台账名称	序号	台账名称
1	水质分析日(月)报表	6	仪器仪表校准记录
2	水质分析原始记录	7	采样记录
3	实验室库房管理记录	8	化验设备维修记录
4	药品配置记录	9	在线监测数据与实验室比对记录
5	剧毒(易致毒)化学药品管理记录	10	……

污水处理厂可根据自身情况对表格中的工作表单内容进行优化,没有统一表格的自行编制,但是不能违背表单的编制目的与原则,表单填写完后必须由化验和审核等人员签字确认。涉及环保安全方面的台账,比如"五双"管理台账等以环保安全管理体系的要求为准。

(四)实验室质量控制与数据统计处理

实验室质量控制包括实验室内的质量控制(内部质量控制)和实验室间的质量控制(外部质量控制)。

1. 实验室内质量控制

1)误差的概念

由于人们认识的不足和科学技术水平的限制,测量值与真值(某量的响应体现出的客观值或真值)之间总是存在差异,这个差异叫作误差(error)。任何测量结果都具有误差,误差存在于一切测量的全过程。

2)误差的分类及表示方法

(1)系统误差:又称恒定误差、可测误差或偏倚,是指在多次测量同一量时,某测量值与真值之间的误差的绝对值和符号保持恒定或归结为某几个因数的函数,它可以修正或消除。

(2)随机误差:是由测量过程中各种随机因素的共同作用造成的。在实际测量条件下,多次测量同一量时,误差的绝对值和符号的变化,时大时小、时正时负,但是主要服从正态分布。

(3)过失误差:是由测量过程中发生不应有的错误造成的,如错用样品、错加试剂、仪器故障、记录错误或计算错误等。过失误差一经发现必须立即纠正。

(4)准确度:某单次重复测定值的总体均值与真值之间的符合程度叫作准确度。准确度一般用相对误差来表示。

2. 实验室间质量控制

1) 目的

实验室间质量控制的目的在于使协同工作的实验室间能在保证基础数据质量的前提下，提供准确可靠的测试结果，即在控制分析测试的随机误差达到最小的情况下，进一步控制系统误差。主要用于实验室能力评价和分析人员的技术评定，以及协作实验仲裁分析等方面。

2) 质控程序

(1) 建立工作机构：通常由上级单位的实验室或专门组织的专家技术组负责主持该项工作。

(2) 制定计划方案：按照工作目的、要求制定工作计划。包括实施范围、实施内容、实施方式、日期、数据报表及结果评价方法、标准等。

(3) 标准溶液校准：由领导机构在分发标准样品之前，先向各实验室发放一份标准物质（包括标准溶液等）。与各实验室的基准进行比对分析，以发现和消除系统误差，一般是使用接近分析方法上限浓度的标准物质来进行。测定后用 t 检验法检验两份样品的测定结果有无显著性差异。

(4) 统一样品的测试：在上级机构规定的期限内进行样品测试，包括平行样测定、空白试验等，按要求上报结果。

(5) 实验室间质量控制考核报表及数据处理：领导或主管机构在收到各实验室统一样品测定结果后，及时进行登记整理、统计和处理，以制定的误差范围评价各实验室数据的质量（一般采用扩展标准偏差或不确定度来评价），并绘制质量控制图，检查各实验室间是否存在系统误差。

(6) 向参加单位通知测试结果。

3. 实验室数据统计处理

在实验室分析工作中，常需处理各种复杂的监测数据。这些数据经常表现出波动，甚至在相同条件下，获得的实验数据也会有不同的取值。对此，可用数理统计的方法处理获得的一批有代表性的数据，以判别数据的取舍。

1) 有效数字及数值修约

按照有效数字的规定，进行有效数字的修约、数值计算和检验，然后将数据列表。

数位：0，1，2，3，4，…，9 这十个数码称为数字，由单一数字或多个数字可以组成数值，一个数值中，各个数字所有的位置称数位。

有效数字的意义：测量结果的记录、运算和报告，必须用有效数字。有效数字用于表示测量结果，指测量中实际能测得的数值，即表示数字的有效意义。一个由有效数字构成的数值，其倒数第二位及以上的数字应该是可靠的。只有末位数字是可疑的或为不确定的。所以，有效数字是由全部可靠数字和一位不确定数字构成的。由有效数字构成的测量结果，只应包含有效数字。对有效数字的位数不能任意增删。

数字"0"，当它用于指示小数点的位置，而与测量的准确度无关时，不是有效数字，这与"0"在数值中的位置有关。例如：

(1)第一个非零数字前的"0"不是有效数字。

0.0498　　　　　　　三位有效数字

0.005　　　　　　　　一位有效数字

(2)非零数字中的"0"是有效数字。

5.0085　　　　　　　五位有效数字

8502　　　　　　　　四位有效数字

(3)小数点后最后一个非零数字后的"0"是有效数字。

5.8500　　　　　　　五位有效数字

0.390%　　　　　　　三位有效数字

(4)以"0"结尾的整数，有效数字的位数难以判断，如58500可能是三位、四位或五位有效数字，在此情况下，应根据测定值的准确度数字或指数形式确定。

$5.85×10^4$　　　　　三位有效数字

$5.8500×10^4$　　　　五位有效数字

2)数值修约规则

数值修约和计算按照《数值修约规则与极限数值的表示和判定》(GB/T 8170—2008)和相关环境监测分析方法标准的要求执行。

3)进舍规则

应按照"四舍六入五单双"的原则取舍。

(1)拟舍弃数字的最左一位数字小于5时，则舍去，即保留的各位数字不变。

(2)拟舍弃数字的最左一位数字大于5或虽等于5时，而其后并非全部为0的数字时，则进1，即保留的末位数字加1。

(3)拟舍弃数字的最左一位数字为5时，而其后无数字或皆为0时，若所保留的末位数字为奇数(1，3，5，7，9)，则进1；为偶数(2，4，6，8，0)，则舍去。

4)数据记录

记录测定数值时，应同时考虑计量器具的准确度和读数误差。对检定合格的计量器具，有效数字位数可以记录到最小分度值，最多保留一位不确定数字。

精密度一般只取1~2位有效数字。

校准曲线相关系数只舍不入，保留到小数点后第一个非9数字。如果小数点后多于4个9，最多保留4位。校准曲线斜率的有效位数应与自变量的有效数字位数相等，校准曲线截距的最后一位数应与因变量的最后一位数取齐。

5)异常值的判断和处理

异常值的判断和处理执行《数据的统计处理和解释　正态样本离群值的判断和处理》(GB/T 4883—2008)，当出现异常高值时，应查找原因，原因不明的异常高值不应随意剔除。

6)数据校核及审核

(1)应对原始数据和拷贝数据进行校核。对可疑数据，应与样品分析的原始记录进行校对。

(2)监测原始记录应有监测人员和校核人员的签名。监测人员负责填写原始记录；校核人员应检查数据记录是否完整、抄写或录入计算机时是否有误、数据是否异常等，并考虑以下因素：监测方法、监测条件、数据的有效位数、数据计算和处理过程、法定计量单位和质量控制数据等。

(3)审核人员应对数据的准确性、逻辑性、可比性和合理性进行审核，重点考虑以下因素：监测点位；监测工况；与历史数据的比较；总量与分量的逻辑关系；同一监测点位的同一监测因子，连续多次监测结果之间的变化趋势；同一监测点位、同一时间(段)的样品，有关联的监测因子分析结果的相关性和合理性等。

7) 监测结果的表示

(1)监测结果应采用法定计量单位。

(2)平行样的测定结果在允许偏差范围内时，用其平均值报告测定结果。

(3)监测结果低于方法检出限时，用"ND"表示，并注明"ND"表示未检出，同时给出方法检出限值。

(4)需要时，应给出监测结果的不确定度范围。

二、实验室质量体系的管理

当质量管理体系文件编制完成后，质量管理体系将进入试运行阶段。其目的是通过试运行考验质量管理体系文件的有效性和协调性，并对暴露出的问题采取改进措施和纠正措施，以达到进一步完善质量管理体系文件的目的。

(一)全员参与

质量管理体系运行是贯彻和执行实验室所有内部控制文件的过程。在构建质量管理体系之后，需要让全员对实验室的质量管理体系有清晰的了解。只有全员参与，才能使实验室各个层次有效地执行质量方针和目标。

(二)管理沟通

最高管理者应该确保实验室内建立适当的沟通机制，确保对质量管理体系的有效性进行沟通，以便及时掌握质量方针、目标、要求及其完成状况。管理沟通，有助于实验室的质量提高和业务提升，有助于形成全员参与管理的环境。实验室应该鼓励全员进行反馈和沟通，并将其作为促使全体员工充分参与的手段。

(三)内部审核

质量体系内部审核是对质量体系运行有效性和符合性的独立和系统检查。为保持和维护质量体系现行有效，实验室需制定《内部质量体系审核程序》，定期开展内部审核，以验证其运行持续符合管理体系和准则的要求。

(四)管理评审

管理评审是实施质量管理和质量控制的重要手段,更是发现质量体系存在问题并进行质量改进的主要依据。管理评审是为了解、促进、改进实验室质量管理体系运行的一种主动行为。通过管理评审,可以全面检查和评价实验室的质量方针、质量目标及质量体系的适宜性、有效性和充分性,找出质量体系运行中需要提高和改进的环节,制定切实可行的纠正措施,不断提高实验室在市场的竞争能力。管理评审以会议形式进行,每年至少进行1次,如遇特殊情况可临时安排评审。实验室最高管理者主持管理评审,质量负责人和技术负责人必须参加,其他人员可根据需要参加或列席。质量负责人应对管理评审中发现的问题及时如实记录,提交评审报告。实验室要对管理评审提出的问题以及纠正措施进行落实跟踪,做好相应的记录,以保证各项措施在议定期限内完成。实验室应确保所有措施在适当和约定的日程内得到实施。

实验室质量管理体系是在不断改进中得以完善。质量体系进入正常运行后,仍然要采取内部审核、管理评审等各种手段以使质量体系能够保持和不断完善。在构建和运行实验室质量管理体系时不能盲目照搬,应该把管理要素和技术要素有机地融入实验室体系文件,深刻理解并严格执行体系文件的各项要求,只有将其真正纳入日常的实际工作系统中,建立属于各检测实验室独特的质量管理体系,才能全面提高实验室的工作质量,使检测结果更加科学、准确和可靠。

实验室全体员工应该认真研读质量管理体系文件,深刻理解并严格执行体系文件的各项要求,只有将其真正纳入日常工作中去,才能体会到科学规范管理对提高工作效率起到的至关重要的作用。

第五章 实验室基础知识

第一节 实验室器皿的一般知识和基本操作

实验室是污水处理厂进行科学实验和化学分析的重要场所,而实验室器皿则是其中不可或缺的工具。实验室器皿的种类繁多,使用方法也各不相同。掌握实验室器皿的基本知识和操作技能是进行实验和分析的基础。本章将介绍一些常见的实验器皿,包括其名称、结构、材质、常见用途以及正确的操作方法和注意事项。

一、玻璃器皿

玻璃器皿是实验室中最常用的器皿之一,它们具有较高的化学稳定性和透明度,便于观察反应情况和记录实验现象。

1. 烧杯

烧杯(图 5.1)是一种常见的实验室玻璃器皿,通常由玻璃、塑料或者耐热玻璃制成。烧杯呈圆柱形,顶部的一侧有一个槽口,便于倾倒液体。

规格:常见的烧杯规格有 10mL、50mL、100mL、250mL、500mL、1000mL 等。

用途:作为反应容器,主要用于溶解固体物质、配制溶液,以及溶液的稀释、浓缩,也可用于较大量的物质间反应。

使用方法:烧杯因其口径上下一致,取用液体非常方便,是简单化学反应最常用的反应容器。烧杯外壁有刻度时,可估计其内的溶液体积。反应物需要搅拌时,通常用玻璃棒搅拌。当溶液需要移到其他容器内时,可以将杯口朝向有突出缺口的一侧倾斜,即可顺利地将溶液倒出。若要防止溶液沿着杯壁外侧流下,则可用一支玻璃棒轻触杯口,使附在杯口的溶液顺利地沿玻棒流出。

图 5.1 烧杯

使用注意事项:

(1)烧杯加热时需垫上石棉网,以均匀供热。不能用火焰直接加热烧杯,因为烧杯底面大,如用火焰直接加热,只可烧到局部,使玻璃受热不均而引起炸裂。且加热时,烧杯外壁须擦干。

(2)用于溶解时,液体的量以不超过烧杯容积的1/3为宜,并用玻璃棒不断轻轻搅拌。溶解或稀释过程中,用玻璃棒搅拌时,不要触及杯底或杯壁。

(3)盛液体加热时,不要超过烧杯容积的2/3,一般以烧杯容积的1/3为宜。

(4)加热腐蚀性药品时,可将表面皿盖在烧杯口上,避免液体溅出。

(5)不可用烧杯长期盛放化学药品,以免落入尘土和使溶液中的水分蒸发。

(6)不可用烧杯直接量取液体。

2. 烧瓶

烧瓶(图5.2)是实验室中使用的有颈玻璃器皿,用来盛液体物质。因可以耐一定的热故被称作烧瓶。烧瓶通常具有圆肚细颈的外观。在化学实验中,当试剂量较大而又有液体物质参加反应时常使用此容器。

规格:有平底和圆底之分,以容积表示,如1000mL、500mL、250mL等。

用途:常用于较大量液体间的反应,也可用作装置气体发生器。

使用方法:当溶液需要长时间的反应或是加热回流时,一般都会选择使用烧瓶作为容器。烧瓶的开口不具备烧杯般的突出缺口,倾倒溶液时更易沿外壁流下,通常都会用玻璃棒轻触瓶口引流以防止溶液沿外壁流下。烧瓶因瓶口较窄,不适用于玻璃棒搅拌,若需要搅拌时,可以手握瓶口微转动手腕使溶液充分混匀。若加热回流时,则可于瓶内放入磁力搅拌子,辅助加热搅拌器加以搅拌。

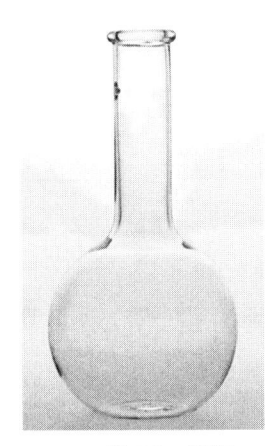

图5.2 烧瓶

使用注意事项:

(1)可加热至高温,使用时注意避免温度变化过于剧烈。

(2)加热时底部应垫石棉网使受热均匀。

3. 锥形瓶

锥形瓶(图5.3)是由硬质玻璃制成的纵剖面呈三角形状的滴定反应器。口小、底大,利于滴定过程振荡时,使反应充分而液体不易溅出。该容器可于水浴或电炉上加热,外观呈平底圆锥状,下阔上狭,有一圆柱形颈部,上方有一较颈部阔的开口,可用由软木或橡胶制成的塞子封闭。瓶身上多有数个刻度,以标示所能盛载的容量。

规格:以容积表示,如250mL、100mL、50mL等。

用途:常用于加热液体、用作装置气体发生器和洗瓶器及滴定中的反应容器。

使用方法:锥形瓶一般使用于滴定实验中。为防止滴定液下滴时溅出瓶外,造成实验误差,可将瓶身放于磁搅拌器上辅助搅

图5.3 锥形瓶

拌，也可手握瓶颈以手腕晃动，使其搅拌均匀。其外形适合盛装反应物、定量分析、回流加热等。

使用注意事项：
(1)注入的液体量不超过其容积的1/2，过多易造成喷溅。
(2)加热时使用石棉网（电炉加热除外）。
(3)一般不用于存储液体。
(4)振荡时同向旋转。

4. 容量瓶

容量瓶(图 5.4)是一种细颈梨形平底的容量器，带有磨口玻塞，颈上有标线，表示在所指温度下液体凹液面与容量瓶颈部的标线相切时，溶液体积恰好与瓶上标注的体积相等。容量瓶上标有温度、容量、刻度线。

规格：通常有 25mL、50mL、100mL、250mL、500mL、1000mL 等数种规格，实验中常用 100mL 和 250mL 的容量瓶。

用途：常和移液管配合使用，以把某种物质分为若干等份。

使用方法：主要用于直接法配制标准溶液、准确稀释溶液和制备样品溶液。容量瓶只有一个刻度，因此读数时需视线与凹液面齐平，且用前检漏。

使用注意事项：

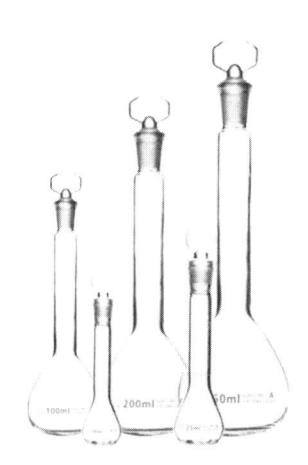

图 5.4 容量瓶

(1)检验密闭性：将容量瓶装入纯水后翻转 180°，观察是否漏水，不漏再将瓶塞旋转 180°后翻转观察是否漏水。
(2)不能在容量瓶里进行溶质的溶解，应将溶质在烧杯中溶解后转移到容量瓶里。
(3)用于洗涤烧杯的溶剂总量不能超过容量瓶的标线，一旦超过，必须重新进行配制。
(4)容量瓶不能进行加热。如果溶质在溶解过程中放热，要待溶液冷却后再进行转移，因为温度升高瓶体和液体都将膨胀，膨胀系数不一，导致体积误差。
(5)容量瓶只能用于配制溶液，不能长期储存溶液，因为溶液可能腐蚀瓶体，从而使容量瓶的精度受到影响。

5. 分液漏斗和滴液漏斗

分液漏斗和滴液漏斗(图 5.5)主要用于分离两种互不相溶且密度不同的液体，也可用于向反应容器中滴加液体，可控制液体的用量。

规格：以容积和漏斗形状表示（筒形、球形、梨形），如 100mL 球形分液漏斗、50mL 筒形滴液漏斗等。

用途：滴液漏斗用于往反应液中滴加较多的液体；分液漏斗用于互不相溶的液液分离。

使用方法：检漏，加液，振摇，静置，分液，洗涤。

使用注意事项：
(1)检查玻塞和活塞芯是否与分液漏斗配套。

(2)在活塞芯上薄薄地涂上一层润滑脂,如凡士林,以防活塞芯在操作过程中因松动而漏液或因脱落使液体流失而造成实验的失败。

(3)需要干燥的分液漏斗时,要特别注意拔出活塞芯,检查活塞是否洁净、干燥,不符合要求的经洗净、干燥后方可使用。

图5.5 分液漏斗和滴液漏斗

6. 量筒和量杯

量筒(图 5.6)和量杯是用于量取液体体积的器皿。其主要特点是具有细长的形状和精确的刻度,能方便准确地测量液体的体积。

规格:以其最大量取容积表示。量筒:如 20mL、100mL、50mL、10mL 等;量杯:如 100mL、50mL、10mL 等。

用途:按体积定量量取液体。量筒、量杯一般准确度较低,不能用作反应器,杜绝加热,也不能用于配制溶液或稀释溶液。

使用方法:使用时应先清洗干净,并将其放在水平面上。加入液体时要慢慢地倾斜、量取,并让液体缓缓流入,最后读取液面高度即可。读取液面时,应将眼睛与刻度线齐平,以避免读取误差。

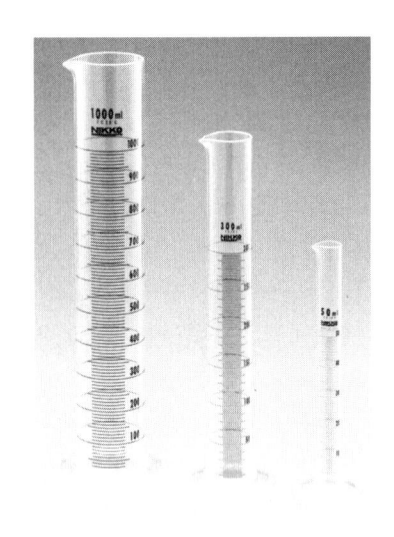

图5.6 量筒

使用注意事项:
(1)不能作反应容器。
(2)不能加热,量筒是玻璃器皿,加热会使之变形,从而影响其准确度。尤其是反复长期加热、高温加热。
(3)不能稀释浓酸、浓碱。
(4)不能量取热溶液,量过热或过冷的液体存在误差。

7. 比色管

比色管(图 5.7)是化学实验中用于目视比色分析实验的主要仪器，可用于粗略测量溶液浓度。

规格：比色管的外形与普通试管相似，但比试管多一条精确的刻度线并配有橡胶塞或玻璃塞，且管壁比普通试管薄，常见规格有 10mL、25mL、50mL 三种。

用途：用于比色分析。

使用方法：用滴定管将标准溶液分别滴入几支比色管中(假设比色管规格为 VmL，标准溶液浓度为 $a$mg/L)，且每支比色管滴入的标准溶液体积不同(假设为 V_1, V_2, V_3, …)，再用滴管向每支比色管中加蒸馏水至刻度线处，盖上塞子后振荡摇匀，这样就可以根据标准液以及滴定管滴入每支比色管的标准液体积计算出每支比色管中溶液的浓度(每支比色管内溶液浓度分别为 $a \times V_1/V$, $a \times V_2/V$, $a \times V_3/V$, …)。

图 5.7 比色管

使用注意事项：
(1)比色管不是试管，不能加热，且比色管管壁较薄，要轻拿轻放。
(2)同一比色实验中要使用同规格的比色管。
(3)清洗比色管时不能用硬毛刷刷洗，以免磨伤管壁影响透光度。
(4)比色时一次只拿两支比色管进行比较且光照条件要相同。

8. 移液管

移液管(图 5.8)是用来准确移取一定体积溶液的量器。移液管是一种量出式仪器，只用来测量它所放出溶液的体积。它是一根中间有一膨大部分的细长玻璃管。其下端为尖嘴状，上端管颈处刻有一标线，是所取的准确体积的标志。

规格：常用规格有 5mL、10mL、25mL、50mL 和 100mL 等。

一般用途：用于精确量取一定体积的液体。
使用方法如下。

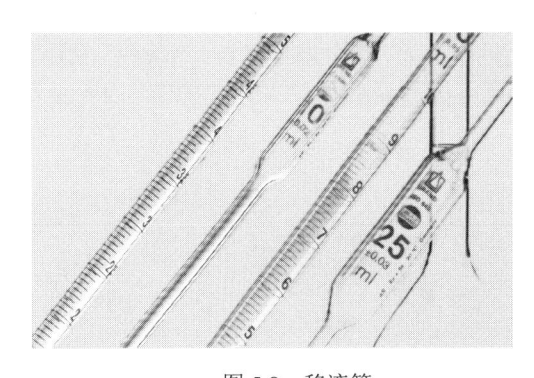

图 5.8 移液管

1)洗涤和润洗

洗涤前先检查有无破损。可先用自来水洗涤，再用蒸馏水洗涤，较脏的先用铬酸洗液洗涤。洗净标志为内壁不挂水珠。移取溶液前，应先用滤纸将移液管末端内外的水吸干，然后用欲移取的溶液润洗管壁 2~3 次，以确保所移取溶液的浓度不变。

2)吸取溶液

用右手的拇指和中指捏住移液管的上端，将管的下口插入欲吸取的溶液中，插入不要太浅或太深，一般为 10~20mm 处，太浅会产生吸空，太深又会使管外附着溶液过多。左手拿洗耳球，先把球中空气压出，再将球的尖嘴接在移液管上口，慢慢松开压扁的洗耳球使溶液吸入管内，先吸入该管容量的 1/3 左右，用右手的食指按住管口，取出，横持，并转动管子使溶液接触到刻度以上部位，以置换内壁的水分，然后将溶液从管的下口放出并弃去，如此用待取液反复润洗 3 次后，即可取液。

3）调节液面

将移液管向上提升离开液面，管的末端仍靠在盛溶液器皿的内壁上，管身保持直立，略微放松食指（有时可微微转动吸管）使管内溶液慢慢从下口流出，直至溶液的弯月面底部与标线相切为止，立即用食指压紧管口。将尖端的液滴靠壁去掉，移出移液管，插入承接溶液的器皿中。

4）放出溶液

承接溶液的器皿如是锥形瓶，应使锥形瓶倾斜 30°，移液管垂直，管下端紧靠锥形瓶内壁，稍松开食指，让溶液沿瓶壁慢慢流下，全部溶液流完后需停靠 15s 后再取出移液管，以便使附着在管壁的部分溶液得以流出。如果移液管未标明"吹"字，则残留在管尖末端内的溶液不可吹出，因为移液管所标定的量出容积中并未包括这部分残留溶液。

使用注意事项：

(1) 移液管不应在烘箱中烘干。

(2) 移液管不能移取太热或太冷的溶液。

(3) 同一实验中应尽可能使用同一支移液管。

(4) 移液管在使用完毕后，应立即用自来水及蒸馏水冲洗干净，置于移液管架上。

(5) 移液管和容量瓶常配合使用，因此在使用前常作两者的相对体积校准。

(6) 在使用移液管时，为了减少测量误差，每次都应从最上面刻度（0 刻度）处为起始点，往下放出所需体积的溶液，而不是需要多少体积就吸取多少体积。

9. 滴定管

图 5.9 滴定管

滴定管（图 5.9）是滴定分析法所用的主要量器，可分为三种：一种是酸式滴定管，一种是碱式滴定管，另一种是聚四氟乙烯滴定管。

滴定管为一细长的管状容器，一端具有活塞开关，其上具有刻度指示量度。一般在上部的刻度读数较小，靠底部的读数较大。

规格：滴定管容量一般为 50mL，刻度的每一大格为 1mL，每一大格又分为 10 小格，故每一小格为 0.1mL。精确度为百分之一，即可精确到 0.01mL。

用途：酸式滴定管的下端有玻璃活塞，可装入酸性或氧化性滴定液，不能装入碱性滴定液，因为碱性滴定液可使活塞与活塞套黏合，难以转动。

碱式滴定管用来盛放碱性溶液，它的下端连接一橡皮管，橡皮管内放有玻璃珠以控制溶液流出，橡皮管下端再接有一尖嘴玻璃管。凡是能与橡皮管发生反应的溶液，如高锰酸钾、碘等溶液，都不能装入碱式滴定管中。

聚四氟乙烯滴定管属于通用型滴定管，既可以盛碱液又可以盛酸液。由于材料的进步，聚四氟乙烯滴定管摒弃了酸碱滴定管的设定，通过聚四氟乙烯的阀门，实现了酸碱滴定管的统一。聚四氟乙烯阀门耐受酸碱，同时具有很好的自润滑性，无须涂抹凡士林进行润滑或者密封，从而使滴定管的配置变得简单。

使用方法如下。

1) 选择滴定管

根据溶液类型选择滴定管类型，根据滴定体积选择滴定管的大小。

2) 试漏

(1) 酸式滴定管：关闭活塞，装入蒸馏水至一定刻线，直立滴定管约 2min，仔细观察刻度线上的液面是否下降，滴定管下端有无水滴滴下，及活塞缝隙有无水渗出，然后将活塞转动 180°，等待 2min 再观察，如有漏水现象应重新擦干涂抹凡士林。

(2) 碱式滴定管：装蒸馏水至一定刻度线，直立滴定管约 2min，仔细观察刻度线上的液面是否下降，或滴定管下端尖嘴上有无水滴滴下，如有漏水，则应调换胶管中玻璃珠，选择一个大小合适比较圆滑的配上再试，玻璃珠太小或不圆滑都可能漏水，太大则操作不方便。

3) 排气

将标准溶液加入滴定管后，应检查活塞下端或橡皮管内有无气泡。如有气泡，对于酸式滴定管可以迅速转动活塞，使溶液急速流出，以排除空气泡。对于碱式滴定管，应先将滴定管倾斜，将橡皮管向上弯曲，并使滴定管嘴向上，然后捏挤玻璃珠上部，让溶液从尖嘴处喷出，使气泡随之排出。橡皮管内气泡是否排出，可以对着光线检查。排出气泡后，调节液面在"0.00"mL 刻度，或在"0.00"mL 刻度以下处，并记下初读数。

4) 滴定

滴定前先记录滴定管液面初读数，用小烧杯内壁碰一下悬在滴定管尖的液滴。滴定时，滴定管尖插入锥形瓶口下 1~2cm，滴定速度以每秒 3~4 滴为宜（要根据不同的要求选择适宜的滴定速度）。边摇边滴，使锥形瓶做圆周运动而杜绝前后振动。临近终点时应改为每次加入 1 滴或半滴，并用洗瓶冲洗锥形瓶内壁，摇动锥形瓶，直到达到终点。

5) 读数

读数时，应手拿滴定管上端无溶液处使滴定管自然下垂，并将滴定管下端悬挂的液滴除去后，眼睛的视线与液面的凹液面在同一水平面上，然后进行读数，要求估读至小数点后两位。

使用注意事项：

(1) 滴定管使用完毕后，应倒掉管内剩余溶液，用水洗净，装入蒸馏水至刻度以上，用大试管套在管口上；滴定管洗净后也可以倒置夹在滴定管架上。

(2) 酸式滴定管长期不用时，应在活塞部位垫上纸，否则长期不用，活塞不易打开。碱式滴定管长期不用时，应取下胶管，以免老化玷污玻璃珠。

(3)读数必须读到小数后第二位,而且要求估计到0.01mL。

(4)为更好地读数,可在滴定管后面衬一读数卡。读数卡可用一张黑纸或涂有一黑长方形的白纸,手持读数卡放在滴定管背后,使黑色部分在凹液面下约1mm,即看到凹液面的反射层成为黑色,读此黑色凹液面的最低点。

10. 漏斗

图5.10 漏斗

漏斗(图5.10)的种类很多,常用的有普通漏斗、热水漏斗、高压漏斗、长颈漏斗、分液漏斗和安全漏斗等。按口径的大小和口径的长短,可分成不同的型号。

规格:以口径和漏斗颈长表示,如6cm长颈漏斗、4cm短颈漏斗等。

用途:用于过滤或倾注液体。

使用注意事项:不能用火直接加热,必要时可用水浴漏斗套加热。

二、操作注意事项

1. 玻璃器皿的洗涤

一般玻璃器皿用毛刷蘸洗涤剂仔细刷净内外表面,再用自来水冲洗,然后用去离子水充分荡洗(少量多次)。洗净的玻璃器皿壁上应能被水均匀润湿,不挂水珠,即玻璃器皿内壁附着的水既不聚成水滴,也不成股流下。对于有些特殊要求的玻璃器皿应按要求洗涤,如粘有油污的玻璃器皿用热碱溶液洗涤;如比色皿用后应用稀酸浸泡后,用水冲洗干净,必要时用乙醇洗涤;测定重金属的玻璃器皿用硝酸浸泡后,用水冲洗干净。特别应注意,接触过阴离子表面活性剂的玻璃器皿不能用洗涤剂洗涤;用于测定总磷的玻璃器皿不能用含磷洗涤剂洗涤;用于测定F^-、Cl^-、SO_4^{2-}、NO_3^-等的玻璃器皿不能用相应的酸浸泡。

2. 玻璃器皿的干燥

一般的玻璃器皿可用控干和烘干的方法,但量器只能控干,用于准确称量的称量瓶和烧杯应在烘干后放于干燥器中冷却。

第二节 实验室仪器的一般知识和基本操作

实验室仪器设备一般分为分析仪器和辅助设备。分析仪器用于定量和定性分析物质的组成和性质,例如分析天平、分光光度计、pH计等。辅助设备主要用于制备和处理样品和试剂,如电热鼓风干燥箱、加热炉、电热恒温水浴锅、生化培养箱、电动离心机等。

其中，分析天平是化学实验室中最常用的仪器之一。它主要用于测量固体和液体样品的质量。分光光度计则主要用于测量样品中特定组分的浓度。酸度计则用于测定溶液中的酸度、碱度和盐度等参数。

在使用实验室仪器前，需要了解每种仪器的基本原理和操作方法，严格按照操作规程进行操作。例如，使用分析天平时，应注意质量标准，使用时必须保持天平干燥、水平、平稳，称量之前应将天平校准并调零。使用分光光度计时，应正确设置波长、盘校零、测量样品、读取光强等步骤。使用酸度计时，应注意样品的存放、转移和制备，结果的统计和记录等。

此外，实验室仪器的维护和保养也非常重要。应及时清洁、校准和维修，避免仪器损坏和误差增大，保证实验结果准确可靠。同时，正确使用化学试剂，注意实验室的安全和卫生，避免事故和污染。

一、常用辅助设备

1. 电热鼓风干燥箱

电热鼓风干燥箱又称烘箱(图 5.11)，主要用于物品的干燥和干热灭菌，工作温度为 50~250℃。

使用方法如下。
1) 使用环境
(1) 温度范围：5~40℃。
(2) 相对湿度：<85%。
(3) 电源电压：AC[①]220V/50Hz。
(4) 周围无强烈震动及腐蚀性气体影响。
2) 操作部分
(1) 根据设备使用说明书的步骤设定加热温度和加热时间。
(2) 启动设备，进入加温的工作状态。

图 5.11 电热鼓风干燥箱

使用注意事项：
(1) 使用前应检查电源，并有良好的地线。
(2) 烘箱应在相对湿度≤85%，周围无腐蚀性气体、无强烈震动源及强电磁场存在的环境中使用。
(3) 烘箱无防爆装置，切勿将易燃、易爆及挥发性物品放入箱内加热，箱体附近也不要放置易燃、易爆物品。
(4) 待烘干的物质应置于玻璃器皿或瓷皿中，不得用纸盛装或垫衬，合理摆放，水分多的放在上层。
(5) 保持箱内清洁，避免与干燥物品交叉污染。

---

① AC 表示交流电(alternating current)。

(6)烘干洗净的仪器时,应尽量控水后再放入烘箱。

2. 高温炉

常用的高温炉是马弗炉(图 5.12),最高使用温度一般可达 1200℃,常用于有机物灰化、重量分析等工作,如污泥的挥发酚和灰分的分析。

使用方法如下。

使用温度:炉膛温度严禁超过使用说明书允许达到的最高温度。往炉膛内装取零件时切勿撞击炉砖,禁止向炉内注入液体或熔解的金属。

严格遵守操作规程,当电炉第一次使用或者长期停用后再使用时,必须进行烘炉。操作如下:当炉温升到 200℃,保持 4h(打开炉门让水蒸气散发);当温度从 200℃升到 600℃,保持 4h(关闭炉门);当温度从 600℃升到 800℃,保持 2 h(关闭炉门)。

图 5.12 高温炉

使用完毕后,应关闭设备并切断总电源开关。

使用注意事项:

(1)功率很高,应按设备使用说明书安装单独的电线和专用电闸来提供电源。

(2)周围禁止存放易燃、易爆物品。

(3)灼烧样品时应严格控制升温速度和最高炉温,避免样品飞溅腐蚀污染炉膛。

(4)新炉应先在低温下烘烤数小时,以免炸膛。

(5)不宜在高温下长期使用以保护炉膛。

(6)使用完毕,要待温度降至 200℃以下方可打开炉门。

3. 电热恒温水浴锅

电热恒温水浴锅(图 5.13)用于恒温加热和蒸发等,常用的有 2 孔、4 孔、6 孔、8 孔,单列式或双列式。工作温度从室温至 100℃。

使用方法:

(1)在水浴锅内加入适量的水,水位不能低于电热管,以免烧坏电热管。

(2)打开电源,根据设备使用说明书设定加热温度值,启动并等待加热到设定温度,到达所需温度并稳定后,取一根满足温度测量量程的温度计插入水浴中,确定水浴温度是否满足要求,若水浴温度高于所需温度,应将设定温度降低高出的温度值,反之则提高设定温度。若无法通过调节设定温度来达到所需水浴温度,须按设备使用说明书对水浴锅的水温偏离参数进行调整或返厂维修。

图 5.13 电热恒温水浴锅

使用时随时注意水浴槽是否有渗漏现象。

(3)实验完成后要清扫、擦拭仪器和试验台,做好仪器使用记录。

使用注意事项:

(1)不要将水溅到控制箱部分,以免发生漏电。

(2)较长时间不用时,应将水排净,擦干箱内,以免生锈。

4. 电动离心机

电动离心机(图 5.14)是利用离心沉降原理将沉淀同溶液分开的设备。

使用方法:

(1)使用环境:离心机的工作台应平整坚固,工作间应整齐清洁,干燥并通风良好,环境温度以 5~32℃ 为宜。

(2)操作部分:开启设备电源开关,将离心管和适配器一起平衡,调整质量差不超过 0.5g 后对称放置在离心机的挂杯里。根据设备使用说明书,设定离心转速值和离心时间,启动设备开始运行,等待离心结束。当转子完全停止运转后方可按停止/开门键打开门盖。

使用注意事项:

(1)一般情况下,设备未开启电源时,离心仓无法打开。

(2)严禁在未装转头的情况下空载运行。

(3)运行之前应检查转头有无腐蚀损伤。

(4)当转头运行时不要接触正在运行的转头;严禁在转头装载不平衡的状态下运转。

图 5.14 电动离心机

5. 恒温培养箱

在污水监测中,恒温培养箱(图 5.15)主要用于五日生化需氧量的培养,是一种专用恒温设备。

使用方法:

(1)利用底部调节螺丝使箱体安置平稳。

(2)接通电源(电源应有良好接地),打开"电源"开关,此时数字面板显示的是箱内实际温度。

(3)温度调节:根据设备使用说明书,设定所需温度和恒温时间,关闭箱门并启动运行,如设定值大于培养箱内的实际温度,则加热器接通电源加热;如培养箱内温度大于设定值,则开始降温;直至培养箱处于恒温状态。

(4)箱内不需要照明时,应将面板上的照明开关置于"关"的位置,以免影响上层温度。

图 5.15 恒温培养箱

(5)在培养架上放置试验样品,放置时各试瓶(或器皿)

之间应保持适当间隔，以利于冷热空气对流循环。

(6)工作完毕，置各控制开关处于非工作状态，切断电源。

使用注意事项：

(1)培养箱应放置在具有良好通风条件的室内，在其周围不可放置易燃易爆物品，并与墙壁保持 10cm 以上的距离。

(2)培养箱内物品放置切勿过挤，必须留出空间。

(3)当不使用设备时，应切断外来电源。

(4)培养箱长距离移动或倾斜后，应过 12h 后再开机使用。

二、常用分析仪器

1. 电子天平

在水质化验分析中经常遇到要准确称量一些物质的质量，而称量的准确性将直接影响化验结果的准确性和精密度。因此分析人员要熟悉和掌握有关天平的使用和保养等一些基本知识。电子天平如图 5.16 所示。

1)使用方法

(1)天平使用前应检查，查看室内温度、湿度，检查天平内的干燥剂，检查天平是否水平，打开侧门使天平内外温湿度平衡，清扫称量盘，根据设备使用说明书，用标准砝码对天平进行校准。

(2)使用烧杯、称量纸直接称量时，应先将重量去皮，再用钥匙加入药品，关闭天平门待显示稳定后读数，采取少量多次的方式逐步达到所需的称样量；使用减量法称量时，按减量法步骤开展。

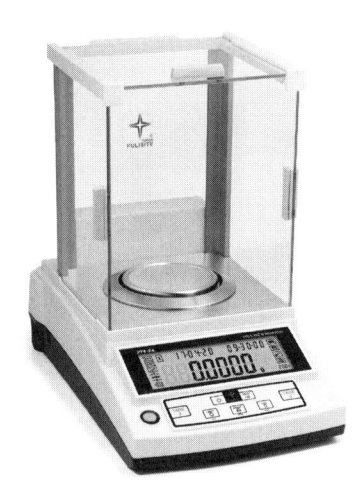

图 5.16 电子天平

(3)称量前、后均应检查零点，称量应戴无粉尘且防静电的手套或用纸条，手不能直接接触称量容器。

(4)称量后应进行检查与记录，填写称量记录，清理天平，关闭天平，断开电源，台面整理，仪器加罩，填写天平使用记录。

2)使用注意事项

(1)使用过程中应保持天平室的清洁，称量动作要轻，倒出试剂后应有回磕动作，称量过程中应避免试剂药品洒出，勿使样品洒落入天平室内。

(2)使用结束后应立即擦拭干净天平。

(3)开展同一分析工作时，应使用同一台分析天平和相配套的砝码。

(4)称量物体的温度必须与室温相同。

2. 分光光度计

分光光度计(图 5.17)通过测定被测物质在特定波长处或一定波长范围内光的吸收度,对该物质进行定性或定量分析。常用的波长范围为:①200～380nm 的紫外光区;②380～780nm 的可见光区;③ 2.5～25μm(按波数计为 4000～400cm^{-1})的红外光区。所用仪器为紫外分光光度计、可见光分光光度计(或比色计)、红外分光光度计或原子吸收分光光度计。

图 5.17 分光光度计

1) 操作方法

(1) 打开分光光度计的开关,通电 30min 使仪器预热。

(2) 根据设备使用说明书,把波长调节到测定的波长,校正零点,校正 100%透光率。

(3) 测定前应用空白试剂(纯水或纯溶剂)校正比色皿的吸光度(将其中吸光度最小的比色皿的吸光度设为零,测定其他比色皿的吸光度)。同组比色皿之间吸光度相差应小于 0.005,测定比色溶液时,应将其吸光度减去比色皿的吸光度。

(4) 向比色皿内加入 1/2～3/4 的溶液,擦拭比色皿外壁,保持比色皿外壁干净,放入比色槽内,关上比色池的盖子,把比色槽推入光路测量吸光度,读数并记录。比色完毕,取出比色皿洗净,样品室用软布或软纸擦净。关闭仪器,记录仪器使用记录。

(5) 注意:盛溶液的器皿不能放在光度计上,溶液不能洒在光度计上,操作动作应轻拿稳放,记录时应遮断光源,测完后检查零点。

2) 使用注意事项

(1) 该仪器应放在干燥的房间内,温度为 5～35℃;相对湿度<85%;仪器放置在坚固平稳的工作台上;无强烈振动或持续振动,无腐蚀性气体;远离高强度磁场、电场及会产生高频次的设备;避免强风的直接吹袭;避免阳光直射。

(2) 不得擅自调整仪器设置,更不得擅自拆除或改装设备;不能碰伤或随意擦拭光学元件镜面。

(3) 样品测定完毕,需及时将样品移出仪器,不可在仪器室内制备和储存样品。

(4) 不在仪器室内开展可能对比色产生交叉污染的工作。

3. pH 计

pH 计(图 5.18)是利用 pH 指示电极以电位法测定溶液 pH 的仪器。由于 pH 指示电极的电位随溶液 pH 的变化而变化,所以当 pH 指示电极(如 pH 玻璃电极)和参比电极(如饱和甘汞电极)浸在溶液中构成测量电池时,所产生的电动势与溶液的 pH 有关。pH 计将电动势输出转换成 pH 读数。

1) 使用方法

(1) 使用环境:温度为 15～28℃,相对湿度<85%,无振动,无腐蚀性气体。

(2) 接上设备配套 pH 复合电极(或单独的 pH 指示电极、参比电极、温度电极),开机前先取下电极套。

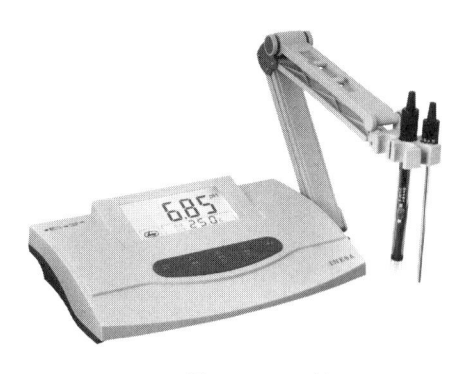

图 5.18 pH 计

(3) 用蒸馏水清洗电极，用滤纸吸干水分，此操作需格外小心，避免碰碎玻璃电极。

(4) 打开电源，根据测量时间长短预热 5～30min。

(5) 根据设备使用说明书，将设备调到 pH 测定档。

(6) 有温度自动测定和自动补偿功能的，可直接进入标定步骤；无此功能的，需要用水温计测定 pH 校准缓冲溶液温度值，并将测得的水温输入设备或调节到对应温度，再进入标定。

(7) 将事先清洗过的电极插入 pH 缓冲液中，按设备使用说明书步骤进行标定。

(8) 标定完成后，检查斜率(越接近 100%越好)和截距(越接近 0mV 越好)。

(9) 将被测溶液用玻璃棒充分搅拌均匀，然后把 pH 电极浸泡在被测溶液中，记录此时的 pH，测量结束。

(10) 结束后需要用蒸馏水清洗电极，再用滤纸吸干水分。

2) 使用注意事项

(1) 电极在测量前必须用已知 pH 的缓冲溶液进行定位校准，其 pH 愈接近被测 pH 愈好，缓冲溶液和样品的温度应尽可能接近。

(2) 取下电极护套后，应避免电极的敏感玻璃泡与硬物接触，因为任何破损或擦毛都将使电极失效。

(3) 测定缓冲溶液和样品的 pH 前，均要先用蒸馏水清洗电极，再用待测溶液润洗一二次后，才能开始测定。

(4) 测量结束，及时将电极保护套套上，电极套内应放少量外参比补充液(氯化钾溶液)，以保持电极泡的湿润，不可长期浸泡在蒸馏水、蛋白质溶液和酸性氟化物溶液中。

(5) 复合电极的外参比补充液为 3mol/L 氯化钾溶液，补充液可以从电极及上端小孔加入，复合电极不使用时，拉上橡皮套，防止补充液干涸。

(6) 电极的引出端必须保持清洁干燥，绝对防止输出两端短路，否则将导致测量失准或失效。

(7) 电极应与输入阻抗较高的 pH 计配套，以便玻璃电极内外产生的电流形成较大的信号电压，保持较高的灵敏度。

(8) 电极应避免与有机硅油接触。

(9) 电极经长期使用后，如发现斜率略有降低，则可把电极下端浸泡在 4%HF(氢氟酸)中 3～5s，用蒸馏水洗净，然后在 0.1mol/L 盐酸溶液中浸泡，使之复新。

(10) 被测溶液中如含有易污染敏感球泡或堵塞液接界的物质而使电极钝化，会出现斜率降低，显示读数不准现象。如发生该现象，则应根据污染物质的性质，用适当溶液清洗，使电极复新。

注：本节设备的操作步骤针对不同品牌型号设备可能会有差别，使用前请仔细阅读设备说明书，以对应设备说明书为准。

第三节 实验室仪器设备及操作的管理

一、实验室仪器设备的管理

实验室配备检测所需的仪器设备,并使其处于受控、良好、有效的状态,以确保检验结果的准确可靠、合法合规。

(1) 仪器设备管理和使用要做到"三好"(即管好、用好、完好)、"三防"(即防尘、防潮、防震)、"四会"(即会操作、会保养、会检查、会简单维修)、"四定"(即定人保管、定人养护、定室存放、定期校验),保证仪器设备性能安全可靠。

(2) 实验室仪器设备管理人员负责为所管仪器设备建立技术档案。档案内容包括该机附带的各种资料(说明书、合格证、电路图、装配图、附件清单、装箱单证等)及设备技术卡片(验收报告、维修、校验记录等)。

(3) 仪器设备管理人员应定期对所管仪器设备进行维护、检修和标定,认真填写仪器设备使用、维修记录,经常保持仪器设备的完好可用状态。仪器设备发生故障或者运行不正常的,应在修复后经检定或校验合格后方可继续使用,并将相关记录存入仪器设备档案备查。

(4) 仪器设备发生损坏、丢失或其他事故时,应迅速查明原因。

(5) 仪器设备管理人员应定期核对账、物、卡,做到三者完全相符。

(6) 未经仪器设备管理人员的同意,任何人不得自行移动、调换、借出或拆分仪器设备。

(7) 实验室固定资产、低值耐用品及低值易耗品,要做到账、物、卡清楚、准确。新购设备及时验收入账、填卡、编号,库内物品分类放置,出、入账手续清楚。

二、实验室仪器设备操作的管理

仪器结构精细、严密,如果操作不当,可能使仪器损坏或引起结构变化而降低精度,缩短仪器的使用寿命。因此,实验室仪器设备在使用操作过程中要按以下要求管理:

(1) 使用仪器设备必须在熟悉仪器人员的指导下进行操作,未经培训或对于仪器性能不了解时,不得私自摆弄仪器。

(2) 要注意防晒、防淋、防潮、防震动。如果仪器受潮,应放在阴凉通风处,晾干后再开机测试性能是否满足要求。

(3) 不得轻易拆卸仪器的任何一部分,拆卸次数多会影响其测量精度。

(4) 精密仪器室应建立在通风、干燥、防震、无日光直射、温度相对稳定、不受化学试剂腐蚀的地方。同时,仪器要求放置整齐,并有防尘罩。

(5) 精密仪器应建立档案和使用登记,制订操作规程,精密仪器设备的管理要做到定人保管,定室存放,定期保养,定期校验,保证仪器处于良好状态。

(6) 工作人员进入精密仪器室，必须穿工作服，仪器管理和操作人员应对精密仪器室进行卫生清扫，确保其清洁，无关人员未经批准，不得进入。

(7) 仪器使用人开机前应检查仪器是否归位，如未归位应及时报告。检查完毕，接通电源，严格按操作规程和注意事项操作精密仪器，操作完毕，仪器应复位。

(8) 仪器使用过程中出现异常现象、故障或机件损坏时，相关故障处理过程等必须记录存档，并向部门负责人汇报。

三、实验室仪器设备检定、校准与期间核查

实验室设备经检定、校准或核查满足使用要求的，才能用于开展实验室监测工作。

1. 仪器的检定

仪器的检定是指查明或确认计量器具是否符合法定要求的程序，它包括检查、加标记和出具检定证书。检定通常是进行量值传递、保证量值准确一致的重要措施。《中华人民共和国计量法》规定，县级以上人民政府计量行政主管部门对社会公用计量标准器具，部门和企业、事业单位使用的最高计量标准器具，以及用于贸易结算、安全防护、医疗卫生和环境监测方面的列入强制检定目录的工作计量器具，实行强制检定。未按照规定申请检定或者检定不合格的，不得使用，不得用于出具监测数据。根据国家市场监督管理总局发布的《实施强制管理的计量器具目录》（2020年版），62类工作计量器具需经强制检定后才能使用，其中污水处理厂实验室暂不涉及。根据仪器设备的使用频率和稳定性，一般检定周期为12个月一次。

2. 仪器的校准

仪器的校准指在规定条件下，给测量仪器的特性赋值并确定示值误差，将测量仪器所指示或代表的量值，按照比较链或校准链，溯源到测量标准所复现的量值上。简单地说，校准就是把待校准的仪器或测量系统与已知参考标准进行比较的过程，并报告比较的结果。校准和检定是两个不同的概念，但两者之间有密切的联系。校准与检定的对象都是测量仪器、测量系统或计量器具。但检定除有与校准一样的比较过程外，还要对照检定规程对拟检定的仪器的计量特征进行全面评价，以给出合格与否的结论（表5.1）。

表5.1 检定与校准的主要区别

项目	检定	校准
要求	国家法律强制要求	实验室技术要求
效力	具有强制性，属强制计量管理范畴的执法行为	不具有强制性，属实验室的自愿溯源行为
依据	检定规程	校准规范，也可是检定规程或校验方法
内容	全面评价计量仪器的计量特征	确定计量仪器的示值误差
证书	如合格，出具检定证书，写明合格级别；如不合格，则只给检定结果通知书	均出具校准证书，并给出示值误差值和校准不确定度（或级别）

校准对环境、仪器和人员均有一定要求。首先,校准如在实验室内进行,则应满足实验室要求的温度、湿度条件;如在实验室以外的场所进行,则环境条件应满足仪器、仪表现场使用的条件。其次,作为校准用的标准仪器的误差限应是待校仪器误差限的 1/10～1/3。最后,进行校准的人员应经考核,并取得相应的资格证书,否则出具的校准证书或校准报告无效。

3. 期间核查

期间核查也称为"运行检查",是指在仪器的两次检定(或校准)期间,对检测设备的运行状态进行检查,以保证其技术性能或指标符合检测工作的要求。期间核查的目的是维持测量仪器校准状态的可信度,即确认上次检定或校准时仪器的性能是否发生改变。仪器的期间核查与检定有联系,但又有区别。检定的目的是确定被检定对象与对应的由计量标准复现的量值的关系。因此,仪器的期间核查并不等于检定周期内的再次检定,而是核查仪器的稳定性、分辨率、灵敏度等指标是否持续符合仪器本身的检测技术要求。期间核查适用于那些可能影响检测结果准确度和有效性的设备,重点是使用频率高、易损坏、性能不稳定的仪器,这些仪器设备在使用一段时间后,由于操作方法、环境条件(如电磁、辐射、温度、湿度和灰尘等),以及移动、震动、样品和试剂溶液污染等因素的影响,并不能保证检定或校准状态的持续可信度。例如,分析天平是检测实验室称取物质质量的常用仪器,使用频率最高,容易受到被称量物质的污染,使用不当会造成传感装置损坏,影响天平的灵敏度和准确度。又如,分光光度计样品室、比色皿的污染等都可影响其灵敏度和准确度。所以,对于使用环境差或使用环境条件发生较大变化的仪器,使用过程中容易受损、数据易变或对数据可疑的仪器,脱离实验室的控制后又返回实验室的仪器(如外借仪器),以及临近下次检定日期的仪器,均需进行期间核查。

仪器期间核查的时间间隔一般是在仪器的检定或校准周期内至少进行 1 次,在条件允许时也可按检定规程进行校准。对于使用频率高的仪器应增加核查的次数。

实验室仪器设备的期间核查一般采用以下几种方法。

1) 标准物质核查法

用标准物质校准拟核查仪器设备的参数,考查仪器设备测量的某参数是否在受控范围内,其评价标准为

$$E_n = \frac{x - X}{\Delta} \leqslant 1$$

式中,x——测量值;

X——标准值;

Δ——与被核查仪器设备准确度指标相对应的允差限值,或最大允许误差值。

2) 设备比对法

(1) 两台设备技术指标相同时:先用被核查设备校准/测量样品的每个参数,得到测量值 x_1;然后再用另一台设备同时校准/测量样品的相同参数,得到测量值 x_2。其结果的评价标准为

$$E_n = \left| \frac{x_1 - x_2}{\sqrt{2U_{\text{Lab}}}} \right| \leqslant 1$$

式中，x_1——被核查设备的测量值；

x_2——与被核查设备技术指标相同的另一台设备的测量值；

U_{Lab}——实验室核查结果的测量不确定度。

(2) 两台设备技术指标不同时：先用被核查设备校准/测量样品的每个参数，得到测量值 x_1；然后再用技术指标高的设备同样校准/测量样品的相同参数，得到测量值 x_2。其结果的评价标准为

$$E_n = \left| \frac{x_1 - x_2}{\sqrt{U_{\text{Lab}} + U_0^2}} \right| \leqslant 1$$

式中，x_1——被核查设备的测量值；

x_2——比被核查设备技术指标高的另一台设备的测量值；

U_{Lab}——实验室核查结果的测量不确定度；

U_0——技术指标高的另一台设备的测量不确定度。

(3) 监督样或留存样核查法：在被核查设备经计量检定机构检定/校准后，立即测量核查标准某个参数的测量值 x_1，作为该设备期间核查的参考值。在该设备期间核查的时间间隔内，再次测量该核查标准的相同参数，得到测量值 x_2。其评价标准为

$$E_n = \left| \frac{x_1 - x_2}{\sqrt{2U_{\text{Lab}}}} \right| \leqslant 1$$

式中，x_1——核查标准的参考测量值；

x_2——再次测量核查标准的测量值；

U_{Lab}——实验室核查结果的测量不确定度。

仪器的期间核查也可采用质控图法。

如果期间核查结果 $E_n \leqslant 0.7$，则表明被核查的仪器设备仍保持其检定状态，该仪器设备/过程处于受控；如果 $E_n \geqslant 1$，表明被核查的仪器设备可能存在问题，测量设备/过程可能失控，必须查找原因并迅速采取纠正措施或重新检定或校准；如果 $0.7 < E_n < 1$，表明被核查的仪器设备的检定状态接近临界，必须查找原因并采取适当的预防措施，如增加核查次数。

如果在期间核查中查出问题，由于仪器设备不稳定或超出允差范围对过去的检验工作造成影响时，应及时停用该仪器，查找由该仪器上次检定、校准的日期或上次核查合格日期到查出问题的时间间隔内所有使用该仪器的检测结果。该仪器的缺陷导致过去的检测结果错误，应对造成的影响进行评估，采取措施将可能造成的损失减少到最低程度。同时实验室暂停使用该设备进行检测，直至仪器设备修复后再复检。对核查中发现的不合格的或偶尔出现超差的仪器设备都应按程序文件的规定，查清问题，进行调整、修理、降级使用或报废处理。

第四节　药品和标准物质管理和保存

一、实验室药品管理

(一)实验室药品的分类

实验室中常用的药品按用途分类，包括用于化验检测的生物试剂和化学品，以及用于安全防护和应急处置的医药用品。其中生物试剂，用于生物包括微生物等分析检测。化学品按管制要求分类，包括易制毒化学品、易制爆化学品和其他普通化学品；按危险程度分类，包括危险化学品和其他普通化学品；按纯度分类，包括基准级试剂(PT 级)、优级纯试剂(GR 级)、分析纯试剂(AR 级)、化学纯试剂(CR 级)、实验试剂(LR 级)。

易制毒化学品，是指国家在《易制毒化学品的分类和品种目录》中规定管制的，可用于制造毒品的前体、原料和化学助剂等物质。共分为三类，第一类是可以用于制毒的主要原料，第二类、第三类是可以用于制毒的化学配剂。实验室常见的易制毒化学品包括属于第二类的三氯甲烷、乙醚，以及属于第三类的甲苯、丙酮、高锰酸钾、硫酸、盐酸。

易制爆化学品，是指国家在《易制爆危险化学品名录》中规定管制的，可用于制造爆炸物品的化学品。实验室常见的易制爆化学品包括硝酸、发烟硝酸、高氯酸、硝酸盐类、重铬酸钾、过氧化氢溶液(质量分数＞8%)、锌粉、六亚甲基四胺、硼氢化钾、高锰酸钾、水合肼等。

危险化学品，是指国家在《危险化学品目录》中列出的具有毒害、腐蚀、爆炸、燃烧、助燃等性质，对人体、设施、环境具有危害的剧毒化学品和其他化学品。常见的实验室危险化学品，包括叠氮化钠、氰化钾、氰化钠、氰化氢、甲基肼、磷化氢、硫酸铊、氯气、氯化汞、砷化氢、四乙基铅、五氯苯酚、五氧化二砷等剧毒化学品，氢气、乙炔等易燃易爆气体，强酸、强碱等腐蚀性化学品，三氯甲烷、四氯乙烯、苯、甲苯等有致癌可能性的有毒化学品。

基准级试剂是纯度很高的基准物质，适用于标准溶液的直接配制；优级纯试剂适用于精密分析和标准溶液配制；分析纯试剂，通常适用于除标准溶液配制以外的其他常规检测试剂的配制；化学纯试剂可用于对试剂纯度要求不高的检测；实验试剂，纯度比较低，一般较少使用。

(二)实验室药品的采购

实验室应该建立合格的供应商库，从合格的供应商采购药品，并按照相关标准进行比较和选择。采购的药品必须符合质量标准，有产品合格证书或安全技术使用说明书，并应保证物质的纯度和稳定性。此外，实验室还应该注意采购药品时的合理性和实用性，以免浪费资源和经费。

实验室应该对采购的药品进行质量检验和验收，包括外观、纯度、稳定性、含量和杂质等指标。使用过程中对使用效果、可靠性、准确度等方面进行评估，质量检验及评估应该依据相关标准和方法进行，确保药品的质量符合要求。评估结果应该及时记录和分析，并对不符合要求的药品进行处理和纠正。

(三)实验室药品的存储

实验室药品的存储应该符合安全和稳定的要求。存储环境应该干燥、阴凉、避光、干净和无臭。不同种类的药品应该单独存放，并用密封容器密封保管，以避免交叉污染和挥发。另外，实验室还应该根据药品的特性选择合适的存储方式和温度。

1. 实验室药品储存管理的通用要求

(1)所有药品均由专人管理，分类存放，针对不同特性的药品应遵循特定的保存方法(比如酸、碱药品，氧化性、还原性药品，易燃性药品分别储存)。

(2)药品管理人员应对所有药品建立明细清单或台账，包含药品的名称、纯度、包装规格、生产厂家批号、特性、购买时间、保质期(若有)、储存量、每次领用人和领用量等信息，并汇总化学品安全技术说明书，定期检查监督和更新台账。

(3)未经药品管理人员同意，任何人不得擅自从药品储存库房领取药品，禁止任何人将药品带出实验室。

(4)所有试剂、溶液以及样品的包装瓶上必须贴有标签，标签要完整、清晰，禁止在容器内装入与标签不相符的物品。

(5)工作人员在使用药品时，要注意节约药品和试剂；应按标准规程操作，取用完毕后将药品盖严、放回原处，防止药品和试剂的污染和失效。

(6)实验室药品管理人员应定期将失效的药品、试剂按危险废物(HW03)集中收集暂存，经上级同意后，交有处理资质的单位进行处置，并将处理情况登记、造册。

(7)如实验室药品丢失，药品管理人员应及时上报，追查药品去向，并对有关责任人给予处罚。

2. 实验室药品储存管理的特殊要求

《危险化学品安全管理条例》《易制毒化学品管理条例》《易制毒化学品购销和运输管理办法》《易制爆危险化学品治安管理办法》《易制爆危险化学品储存场所治安防范要求》等有关规定，对实验室内危险化学品、易制毒化学品、易制爆化学品的储存管理提出特殊要求。

(1)使用危险化学品、易制毒化学品、易制爆化学品的单位须依照国家有关法律法规的规定取得相应的许可，建立、健全相关化学品使用的安全管理规章制度，保证安全使用；购买前应办理相关手续，并及时到公安机关开具购买备案证明，严格按照购买证明上的数量购买，不得超过购买证明上所限定的数额；不得将购买证明以任何形式交给其他单位和个人使用，或请其他单位或个人代为购买。

(2)剧毒化学品、易制毒化学品、易制爆化学品应当根据化学品的种类、特性设置符合国家安全和消防标准要求的专用仓库，分类保存和管理，在储存和作业场所设置明显标志，以及相应的防盗报警、监控、通风、防晒、围堤或者隔离操作等安全设施、设备，并按照国家标准和国家有关规定进行维护、保养，保证符合安全运行要求。

（3）应当对化学品的用量、流向、储存量和用途如实记录，并采取必要的保安措施，防止化学品被盗、丢失或误售、误用，若发生这些情形，必须立即向当地公安部门报告。

（4）剧毒化学品、易制毒化学品、易制爆化学品必须做到双人双锁管理，取用必须经药品管理人员同意，两名以上的实验室工作人员进行操作，并记录使用情况，并由药品管理人员单独建立管理台账，对化学品的使用人、取用时间、取用量、退回人、退回时间、退回量情况登记、造册。

（5）被危险化学品沾污的包装物应依据危险特性分类收集，交有处理资质的单位进行处置，并将处理情况登记、造册。

（6）发生危险化学品事故，应当按照实验室制定的《应急预案》，立即组织救援和处置，并立即报告当地负责危险化学品安全监督管理综合工作的部门。

3. 其他要求

为了贯彻预防为主的方针，施行"谁主管，谁负责；谁使用，谁负责"的原则，落实执行剧毒品、易制毒化学品、易制爆化学品"五双"管理制度(即双人收发、双人记账、双人双锁、双人运输、双人使用)的实施，应明确工作职责，责任到人。

（1）仓库保管人员应政治可靠，表现良好，工作认真负责，有严格的组织纪律性及高度的工作责任感。

（2）保管员应熟悉化学品的一般常识，经过培训考核合格，取得安全员证，仓库内要保持清洁卫生。

（3）必须严格遵守"五双"管理制度，具体操作要求如下：

①双人收发：考取安全员证的两名人员管理。

②双人记账：保管人员须建立两套进出仓库记录账本，分别由保管员和安全员登记核对，进出库须凭进出仓库的有效发票、领料单作为记账凭证，每日须进行对账，发现问题及时纠正、报告。

③双人双锁：储存专用仓库的进出库房门，必须配备两把锁。保管人员各人持一把锁匙。凡进入仓库工作时，必须双方保管员同时到达仓库方可开启、关闭仓库门。保管员必须妥善保管锁匙，随身携带，严格履行发放手续。

④双人使用：领取后，由实验室操作人员在实验室负责人监督下进行稀释或消耗，保证在实验室内部流转的试剂处于相对安全的浓度。

⑤双人运输：两名工作人员共同负责化学品的装卸和运输。运输过程中，两人需全程监督，确保化学品的安全。

（四）实验室药品的使用

使用药品应该遵循标准操作程序。在使用药品之前，必须仔细检查其标签和有效期，并按照其规定的方法进行处理和操作。在使用过程中，应该避免污染和混淆。另外，实验室还应该注意药品的安全性和合理用量，以免对实验人员和环境造成伤害和污染。

二、实验室标准物质管理

标准物质是用于定量分析的物质，具有一定的纯度、稳定性和可追溯性。实验室中常用的标准物质包括标准溶液、标准样品和标准物质混合物等。

1. 标准物质购买

实验室应该从具有良好声誉的供应商采购标准物质，并按照相关标准进行比较和选择。采购的标准物质必须符合质量标准，拥有有效的证书和标签，且应保证物质的纯度和稳定性，具有相关标准物质证书。取得标准物质的信息和证书后，应有专门人员对其进行统一管理。

2. 标准物质验收

标准物质管理员和使用部门共同对采购标准物质的有效证明（标签、证书或其他证明文件的信息）、名称、代号、数量、有效期、浓度（含量）、外观进行验收，必要时，应通过适当的检测手段，以确保满足检测方法的要求。验收合格后，填写相应入库单。

领用标准物质时，由标准物质管理员填写出库单，领用人员签字，并经使用部门负责人签字确认后，方可出库。严格登记有证标准物质一览表；严禁不合格标准物质入库。

3. 标准物质存放

标准物质应存放在干燥、清洁的专用房间或专用橱柜内，按照每个标准物质贮存条件进行保存，做到避光保存，严防污染或损坏，要求低温贮存的标准物质应存放在冷藏柜内，并保证其环境条件满足储存要求。

对贮存的标准物质建立台账并进行管理。标准物质台账内容包括名称、型号规格、生产厂名称、购入日期、有效期、有证标准物质证书编号、储存条件、储存地点等。

4. 标准物质使用

标准物质使用人员应根据实验室相关程序文件，填写标准物质使用记录，对于一些特殊标准物质，如剧毒物质氯化汞、叠氮化钠等，在每次使用前须填使用记录，签字后方可使用。

按照检测标准方法、规范、作业指导书规定的方法使用标准物质。标准物质使用前，必须检查其是否在有效期内。使用人员负责标准物质日常使用的相应记录。

自配标准溶液必须严格按标准方法配置，在配置和标定过程中应复核每个数据，并粘贴显著标签（通常，优级纯及以上纯度的试剂使用绿色标签，分析纯试剂使用红色标签，化学纯试剂使用蓝色标签，标签样式如图 5.19 所示，注明试剂名称、配制浓度、配置日期、有效日期、配置人等。标准滴定溶液的配置和标定方法详见《化学试剂 标准滴定溶液的制备》（GB/T 601—2002）。实验室应建立相关程序，规定标准溶液的制备、制定、验证、有效期限、注意事项、制备人、标识等要求，并保存详细记录。使用时，标准溶液的配置应有逐级稀释记录。现场测试(监测)中需使用标准物质时，在标准物质的运输、保管和使用过程中采取有效措施，防止污染和损坏。

试剂名称：	
配制浓度：	
配制人：	
配制日期：	年　月　日
有效日期：	年　月　日

图 5.19　试剂标签

5. 期间核查

在有效期内已开封和未开封的标准物质，都应该进行期间核查，核查应根据检测工作的实际，从标准物质的性状是否有异常变化、储存环境是否符合要求等方面着手。可采用使用有效期内的标准物质进行分析测试比对，核查其浓度是否有较大变化，若测定结果与保证值不符，则不能使用。期间核查人员填写相应的标准物质期间核查记录表。

对于变色、变质、破损和超过有效期等核查不合格的标准物质按不合格标准物质处理，停止使用，应追溯对之前检测结果的影响。

实验室应该对采购的标准物质和药品进行质量检验，包括外观、纯度、稳定性、含量和杂质等指标。质量检验应该依据相关标准和方法进行，确保标准物质和药品的质量符合要求。

6. 质量控制

实验室应该对采购的标准物质和药品进行质量检验，包括外观、纯度、稳定性、含量和杂质等指标。质量检验应该依据相关标准和方法进行，确保标准物质和药品的质量符合要求。

7. 标准物质信息管理

使用部门负责收集和反馈标准物质信息，特别是不合格标准物质的信息应予以记录，上述信息由标准物质管理员统一汇总报相关管理部门存档管理，以供今后采购时参考。

三、实验室药品和标准物质管理的安全控制

实验室标准物质和药品管理的安全控制是保证实验室安全和环境保护的关键。实验室应该建立标准物质和药品的安全管理制度，包括安全存储、安全使用、安全处置等方面。

1. 安全存储

实验室应该根据标准物质和药品的特性选择合适的存储方式和温度,并保证存储环境符合安全和稳定的要求。存储过程中应该避免污染和混淆,并定期进行清理和检查。

2. 安全使用

实验室在使用标准物质和药品时应该遵循相应的操作规程,确保实验人员的人身安全和实验结果的准确性。在使用过程中,应该注意防护措施和事故应急处理措施,以防止事故发生。

3. 安全处置

实验室应该根据相关法规和规定,对标准物质和药品的处置进行分类和处理。处置过程中应该注意安全措施,找有资质的危废处置单位进行处置,避免对环境和人身造成伤害。实验室还应该建立处置记录和管理制度,以便监控和追溯处置情况。

四、实验室药品和标准物质管理的文件和记录

实验室应该建立相应的标准物质和药品管理文件和记录,包括采购记录、质量控制记录、使用记录、处置记录、库存管理记录等方面。记录应该真实、准确、完整,并按照规定进行存档和管理。

五、实验室药品和标准物质管理的培训和考核

实验室应该对实验人员进行标准物质和药品管理的培训,包括管理制度、质量控制、安全控制等方面。同时,实验室应该定期进行考核,确保实验人员理解并遵守管理制度,提高实验人员的管理水平和管理能力。

六、实验室药品和标准物质管理的外部评估和认证

实验室药品和标准物质管理的质量和安全对科研成果和实验人员的健康和安全有着重要的影响。为了进一步提高标准物质和药品管理的水平,实验室可以通过外部评估和认证,如 ISO9001、ISO17025 等认证,以检验和认证实验室的标准物质和药品管理水平,提高实验室的管理水平和服务质量。

实验室标准物质和药品管理的质量和安全对于实验室的科研工作和实验人员的健康和安全有着重要的影响。实验室应建立科学规范的管理制度,加强质量控制和安全控制,建立完善的文件和记录,并进行培训和考核,提高实验人员的管理水平和管理能力。

第五节　实验室安全

实验室的环境管理是关系实验室工作人员和周围群众的安全和健康的一项系统工程，它是一门知识面广泛的科学。

1. 实验室重要性的两方面

防止实验室意外事故发生，保障实验室人员人身安全及健康，并减少事故造成的财产和人员损失。

建立个人安全意识，主动学习知识以及严守安全操作行为规范，严控安全风险。

2. 实验室中存在的危险源

危险化学品：实验室存放的含腐蚀性、有毒有害、易燃易爆的危化品，即使最安全的化学药品也有潜在风险。

电、设备：设有加热设备和电器开关，存在火灾和触电风险。

微生物：致病菌污染的风险。

高压容器：高压灭菌锅存在无法泄压而爆炸的风险。

检验过程：实验室监测人员疏忽大意、玩忽职守导致意外发生的风险。

一、危险化学品的警示标识

1. 危险化学品的警告标识

根据常用危险化学品的危险特性和类别，将它们的标志分为主标志 16 种和副标志 11 种（表 5.2）。

表 5.2　危险化学品标识一览表

主标志及文字含义	
底色：橙红色 图形：正在爆炸的炸弹（黑色） 文字：黑色	底色：正红色 图形：火焰（黑色或白色） 文字：黑色或白色
标志 1　爆炸品标志	标志 2　易燃气体标志

续表

底色：绿色 图形：气瓶(黑色或白色) 文字：黑色或白色	底色：白色 图形：骷髅头和交叉骨形(黑色) 文字：黑色
标志 3　不燃气体标志	标志 4　有毒气体标志
底色：红色 图形：火焰(黑色或白色) 文字：黑色或白色	底色：红白相间的垂直宽条 (红 7、白 6) 图形：火焰(黑色) 文字：黑色
标志 5　易燃液体标志	标志 6　易燃固体标志
底色：上半部白色，下半部红色 图形：火焰(黑色或白色) 文字：黑色或白色	底色：蓝色 图形：火焰(黑色) 文字：黑色
标志 7　自燃物品标志	标志 8　遇湿易燃物品标志

第五章 实验室基础知识

续表

底色：柠檬黄色 图形：从圆圈中冒出的火焰(黑色) 文字：黑色	底色：柠檬黄色 图形：从圆圈中冒出的火焰(黑色) 文字：黑色
标志 9　氧化剂标志	标志 10　有机过氧化物标志
底色：白色 图形：骷髅头和交叉骨形(黑色) 文字：黑色	底色：白色 图形：骷髅头和交叉骨形(黑色) 文字：黑色
标志 11　有毒品标志	标志 12　剧毒品标志
底色：上半部黄色，下半部白色 图形：上半部三叶形(黑色)下半部白色 下半部一条垂直的红色宽条 文字：黑色	底色：上半部黄色，下半部白色 图形：上半部三叶形(黑色) 下半部两条垂直的红色宽条 文字：黑色
标志 13　一级放射性物品标志	标志 14　二级放射性物品标志

彩图二维码

续表

底色：上半部黄色 下半部白色 图形：上半部三叶形(黑色) 下半部三条垂直的红色宽条 文字：黑色	底色：上半部白色 下半部黑色 图形：上半部两个试管中液体分别向 金属板和手上滴落(黑色) 文字：白色
标志 15　三级放射性物品标志	标志 16　腐蚀品标志
副标志	
底色：橙红色 图形：正在爆炸的炸弹(黑色) 文字：黑色	底色：红色 图形：火焰(黑色) 文字：黑色或白色
标志 17　爆炸品标志	标志 18　易燃气体标志
底色：绿色 图形：气瓶(黑色或白色) 文字：黑色	底色：白色 图形：骷髅头和交叉骨形(黑色) 文字：黑色
标志 19　不燃气体标志	标志 20　有毒气体标志

续表

底色：红色 图形：火焰(黑色) 文字：黑色	底色：红白相间的垂直宽条(红7、白6) 图形：火焰(黑色) 文字：黑色
标志 21　易燃液体标志	标志 22　易燃固体标志
底色：上半部白色，下半部红色 图形：火焰(黑色) 文字：黑色或白色	底色：蓝色 图形：火焰(黑色) 文字：黑色
标志 23　自燃物品标志	标志 24　遇湿易燃物品标志
底色：柠檬黄色 图形：从圆圈中冒出的火焰(黑色) 文字：黑色	底色：白色 图形：骷髅头和交叉骨形(黑色) 文字：黑色
标志 25　氧化剂标志	标志 26　有毒品标志

彩图二维码

底色：上半部白色，下半部黑色

图形：上半部两个试管中液体分别向金属板和手上滴落（黑色）

文字：白色

标志 27 腐蚀品标志

2. 常用化学危险品

1）爆炸物品

爆炸物品指在外界作用下（如受热、受压、撞击）能发生剧烈的化学反应，瞬时产生大量气体和热量发生爆炸的物品。一般结构为 O—O、O—Cl（酸或高酸）、N—K（氮的卤化物）、N—O（硝基或羰基化合物）等。

2）易燃、氧化性气体和毒性气体

易燃气体，如氢气、天然气、乙炔、液化石油气等。

非易燃、非毒性但有窒息性的气体，如氮气、二氧化碳等。

氧化性气体，如氧气。

毒性气体：半数致死浓度小于 5000ppm[①]，如氯气、氨气、一氧化碳、氰化氢、二氧化硫、三氧化硫等。

3）易燃液体

常温下以液体状态存在，遇火容易引起燃烧，其闪点在 45℃以下的物质叫易燃物质。

其特性有：蒸汽易燃、易爆性，受热膨胀性、易聚集静电，高度的流动扩展性，与氧化性强酸及氧化剂作用，具有不同程度的毒性等。

4）易燃固体及自燃物品和遇湿易燃物品

易燃固体：摩擦或遇热易于燃烧的固体，如红磷。

自燃物品：与空气接触发热着火，或易于自燃发热者，如白磷、镁粉末及其他金属粉末。

遇湿易燃物品：与水接触反应产生易燃气体，如金属钾、金属钠、碳化钙等物质。

5）氧化剂和有机过氧化物

氧化剂：能释放出氧，帮助还原性物质燃烧，如亚硝酸钠、重铬酸钾、硝酸银、高氯

---

① ppm＝10^{-6}。

酸、硝酸钾有机过氧化物。

有机过氧化物：有机物含有过氧分子结构，易分解爆炸、燃烧或与其他物质发生反应者，如过氧化氢。

6) 有毒药品

由于吞食、吸入有毒药品，或皮肤与其接触，有害健康，严重致人死亡。有毒药品包括四氯化碳、三氯甲烷、甲醇(吸入可损坏神经、肝和肾)、汞(剧毒可产生蒸汽)、红色碘化汞(有毒可产生蒸汽)、重铬酸钾等。

7) 腐蚀品

接触这些物质会灼伤皮肤，会浸蚀物品，如硫酸、盐酸、硝酸、氢氧化钠。

3. 实验室安全常识

进入实验室前应了解所用药品的毒性、性能和防护措施，使用有毒气体(如 H_2S、Cl_2、Br_2、NO_2、HCl、HF)时应在通风橱中进行操作；苯、四氯化碳、乙醚、硝基苯等蒸汽经常吸入会使人嗅觉减弱，烃、醇、醚等有机物对人体有不同程度的麻醉作用，必须高度警惕，操作时戴防护口罩；如 HF 侵入人体，将会损伤牙齿、骨骼、造血和神经系统；三氧化二砷、氰化物、氯化高汞等是剧毒品，吸入少量会致死。

1) 使用药品时的防火、防爆注意事项

乙醚、酒精、丙酮、二硫化碳、苯等有机溶剂易燃，使用时要远离明火和电火花，实验室不得存放过多，切不可倒入下水道，以免积聚引起火灾；金属钠、钾、铝粉、黄磷以及金属氢化物要注意使用和存放，尤其不宜与水直接接触；氢、乙烯、乙炔、苯、乙醇、乙醚、丙酮、乙酸乙酯、一氧化碳、水煤气和氨气等可燃性气体与空气混合至爆炸极限，一旦有热源诱发，极易发生支链爆炸；过氧化物、高氯酸盐、叠氮化钠、乙炔、三硝基甲苯等易爆物质，受震动或受热可能发生爆炸。对于预防爆炸，强氧化剂和强还原剂必须分开存放，使用时轻拿轻放，远离热源，有机溶剂能穿过皮肤进入人体，应避免直接与皮肤接触；有毒药品如汞盐、铅盐等应妥善保管。

2) 汞的安全使用

汞是化学实验室的常用物质，毒性很大，且进入体内不易排出，形成积累性中毒，汞不能直接暴露于空气中，其上应加水或其他液体覆盖；任何剩余量的汞均不能倒入下水槽中；储汞容器必须是结实的厚壁器皿，且器皿应放在瓷盘上；装汞的容器应远离热源；防止汞掉在地上、台面或水槽中，如掉落应尽可能用吸管将汞珠收集起来，因汞是一种惰性金属，与氧气化合较慢，但与硫在混合研磨的情况下就会发生反应生成无毒的硫化汞(HgS)，该反应可以用来处理洒落的汞，所以最后可用硫黄粉覆盖；实验室要通风良好，手上有伤口，切勿接触汞。

3) 气瓶的安全使用

化学实验常用到高压储气钢瓶(表 5.3)和一般受压的玻璃仪器，若使用不当，会导致爆炸。

表 5.3　高压储气钢瓶图示表

气瓶名称	涂漆颜色	字样-颜色	图例
氧气瓶	天蓝	氧-黑	
乙炔气瓶	白	乙炔-红	
氢气瓶	深绿	氢-红	
氩气瓶	灰	氩-绿	
氮气瓶	黑	氮-黄	

彩图二维码

气瓶的使用注意事项：

(1) 气瓶应专瓶专用，不能随意改装。

(2) 气瓶应存放在阴凉、干燥、远离热源的地方，易燃气体气瓶与明火距离不小于5m，氢气瓶单独隔离。

(3) 气瓶搬运要轻要稳，放置要牢靠，气瓶使用时要固定。

(4) 各种气压表不得混用；氧气瓶严禁油污，注意手、扳手或衣服上的油污；开启气门时应站在气压表的一侧，不准将头或身体对准气瓶总阀，以防阀门或气压表冲出伤人。

二、实验室危险源识别

实验室危险源识别有利于对未知安全风险进行有效防御，避免发生实验室安全事故，实验室安全风险的识别与分析见表5.4。

表5.4 实验室安全风险的识别与分析

序号	活动点/工序/部门	危险源及其风险	预防及应急措施
1	微生物室紫外线灯杀菌	紫外线灯开启时，人员直接接触对人体和眼睛造成伤害	按规定时间开启紫外线灭菌灯，开启时人员不直接接触。更换紫外线灯及放取物品时须将紫外线灯关闭后操作。关闭杀菌灯30min后，再进入工作
2		紫外线灯管出现破损对人员造成划伤	紫外线灯管出现破损时将微生物室的玻璃碎片清理干净。(制作防护罩或与厂家联系另做)
3	硫酸盐酸的储存	硫酸盐酸储存不当易造成火灾及人员皮肤灼伤	存放化学品的区域贴有醒目标识，避免与易腐蚀性物接触，远离火源，化学品柜专人专锁储存，交接班时对危险化学品领用、使用和结存情况进行交接，确认品名和数量
4	电器设备的操作	使用不当易造成人员触电	贴有醒目标识及操作规程，机器经常维修
5	有毒有害物品的储存	储存不当易造成人员中毒	存放化学品的区域贴有醒目标识，化学品柜专人专锁储存
6	易燃易爆物品的储存	储存不当易引起火灾，造成人员伤亡	存放化学品的区域贴有醒目标识，远离火源、热源，化学品柜专人专柜上锁储存
7	玻璃仪器的使用	玻璃仪器使用不当易造成人员划伤	使用时操作得当，注意防护
8	高压蒸汽灭菌器	有烫伤、触电、爆炸的危险	定期检定灭菌锅、压力表、安全阀，严格按照操作规程操作，待灭菌锅降温、降压时开启取放灭菌物品
9	配制检验药品	存在沾染、吸入有毒有害药品的危险	建立有毒有害药品使用台账，专柜储存，双人双锁保管
10	易燃易爆挥发药品	易发生火灾、爆炸、腐蚀事故	远离火源，在阴凉避光处保存，配制使用时在通风橱内进行
11	强酸强碱药品	易对人体皮肤、眼睛造成伤害	酸碱药品单独存放，配制时佩戴防护眼镜、耐酸碱手套、耐酸碱围裙。发生意外及时用水冲洗，如不小心进入眼内及时用洗眼器进行冲洗
12	酒精灯	引起火灾	灯内液体不超过三分之二，熄灭时用盖熄灭
13	电炉	引起火灾、烫伤	在使用前检查电源线是否破损，电炉附近不能放置易燃物品，不使用时及时关掉电源，不能用手直接接触高温物品

续表

序号	活动点/工序/部门	危险源及其风险	预防及应急措施
14	电热恒温干燥箱、水浴锅	触电、烫伤	在使用前检查电源是否有破损,水浴锅炉内不能断水,不能用手直接接触高温物品
15	凯氏定氮仪	烫伤、爆炸	检查冷凝器不能断水,不能直接接触高温物品
16	理化检验	检验时需加入一些有刺激性或有毒害的挥发性物质	尽量在通风橱内进行,若没有通风橱,打开空调做样,戴上口罩或防毒面罩,防毒面罩定期更换。发生事故后,按实验室危险品应急预案进行处理
17	微生物检验	微生物培养后的培养基,易污染环境,对人体造成伤害	分析时应佩戴口罩,培养基完成检测后应先灭菌,再按照一般固体废弃物进行处置
18	高空作业(擦拭灯具)	高空作业未按要求系安全带,梯子未放好,人员摔落致残	两人在场,按要求系好安全带,梯子放平稳

三、实验室的安全管理制度

1. 明确的安全管理制度

实验室须制定与安全有关的管理制度,同时要求每位员工必须遵守《安全管理手册》《一般安全守则》《危险化学品管理制度》《微生物实验室安全与操作规程》。实验室必须配备相应的安全检查记录本,以记录各环节的安全运行情况,如设备使用记录、设备维护记录、易制毒化学品领用记录、易制爆化学品领用记录等。实验人员应认真填写记录,以防止仪器失准或安全事故发生。

2. 实验人员的岗位职责

实验人员必须熟悉业务,熟悉仪器的使用及性能,熟悉有关化学试剂尤其是化学品的性质。

实验前后必须对所用仪器的电源、水源进行检查,确认一切正常后才可进行工作,实验完毕后关闭水电方可离开。

实验室重点的安全隐患是:电、水、火、药。

实验人员切记不要在实验室内饮食,以防误饮化学液或沾染化学试剂。

3. 实验室的良好工作环境

1)必要的安全应急设备设施

消防器材:如灭火器(二氧化碳)、消防栓、沙袋等。熟悉每种灭火器材的使用方法及最佳的灭火效果。

实验人员在实验过程中应定期检查电器设备的插头、插座、电线、接触器是否完好,防止漏电,并准确知道实验室水、电总闸和分闸的位置。实验人员在实验过程中必须穿着工作服。

2) 实验人员要保持整洁的工作环境

试剂、仪器要摆放有序,及时清理废弃物品。盛化学药品的瓶子和仪器用完后应及时盖好,防止药品挥发或洒出,药品洒出后,酸液用碳酸氢钠中和,碱液用醋酸中和。切记不要将水银温度计当作搅拌棒,因为水银易蒸发,蒸气含有剧毒。

3) 对废弃物的排放

实验时,取用药品要适量,避免产生过多的废气、废液和废渣。有害废气应用适当的试剂予以吸收。一般酸碱液可经过大比例稀释后直接排放。剧毒化学品的废弃物应专门收集暂存,加贴标识送环保公司进行处理。

4. 严格的安全守则

(1) 药品取用时的安全操作。
(2) 取用过程中必须保证每种试剂的标识完整。
(3) 易燃易挥发品必须在排风橱中取用,取用数量尽可能少。
(4) 有毒品取用时切忌触及伤口或误入口中。
(5) 实验过程中的安全操作:强酸溶液配制时必须将酸注入水中(不能相反)并不断搅,待溶液冷却到室温后再倒入试剂瓶中,有机试剂在实验过程中一定要远离明火。
(6) 不得把大量易燃易爆的溶剂或物品放入高温炉。
(7) 使用酒精灯时,注意不要将酒精灯装满,应不超过其容量的 2/3,灯内酒精量不足 1/4 时应灭灯进行填充。易燃液体的废液应倒入专用的容器进行收集,不得倒入下水道,以免引起爆炸事故,电炉、电烘箱周围严禁放置可燃、易燃物及挥发性液体。身上、手上沾有易燃物时应立即洗净并远离火源。倾倒易燃液体时一定远离火源,瓶盖打不开时应避免加热或敲打,夏季高温时应先用水冷却再开启。
(8) 开关电源时切记不要用湿手,必要时要戴绝缘手套。

5. 安全事故的防御措施

1) 实验室出入口的净空与灭火器的设置
(1) 实验室出入口要保持净空,避免绊倒或造成危害发生疏散时的阻碍。
(2) 实验室的地板也要保持干燥,以避免进出实验室的人员发生滑倒、跌倒等意外事故。
(3) 实验室灭火器位置须被实验人员熟知,并学会操作方法,以便火灾发生时进行紧急应变处置。

2) 熟读化学实验注意事项
(1) 了解并遵守实验室的各项安全规定。
(2) 减少因存在安全风险的行为而造成的危害。

3) 熟悉实验室避难方向

清楚了解实验室中的避难方向,以便发生火灾、地震等造成实验室危害时,镇定且迅速地离开现场。

4) 注意实验室内空气流通

刚进入实验室时要先将窗户打开,让室内空气与户外新鲜空气有流通,避免缺氧造成身体不适的症状发生。

一般的废气会经由门窗排出实验室,故实验室应注意通风气流,污染的废气应迅速排出室外。

5) 个人防护装备的使用(工作服)

进行化学实验时,身上应穿着工作服,以防止化学药品喷溅所造成的危害。

6) 个人防护装备的使用(防护眼镜)

未戴眼镜的同志应该借由防护眼镜来保护双眼。

正确使用防护眼镜,可以避免化学物质的喷溅对眼睛造成化学性伤害。

7) 玻璃废弃物的处理

玻璃废弃物可能割伤或刺伤人体而造成危害,故应以较大型的容器集中盛装以免玻璃器皿凸出划伤。

8) 废液的处理

一般实验室的废液可分为有机废液与无机废液两大类,因此处理的重点在于分类储存回收时应避免废液混合后,防止化学物质不相容性而发生爆炸或起火燃烧等化学性的危害。

9) 抽气柜装置

如果化学药品会产生高浓度有害废气,则注意应该在抽气柜中操作或取用。

四、实验室的安全应急预案

进行实验时,若遇地震、火灾等切忌慌张,依照紧急逃难的程序,确保做好疏散避难的流程,以减少人员的伤亡。

1. 火灾发生时的应变程序

一旦发生火灾,实验人员应冷静沉着,临危不惧,根据火灾性质进行灭火处理。根据燃烧物的性质,火灾可分为 A、B、C、D 四类。

A 类火灾:指木材、纸张、棉布等固体物质着火,最有效的灭火方式是使用水。

B 类火灾:指可燃性液体(石油化工产品、食用油、涂料稀释液)着火,最有效的灭火方式是使用二氧化碳灭火器。

C 类火灾:指可燃性气体(天然气、煤气、液化石油气)着火,最有效的灭火器为 1211 灭火器和干粉灭火器。

D 类火灾:指可燃性金属(钾、钙、钠、镁、铝等)着火,最有效的灭火方式是使用砂进行阻燃,切记不要用水或酸碱灭火器。

燃烧必须具备的 3 个要素:着火源、可燃物、助燃剂(灭火的原理就是去除其中一个因素)。

注意：电路或设备起火时，应立即切断电源，用二氧化碳灭火器进行灭火，并通知专业人员进行维修，切记不要用水灭火。

报警：发现火情要立即拨打"119"火警电话报警，讲明起火的详细地址、火势情况，并留下报警人的电话号码和姓名。派人到路口接应消防车进入火场，也可采用敲锣、吹哨、呼喊等方式报警。

灭火器的使用：首先将灭火器提手(压手)旁的铁销子拉环微转动或拔出，然后将橡胶软管的喷嘴或喷筒对准火源，人站在上风或侧上风方向，用手压住提手(压手)，灭火剂即可喷出灭火。

火灾的扑救：电器起火时，应该先切断电源，用干粉或气体灭火器、湿毛毯等将火扑灭，不可用水扑救。衣服、织物及小件家具着火时，将着火物拿到室外或卫生间等安全处用水浇灭，不要在家里扑打，以免引燃可燃物。密闭房间着火时，注意不要急于开启门窗，以防止空气进入加大火势。将着火处附近的易燃易爆物移至安全地点。电线冒火花时，不可靠近，防止触电事故。应关闭电源总开关或通知供电部门断电后再进行扑救。汽油、煤油、酒精等易燃物着火时，不要用水浇，只能用灭火器、细沙、湿毛毯等扑救。

2. 触电发生时的应变程序

人身安全防护(人体的安全电压是 36V)，实验室常用电为 50Hz、220V 的交流电。人体通过 1mA 的电流，便有发麻或针刺的感觉，10mA 以上人体肌肉会强烈收缩，25mA 以上则呼吸困难，有生命危险，直流电对人体也有类似的危险。

为防止触电，应做到：使用新电器设备前，首先了解使用方法及注意事项，不要盲目接电，在没有电工在场时，不可以私自接线。使用长时间不用的设备应预先检查其绝缘情况，发现有损坏的地方，应及时修理，不能勉强使用。湿手不可触电，擦拭电器设备时应先断电，严禁用湿抹布擦电门或插座，也不允许把电器导线置于潮湿的地方，否则容易触电。一切仪器应按说明书接适当的电源，需要接地的一定要接地。若是直流电器设备，应注意电源的正负极，不可接错；若电源为三相，则三相电源的中性点要接地，这样万一触电时可降低接触电压；接三相电动机时要注意正转方向是否符合否则，要切断电源，对调相线。接好电路后应仔细检查无误后，方可通电使用；仪器发生故障时应及时切断电源。遇到触电，首先应使触电者迅速脱离电源，并用绝缘物拉下电源，不能徒手去拉触电者以免自己被电流击倒。触电者脱离电源后应被及时抬到室外进行抢救处理。

3. 外伤处理

被玻璃划伤后应及时检查有无玻璃碎屑，做好伤口清理工作后涂抹红药水，进行止痛和消毒处理。

4. 烧伤处理

烧伤包括烫伤和火伤，急救的主要目的是避免伤口化脓感染。处理办法为用无菌生理盐水洗后再用纱布浸湿包扎或涂膏油。

5. 化学灼伤时的应变程序

应迅速清理皮肤上的化学药品,并用大量的水洗净,再用特殊溶剂进行处理。碱类物质烫伤,应先用抹布擦掉碱液再用大量的水冲洗,然后用2%醋酸溶液清洗或直接扑以硼酸粉;酸液烧伤,先擦去大量的酸液,再用水冲洗,然后用饱和碳酸氢钠溶液进行冲洗;眼睛受到化学灼伤时,最好用洗涤器的水流进行洗涤,但要避免水流直射眼球,更不要擦眼睛。

6. 中毒时的应变程序

实验室内接触到的有毒气体有 CO、HCN、Cl_2、NH_3、SO_2、SO_3 等。

有毒药品:N-1-奈基乙二胺盐酸盐、四氯化碳、三氯甲烷、甲醇(吸入可损坏神经、肝和肾)、汞(剧毒可产生蒸汽)、红色碘化汞(有毒可产生蒸汽)、铬酸钾、重铬酸钾。

对上述药品中毒人员,应立即送到室外,误服者应先用肥皂水进行催吐,再服用牛奶、鸡蛋等进行缓和,严重者应立即送往医院。

汞、红色碘化汞、铬酸钾、重铬酸钾中毒应先用大量水清洗再用3%～5%硫代硫酸钠进行清洗。

7. 微生物室安全操作

无菌室的门要随手关闭,以防止外界微生物进入,进入无菌室要更换洁净服,无菌室内要经常备有消毒液,如3%～5%的来苏水(甲酚的肥皂溶液)、0.1%的新洁尔灭(溴化二甲基苄基烃铵混合物)、70%～75%的酒精棉球等,便于意外污染消毒。

无菌室内禁止交谈,操作过程中的手不可以触及其他未灭菌的区域。实验过程中用过的吸管、瓶塞等物品不可以随意丢弃,尤其要避免污染洁净的工作台。无菌室、洁净工作台在使用前后用紫外灯照射30min。

实验过程中如果划破皮肤应立即进行处理,必要时停止实验,防止发生意外感染,紫外线的有效照射范围为3m,且没有穿透力,所以在用紫外灯时超净台上的物品不宜太多,实验结束后应立即清理台面,并进行必要的洗手、消毒。

第六章　污水处理厂监测指标的分析方法

第一节　水温(水温计法)

水的物理化学性质与水温有密切关系。水中溶解性气体(如 O_2、CO_2 等)的溶解度，水中生物和微生物活动，非离子氨浓度、盐度、pH 以及碳酸钙饱和度等都受水温变化的影响。

水温为现场监测项目之一，常用的测量仪器有水温计和颠倒温度计，前者用于地表水、污水等浅层水温的测量，后者用于湖库等深层水温的测量。此外，还有热敏电阻温度计等。

一、基本原理

水温计通常由一个玻璃管和一个金属球组成。玻璃管内充满了一定量的酒精或水银，金属球则被放置在管内。当水温升高时，管内的液体会膨胀，将金属球推向管的一端。当水温降低时，管内的液体会收缩，金属球则会被拉回到管的另一端。通过观察金属球所在的位置，就可以确定水的温度。

二、分析步骤

1. 仪器

水温计(图 6.1)为安装于金属半圆槽壳内的水银温度表，下端连接一金属贮水杯，使温度表球部悬于杯中，温度表顶端的槽壳带一圆环，拴以一定长度的绳子。通常测量范围为 $-6 \sim 40$℃，分度为 0.2℃。

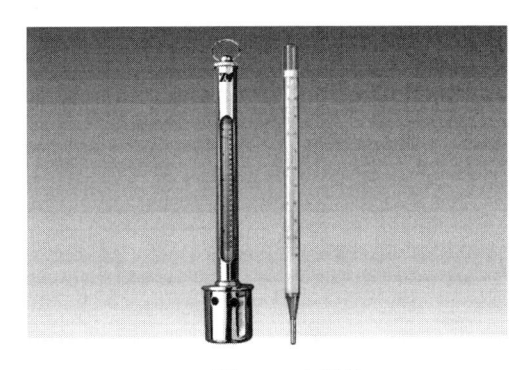

图 6.1　水温计

2. 测定步骤

水温应在现场进行测定,将水温计插入一定深度的水中,放置 5min 后,迅速提出水面并读取温度值。当气温与水温相差较大时,尤其应注意立即读数,避免受气温的影响。必要时,将水温计重复插入水中,再一次读数。

三、常见问题分析及注意事项

(1) 当现场气温高于 35℃或低于-30℃时,水温计在水中的停留时间要适当延长,以达到温度平衡。

(2) 在冬季的东北地区读数应在 3s 内完成,否则水温计表面会形成一层薄冰,影响读数的准确性。

(3) 水温计应免受震动,在使用中如遇有失常或疑点请送相应单位进行校准。

第二节 色度的测定-稀释倍数法

一、基本原理

色度是指溶解物质和不溶解悬浮物产生的表观颜色,用经过沉降 15min 的原始样品上清液测定。

将水样稀释至与纯水相比无视觉感官区别,用稀释后的总体积与原体积的比表示颜色的强度,单位为倍。

二、分析步骤

1. 样品采集

按《污水监测技术规范》(HJ 91.1—2019)采集样品,并在 4℃以下冷藏、避光保存,24h 内测定。可生化性较差的样品,如染料和颜料废水等可冷藏、避光保存 15 天。

2. 试样制备

将样品倒入 500mL 量筒中,静置 15min,取上层清液(非沉降部分)测定。

3. 颜色描述

取试样至 50mL 比色管中,定容至 50mL 标线,将比色管垂直放置于白色表面上,垂直向下观察液柱,如图 6.2 所示。性状描述见表 6.1,色卡见图 6.3。

第六章　污水处理厂监测指标的分析方法

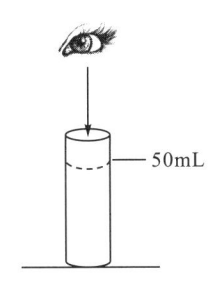

图 6.2　观察示意图

表 6.1　性状描述

分类	描述内容	判断依据
颜色	红	630~780 nm
	橙	590~630 nm
	黄	560~590 nm
	绿	490~560 nm
	蓝	450~490 nm
	紫	380~450 nm
		白、灰、黑
深浅		无色、浅色、深色
透明度	透明	摇匀之后，待测水样在表面光滑的玻璃器皿中清澈透底，无任何杂质、胶体等，光线能直接穿透，无任何反射光线
	浑浊	摇匀之后，眼睛靠近在表面光滑的玻璃器皿中的待测水样，能发现有细小颗粒或者不明杂质成分悬浮于水中，在光线的穿透下，能发现少量的光点反射
	不透明	摇匀之后，能够明显发现在表面光滑的玻璃器皿中的待测水样有大量颗粒物、杂质或各种类型的胶状物等，密度大，在光线作用下，能发现大量反射点，光线穿透率差

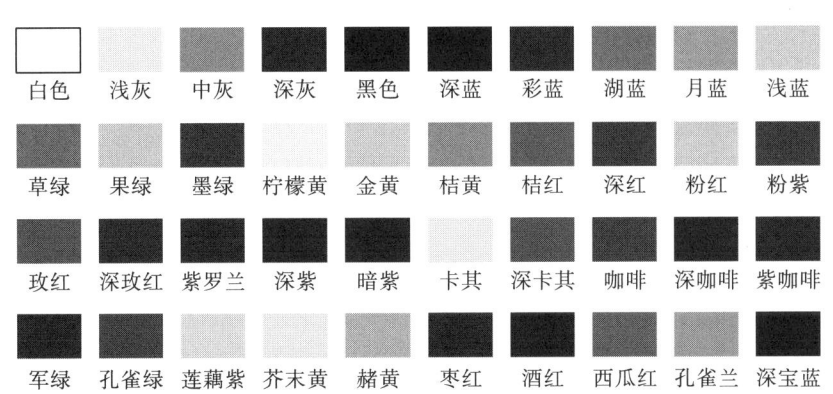

白色　浅灰　中灰　深灰　黑色　深蓝　彩蓝　湖蓝　月蓝　浅蓝
草绿　果绿　墨绿　柠檬黄　金黄　桔黄　桔红　深红　粉红　粉紫
玫红　深玫红　紫罗兰　深紫　暗紫　卡其　深卡其　咖啡　深咖啡　紫咖啡
军绿　孔雀绿　莲藕紫　芥末黄　赭黄　枣红　酒红　西瓜红　孔雀兰　深宝蓝

图 6.3　色卡

彩图二维码

4. pH 的测定

pH 对色度有较大影响，在测定色度的同时应测定水样的 pH。报告色度的同时，也应报告 pH。

5. 初级稀释

用 10mL 大肚移液管准确移取 10.0mL 试样，置于 100mL 比色管中，用纯水稀释至 100mL 刻度线，摇匀后，目视比色观察(图 6.2)，如果依然有颜色，则继续取稀释后的试样 10.0mL，再稀释 10 倍，以此类推，直至与纯水无差别时停止稀释。记录初级稀释次数 n。

6. 自然稀释

用量筒取 n-1 次初级稀释的试料按照表 6.2 中的稀释方法，由小到大逐级按照自然稀释倍数进行稀释，每稀释 1 次，摇匀后按目视比色法观察(图 6.2)，直至与纯水无区别时停止稀释，记录稀释倍数 D_1。

表 6.2 稀释方法

稀释倍数(D_1)	稀释方法	结果表示
2	取 25mL 试样加纯水 25mL，摇匀备用	$2 \times 10^{n-1}$ (n=1, 2, ⋯)
3	取 20mL 试样加纯水 40mL，摇匀备用	$3 \times 10^{n-1}$ (n=1, 2, ⋯)
4	取 20mL 试样加纯水 60mL，摇匀备用	$4 \times 10^{n-1}$ (n=1, 2, ⋯)
5	取 10mL 试样加纯水 40mL，摇匀备用	$5 \times 10^{n-1}$ (n=1, 2, ⋯)
6	取 10mL 试样加纯水 50mL，摇匀备用	$6 \times 10^{n-1}$ (n=1, 2, ⋯)
7	取 10mL 试样加纯水 60mL，摇匀备用	$7 \times 10^{n-1}$ (n=1, 2, ⋯)
8	取 10mL 试样加纯水 70mL，摇匀备用	$8 \times 10^{n-1}$ (n=1, 2, ⋯)
9	取 10mL 试样加纯水 80mL，摇匀备用	$9 \times 10^{n-1}$ (n=1, 2, ⋯)

7. 结果计算

样品稀释倍数 D 按以下公式计算：

$$D = D_1 \times 10^{n-1}$$

式中，D——样品稀释倍数；

D_1——稀释倍数；

n——初级稀释次数。

三、常见问题分析及注意事项

检测人员需视力正常，具备准确分辨颜色的能力，并定期进行色觉检查(图 6.4)。

检测实验室墙体应为白色。50mL、100mL 比色管需内径一致，无色透明，底部无阴影。

实验室需光线充足，否则应在光源条件下测定，要求使用冷白色的荧光灯或 LED 灯，两根灯管并排安装,灯管下无任何遮挡,灯管悬挂于实验台面上 1.5～2.0m 处(图 6.5),开启光源时,应关闭其他光源,LED 灯功率≥26W,荧光灯功率≥40W。

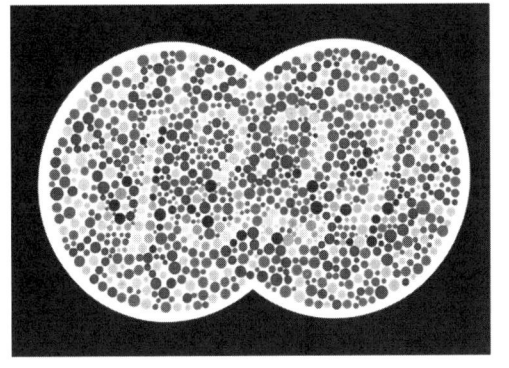

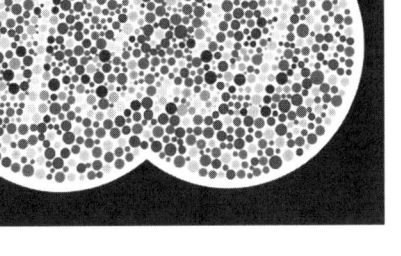

图 6.4 色觉检查图　　　　图 6.5 光源安装示意图

第三节　浊度的测定

一、方法原理

利用一束稳定光源光线穿过盛有待测样品的样品池,传感器处在与发射光线垂直的位置上测量散射光强度。光束射入样品时产生的散射光的强度与样品的浊度在一定浓度范围内成比例关系。

二、分析步骤

1. 实验仪器及试剂

(1)浊度计。
(2)福尔马肼[浊]度标准物质。

2. 分析步骤

(1)样品的采集与保存。按照《污水监测技术规范》(HJ 91.1—2019)的相关规定,采集样品于 500mL 具塞玻璃瓶或聚乙烯瓶中。在 4℃以下冷藏避光保存,不超过 48h。
(2)仪器自检。按仪器说明书打开仪器进行预热、自检,进入测量状态。
(3)样品测定。将样品摇匀,待可见的气泡消失后,用少量样品润洗比色瓶数次。将完全均匀的样品缓慢倒入比色瓶内,至刻度线(约 30mL),旋紧比色瓶盖。持握比色瓶盖,用柔软的无尘布擦去样品瓶外的水滴和指纹。

将比色瓶放入仪器的样品瓶盒中,并盖上瓶盖,读取数据。读数时,待读数稳定后记录实验结果。

(4) 空白测定。按照与样品测定相同的测量条件进行实验室纯水的测定。

(5) 结果计算与表示。浊度计直接显示测量结果，无须计算。若是经过稀释的样品，则用读数乘以稀释倍数，即为样品的浑浊度值。当测定结果小于 10NTU[①]时，保留小数点后一位；测定结果大于等于 10NTU 时，保留至整数位。当测量范围在 0~1000NTU 时，该浊度计的精度为读数的±2%+0.01NTU，其分辨率在最小测量范围时为 0.001。因此，在计算精密度、正确度等数据时，依据仪器读数选择保留小数位数。

(6) 干扰及消除。当出现漂浮物和沉淀物时，读数将不准确；气泡和震动会破坏样品的表面，得出错误的结论；有划痕或玷污的比色瓶也会影响测定结果。

三、常见问题分析及注意事项

(1) 为将比色瓶带来的误差降低，在校准和测量过程中应使用同一比色瓶。

(2) 在测量样品前用待测水样将比色瓶冲洗两次，倒入待测样品时，沿瓶壁缓慢倒入，以减少气泡。

(3) 样品测定完后，应将样品倒掉，以免腐蚀比色瓶。

(4) 为使样品具有代表性，取样前可轻轻搅拌样品，使其均匀，但不可振荡，以免产生气泡及悬浮物。

第四节 电导率的测定（便携式电导率仪法）

电导率表示溶液传导电流的能力，它与水中矿物质有密切的关系，水的电导率与电解质浓度成正比，具有线性关系。纯水电导率很小，当水中含无机酸、碱或盐时，电导率增加。电导率常用于间接推测水中离子成分的总浓度。水溶液的电导率取决于离子的性质和浓度、溶液的温度和黏度等。

电导率的标准单位是 S/m（西门子/米），一般实际使用单位为 μS/cm。单位间的互换为

$$1mS/m=0.01mS/cm=10μS/cm$$

新蒸馏水电导率为 0.5~2μS/cm，存放一段时间后，由于空气中的二氧化碳或氨气的溶入，电导率可上升至 2~4μS/cm；饮用水电导率在 5~1500μS/cm 之间；海水电导率大约为 30000μS/cm；清洁河水电导率约为 100μS/cm。电导率随温度变化而变化，温度每升高 1℃，电导率增加约 2%，通常规定 25℃为测定电导率的标准温度。

一、基本原理

由于电导率是电阻的倒数，因此，当两个电极插入溶液中，可以测出两电极间的电阻

---

① NTU 指散射[浊]度单位，nephelometric turbidity unit。

R，根据欧姆定律，温度一定时，这个电阻值与电极的间距 L(cm) 成正比，与电极的截面积 A(cm²) 成反比。即

$$R=pL/A$$

由于电极面积 A 和间距 L 都是固定不变的，故 L/A 是一常数，称电导池常数（以 Q 表示）。比例常数 p 称作电阻率，其倒数 $1/p$ 即电导率，以 K 表示。

$$S=1/R=1/(pQ)$$

式中，S 表示电导度，反映导电能力的强弱。所以，$K=QS$ 或 $K=Q/R$。

当已知电导池常数，并测出电阻后，即可求出电导率。

二、分析步骤

1. 仪器

(1) 测量仪器为各种型号的便携式电导率仪。
(2) 温度计：能读至 0.1℃。
(3) 恒温水浴锅：25℃±0.2℃。

2. 试剂

(1) 纯水：将蒸馏水通过离子交换柱制得，电导率小于 1μS/cm。
(2) 仪器配套的校准溶液。
(3) 0.0100mol/L 标准氯化钾溶液：称取 0.7456g 于 105℃干燥 2h，并将冷却后的优级纯氯化钾，溶解于纯水中，于 25℃下定容至 1000mL。此溶液在 25℃时的电导率为 1413μS/cm。必要时，可将标准溶液用纯水加以稀释，各种浓度氯化钾溶液的电导率(25℃)见表 6.3。

表 6.3 不同浓度氯化钾溶液的电导率

浓度/(mol/L)	电导率/(μS/cm)	浓度/(mol/L)	电导率/(μS/cm)
0.0001	14.94	0.001	147
0.0005	73.9	0.005	717.8

3. 水样测定

用蒸馏水冲洗探头三次，用滤纸将探头上的水擦干，将探头放入标准溶液中进行校准，将校准后的便携式电导率仪探头用蒸馏水冲洗后放入待测溶液中，待读数稳定后记录下数值（具体操作步骤参照便携式电导率仪的使用说明书）。水样采集后如不能现场分析，样品应贮存于聚乙烯瓶中，并满瓶封存，于 4℃冷暗处保存，在 24h 之内完成测定，测定前应加温至 25℃。

4. 干扰及消除

水样中含有粗大悬浮物质、油和脂等干扰测定，可先测水样，再测校准溶液，以了解干扰情况。若有干扰，应经过滤或萃取除去。

三、常见问题分析及注意事项

(1)确保测量前仪器已经过校准(具体操作见仪器说明书)。
(2)将电极插入水样中，注意电极上的小孔必须浸泡在水面以下。
(3)最好使用塑料容器盛装待测的水样。
(4)仪器必须保证每月校准一次，更换电极或电池时也需校准。
(5)仪器超过一年必须送计量部门检定，合格后方可使用。
(6)电导电极短期不使用时，建议将电极铂片浸泡于去离子水中。如果使用间隔大于6h或长期储存，建议洗干净后放入空的保护瓶中存放。

第五节 pH 的测定

一、基本原理

pH 由测量电池的电动势而得。该电池通常由参比电极和氢离子指示电极组成。溶液每变化 1 个 pH 单位，在同一温度下电位差的改变是常数，据此在仪器上直接以 pH 的读数表示。

二、分析步骤

1. 测定前准备

按照使用说明书对电极进行活化和维护，确认仪器正常工作。现场测定应了解现场环境条件以及样品的来源和性质，初步判断是否存在强酸强碱、高电解质、低电解质、高氟化物等干扰，并进行相应的准备。

2. 试剂和材料

除非另有说明，分析时均使用符合国家标准的分析纯试剂。
(1)实验用水：新制备的去除二氧化碳的蒸馏水。将水注入烧杯中，煮沸 10min，加盖放置冷却。临用现制。
(2)邻苯二甲酸氢钾($C_8H_5KO_4$)：于 110～120℃下干燥 2h，置于干燥器中保存，待用。
(3)无水磷酸氢二钠(Na_2HPO_4)：于 110～120℃下干燥 2h，置于干燥器中保存，待用。

(4) 磷酸二氢钾(KH_2PO_4)：于 110~120℃下干燥 2h，置于干燥器中保存，待用。

(5) 十水合四硼酸钠($Na_2B_4O_7 \cdot 10H_2O$)：与饱和溴化钠(或氯化钠加蔗糖)溶液(室温)共同放置于干燥器中 48h，使四硼酸钠晶体保持稳定。

3. 标准缓冲溶液

标准缓冲溶液Ⅰ：$c(C_8H_5KO_4)=0.05mol/L$，pH=4.00(25℃)。

称取 10.12g 邻苯二甲酸氢钾，溶于水中，转移至 1L 容量瓶中并定容至标线。也可购买市售合格的标准缓冲溶液，按照说明书使用。

标准缓冲溶液Ⅱ：$c(Na_2HPO_4)=0.025mol/L$，$c(KH_2PO_4)=0.025mol/L$，pH=6.86(25℃)。

分别称取 3.53g 无水磷酸氢二钠和 3.39g 磷酸二氢钾，溶于水中，转移至 1L 容量瓶中并定容至标线。也可购买市售合格的标准缓冲溶液，按照说明书使用。

标准缓冲溶液Ⅲ：$c(Na_2B_4O_7)=0.01mol/L$，pH=9.18(25℃)。

称取 3.80g 四硼酸钠，溶于水中，转移至 1L 容量瓶中并定容至标线，在聚乙烯瓶中密封保存。也可购买市售合格的标准缓冲溶液，按照说明书使用。

4. 仪器和设备

(1) 采样瓶：聚乙烯瓶。
(2) 酸度计：精度为 0.01 个 pH 单位，具有温度补偿功能，pH 测定范围为 0~14。
(3) 电极：分体式 pH 电极或复合 pH 电极。
(4) 温度计：0~100℃。
(5) 烧杯：聚乙烯或硬质玻璃材质。
(6) 一般实验室常用仪器和设备。

5. 仪器校准

1) 校准溶液

使用 pH 广泛试纸粗测样品的 pH，根据样品的 pH 大小选择两种合适的标准缓冲溶液进行校准。两种标准缓冲溶液 pH 相差约 3 个 pH 单位。样品 pH 尽量在两种标准缓冲溶液 pH 范围之间，若超出范围，样品 pH 至少与其中一个标准缓冲溶液 pH 之差不超过 2 个 pH 单位。

2) 温度补偿

手动温度补偿的仪器，将标准缓冲溶液的温度调节至与样品的实际温度相一致，用温度计测量并记录温度。校准时，将酸度计的温度补偿调至该温度上。带有自动温度补偿功能的仪器，无须将标准缓冲溶液与样品保持同一温度，按照仪器说明书进行操作。

注：现场测定时必须使用带有自动温度补偿功能的仪器。

3) 校准方法

采用两点校准法，按照仪器说明书选择校准模式，先用中性(或弱酸、弱碱)标准缓冲溶液，再用酸性或碱性标准缓冲溶液校准。不同温度下各种标准缓冲溶液的 pH 参见表 6.4。

表6.4 不同温度下各标准缓冲溶液对应的pH

温度/℃	B1	B3	B4	B6	B9	B12
0	1.668	—	4.006	6.981	9.458	13.416
5	1.669	—	3.999	6.949	9.391	13.210
10	1.671	—	3.996	6.921	9.330	13.011
15	1.673	—	3.996	6.898	9.276	12.820
20	1.676	—	3.998	6.879	9.226	12.637
25	1.680	3.559	4.003	6.864	9.182	12.460
30	1.684	3.551	4.010	6.852	9.142	12.292
35	1.688	3.547	4.019	6.844	9.105	12.130
40	1.694	3.547	4.029	6.838	9.072	11.975
45	1.700	3.550	4.042	6.834	9.042	11.828
50	1.706	3.555	4.055	6.833	9.015	11.697
55	1.713	3.563	4.070	6.834	8.990	11.553
60	1.721	3.573	4.087	6.837	8.968	11.426
70	1.739	3.596	4.122	6.847	8.926	—
80	1.759	3.622	4.161	6.862	8.890	—
90	1.782	3.648	4.203	6.881	8.856	—
95	1.795	3.660	4.224	6.891	8.839	—

(1)将电极浸入第一个标准缓冲溶液，缓慢水平搅拌，避免产生气泡，待读数稳定后，调节仪器示值与标准缓冲溶液的pH一致。

(2)用蒸馏水冲洗电极并用滤纸边缘吸去电极表面水分，将电极浸入第二个标准缓冲溶液中，缓慢水平搅拌，避免产生气泡，待读数稳定后，调节仪器示值与标准缓冲溶液的pH一致。

(3)重复步骤(1)操作，待读数稳定后，仪器的示值与标准缓冲溶液的pH之差应小于0.05个pH单位，否则重复步骤(1)和(2)，直至合格。

注：亦可采用多点校准法，按照仪器说明书操作，在测定实际样品时，需采用pH相近(不得大于3个pH单位)的有证标准样品或标准物质核查；酸度计1min内读数变化小于0.05个pH单位即可视为读数稳定。

6. 样品测定

用蒸馏水冲洗电极并用滤纸边缘吸去电极表面水分，现场测定时根据使用的仪器取适量样品或直接测定；实验室测定时将样品沿杯壁倒入烧杯中，立即将电极浸入样品中，缓慢水平搅拌，避免产生气泡。待读数稳定后记下pH。具有自动读数功能的仪器可直接读取数据。每个样品测定后用蒸馏水冲洗电极。

7. 结果表示

测定结果保留小数点后 1 位，并注明样品测定时的温度。当测量结果超出测量范围（0～14）时，以"强酸，超出测量范围"或"强碱，超出测量范围"报出结果。

8. 干扰和消除

水的颜色、浊度、胶体物质、氧化剂及还原剂均不干扰测定。

在 pH<1 的强酸性溶液中，会产生酸差；在 pH>10 的强碱性溶液中，会产生碱差。可采用耐酸碱 pH 电极测定，也可以选择与被测溶液 pH 相近的标准缓冲溶液对仪器进行校准以抵消干扰。

测定弱电解质的样品时，应采用适用于低离子强度的 pH 电极测定；测定强电解质（盐度大于 5‰）的样品时，应采用适用于高离子强度的 pH 电极测定。

测定含高浓度氟的酸性样品时，应采用耐氢氟酸 pH 电极测定。

温度影响电极的电位和水的电离平衡，仪器应具备温度补偿功能，温度补偿范围依据仪器说明书。

三、常见问题分析及注意事项

(1) 酸度计应参照仪器说明书使用和维护。
(2) 电极应参照说明书使用和维护。
(3) 为减少空气中酸碱性气体的溶入，或样品中相应物质的挥发，测定前不应提前打开采样瓶。
(4) 测定 pH>10 的强碱性样品时，应使用聚乙烯烧杯。
(5) 使用过的标准缓冲溶液不允许再倒回原瓶中。
(6) 如有特殊需求时，可根据需要及仪器的精度确定结果的有效数字位数。

第六节 溶解氧的测定

采用碘量法，方法参考《水质 溶解氧的测定 碘量法》（GB/T 7489—87）。

一、基本原理

1. 定义

溶解在水中的分子态氧称为溶解氧，记作 DO。天然水的溶解氧含量取决于水体与大气中氧的平衡。溶解氧的饱和含量与空气中氧的分压、大气压力、水温有密切联系。水中溶解氧的多少是衡量水体自净能力的一个重要指标。

2. 原理

在样品中的溶解氧与刚刚沉淀的二价氢氧化锰(将氢氧化钠或氢氧化钾加入二价硫酸锰中制得)反应，酸化后，生成的高价锰化合物将碘化物氧化游离出等当量的碘，以淀粉为指示剂，再用硫代硫酸钠溶液滴定，测定游离碘量，以计算溶解氧的含量。其化学反应式如下：

$$MnSO_4 + 2NaOH = Mn(OH)_2 \downarrow (白色) + Na_2SO_4$$

$$2Mn(OH)_2 + O_2 = 2MnO(OH)_2 \downarrow (棕色)$$

$$MnO(OH)_2 + 2KI + 2H_2SO_4 = I_2 + MnSO_4 + K_2SO_4 + 3H_2O$$

$$I_2 + 2Na_2S_2O_3 = 2NaI + Na_2S_4O_6$$

3. 适用范围

在不存在干扰的情况下，此方法适用于各种溶解氧浓度大于 0.2mg/L 和小于饱和氧浓度两倍(约 20mg/L)的水样。如存在氧化物质或还原物质干扰时，则采用修正碘量法，见后续分析章节。

二、分析步骤

1. 仪器设备

(1)具塞细口玻璃瓶，250～300mL。
(2)25mL 碱式滴定管。

2. 试剂

(1)硫酸锰溶液：称取 340g 无水二价硫酸锰溶于水中，过滤后稀释至 1L。

(2)碱性碘化钾溶液：将 35g 氢氧化钠(NaOH)和 30g 碘化钾(KI)溶解于约 50mL 水中，稀释至 100mL。

(3)碘酸钾标准溶液：$c(1/6KIO_3)=10mmol/L$。称取 $(3.567\pm0.003)g$ 于 180℃干燥后的碘酸钾溶于水中并稀释至 1000mL。再将上述溶液吸取 100mL 移入 1000mL 容量瓶中，用水稀释至标线。

(4)硫代硫酸钠标准滴定溶液：$c(Na_2S_2O_3)\approx10mmol/L$。将 2.5g 五水硫代硫酸钠溶解于新煮沸并冷却的水中，再加 0.4g 氢氧化钠(NaOH)，并稀释至 1000mL，贮于深色玻璃瓶中，每日临用时进行标定。标定方法如下：

在锥形瓶中用 100～150mL 的水溶解约 0.5g 碘化钾或碘化钠，加入 5.00mL 2mol/L 的硫酸溶液，混合均匀，再加入 20.00mL 标准碘酸钾溶液，稀释至约 200mL，立即用硫代硫酸钠滴定溶液进行滴定，当接近滴定终点时，溶液呈浅黄色，加入淀粉指示剂，继续滴定至溶液变为无色，记录硫代硫酸钠滴定溶液的消耗体积，计算公式为

$$c(\mathrm{Na_2S_2O_3}) = \frac{6 \times 20 \times 1.66}{V}$$

式中，V——硫代硫酸钠溶液的消耗量，mL。

(5) 1%淀粉溶液：称取 1g 可溶性淀粉，用少量水调成糊状，再用刚煮沸的水稀释至 100mL。

(6) (1+5)[①]硫酸溶液。

3. 溶解氧的测定

检验是否有氧化性物质或还原性物质存在：如果预计存在氧化或还原性物质干扰时，取 50mL 待测水样，加 2 滴酚酞溶液，调节水样至中性。再加 0.5mL(1+5)硫酸溶液、几粒碘化钾或碘化钠和几滴淀粉指示剂。如果溶液呈蓝色，则有氧化物存在；如果溶液保持无色，加 0.2mL 碘溶液(约 0.005mol/L)，振荡，放置 30s，如果未呈蓝色，则存在还原性物质。

(1) 当不存在氧化或还原物质干扰时，按以下步骤进行。

① 溶解氧的固定。样品采集到溶解氧瓶完成后，使用细尖头的移液管插入液面以下，分别加入 1mL 二价硫酸锰溶液和 2mL 碱性碘化钾溶液，小心盖上塞子，避免带入空气泡。颠倒混匀数次，静置。待棕色沉淀物降至溶解氧瓶 1/3 处时，再颠倒混匀一次，静置沉降。

② 碘的析出。轻轻打开已经沉降完全的水样，立即用移液管插入液面以下加入 1.5mL(1+1)[②]硫酸溶液，小心盖好瓶塞，颠倒摇匀，至沉淀物完全溶解为止，放于暗处静置 5min (图 6.6)。

(a) 溶解氧的固定　　　　(b) 碘的析出

图 6.6　溶解氧固定与析出过程变化

③ 滴定。取 100.0mL 上述溶液于 250mL 锥形瓶中，用硫代硫酸钠标准滴定溶液滴定至溶液呈淡黄色，加 1mL 淀粉指示剂，此时溶液呈蓝色，继续滴定至蓝色刚好褪去为止，记录硫代硫酸钠溶液的滴定体积(图 6.7)。

---

① 水与浓硫酸的体积比为 1∶5。
② 水与浓硫酸的体积比为 1∶1。

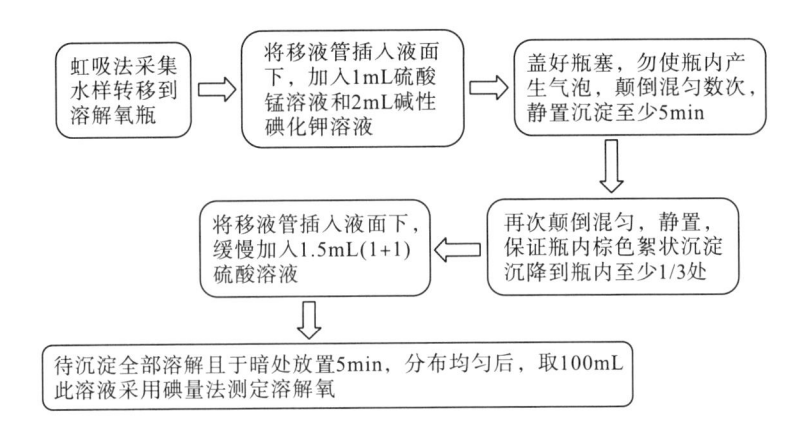

```
虹吸法采集          将移液管插入液面       盖好瓶塞，勿使瓶内产
水样转移到    →    下，加入1mL硫酸    →   生气泡，颠倒混匀数次，
溶解氧瓶           锰溶液和2mL碱性      静置沉淀至少5min
                   碘化钾溶液
                                                    ↓
         将移液管插入液面下，       再次颠倒混匀，静置，
         缓慢加入1.5mL(1+1)   ←   保证瓶内棕色絮状沉淀
         硫酸溶液                  沉降到瓶内至少1/3处
                ↓
         待沉淀全部溶解且于暗处放置5min，分布均匀后，取100mL
         此溶液采用碘量法测定溶解氧
```

图 6.7 溶解氧的测定过程

④溶解氧的计算。溶解氧的含量：

$$c_1 = \frac{cf_1 M_r V_2}{4V_1}$$

式中，M_r——氧气的分子量，M_r=32；

V_1——滴定时样品的取样体积，mL；一般取 V_1=100mL；若滴定细口瓶内试样，则 $V_1=V_0$；

V_2——滴定时消耗硫代硫酸钠溶液的体积，mL；

c——硫代硫酸钠溶液的浓度，mol/L。

$$f_1 = \frac{V_0}{V_0 - V'}$$

式中，V_0——细口瓶的体积，mL；

V'——二价硫酸锰(1mL)和碱性碘化钾试剂(2mL)体积的总和。

(2) 当存在氧化性物质影响时，通过滴定第二个试样来测定溶解氧外的氧化性物质的含量。按下述步骤进行。

①将采集的水样置于两个溶解氧瓶中，对其中一个试样按上页步骤(1)测定其溶解氧。

②将第二个试样定量转移至 500mL 锥形瓶中，加 5mL(1+5)硫酸溶液，然后再加 2mL 碱性碘化钾溶液和 1mL 二价硫酸锰溶液，静置 5min，用硫代硫酸钠滴定。

③溶解氧的计算：

$$c_2 = \frac{cf_1 M_r V_2}{4V_1} = \frac{cM_r V_4}{4V_3}$$

式中，V_3——第二个试样细口瓶的体积，mL；

V_4——滴定第二个试样消耗的硫代硫酸钠溶液的体积，mL。

(3) 当存在还原性物质时，按下述步骤进行。

①将采集的水样分别置于两个溶解氧瓶中，向两个溶解氧瓶中各加入 1mL(或其他体积)次氯酸钠溶液(约含游离氯 4g/L)，塞好瓶塞，混合均匀。一个试样按上页步骤(1)进行测定，另一个按本页步骤(2)进行测定。

第六章　污水处理厂监测指标的分析方法

②溶解氧的计算：

$$c_3 = \frac{cf_2 M_r V_2}{4V_1} = \frac{cM_r V_4}{4(V_3 - V_5)}$$

$$f_2 = \frac{V_0}{V_0 - V_S - V'}$$

式中，V_5——加入试样中的次氯酸钠溶液的体积，mL。

三、常见问题分析及注意事项

1. 常见问题分析解析

常见问题分析及排除方法如表 6.5 所示。

表 6.5　常见问题分析及排除

常见问题	原因分析及排除
溶解氧结果平行性差	1.溶解氧瓶使用前是否被污染； 2.取样时，是否有气泡产生； 3.环境温度是否控制在标准要求内
水样悬浮污泥过多对真实值是否有影响	当有消耗碘的悬浮物存在时，最好用明矾将悬浮物絮凝后分离，排除干扰（方法见注意事项）

2. 注意事项

(1) 水样采集时，沿瓶壁直接倾注水样或用虹吸法将细管插入溶解瓶底部，注入水样至溢流出瓶容积的 1/3～1/2。

(2) 如果水样呈强酸性或强碱性，可用氢氧化钠或硫酸溶液调至中性后再测定。

(3) 若水中悬浮物较多，可于 1000mL 具塞细口瓶中，用虹吸法注满水样并溢出 1/3 左右。在液面以下加入 20mL 硫酸铝钾溶液和 4mL 氨水，塞上瓶塞，颠倒混匀，放置 10min。待沉淀物沉降完全后，将其上清液虹吸至溶解氧瓶内，再按测定步骤进行测定。

(4) 水样中有三价铁离子干扰时，可以适当加入氟化钾进行消除。

(5) 操作过程中，勿使气泡进入水样瓶内，加试剂时要将移液管插入液面以下，水样要尽早固定，滴定时间不要过长。

(6) 滴定时，要注意在瓶内溶液黄色很浅时再加淀粉指示剂，然后再进行滴定至蓝色消失。过早加入指示剂，会与单质碘形成蓝色的络合物使反应速度减缓，使滴定过量。

四、电化学探头法

电化学探头法方法参考《水质　溶解氧的测定　电化学探头法》(HJ 506—2009)。

(一)原理和适用范围

1. 原理

测定溶解氧用的电化学探头是一个用选择性薄膜封闭的小室,室内有两个金属电极并充有电解质。氧气和一定数量的其他气体及亲液物质可透过这层薄膜,但水和可溶性物质的离子几乎不能透过这层薄膜。

将探头浸入水中进行溶解氧的测定时,由于电池作用或外加电压在两个电极间产生电位差,使金属离子在阳极进入溶液,同时氧气通过薄膜扩散在阴极获得电子被还原,产生的电流与穿过薄膜和电解质层的氧的传递速度成正比,即在一定的温度下该电流与水中氧气的分压(或浓度)成正比(图 6.8 和图 6.9)。

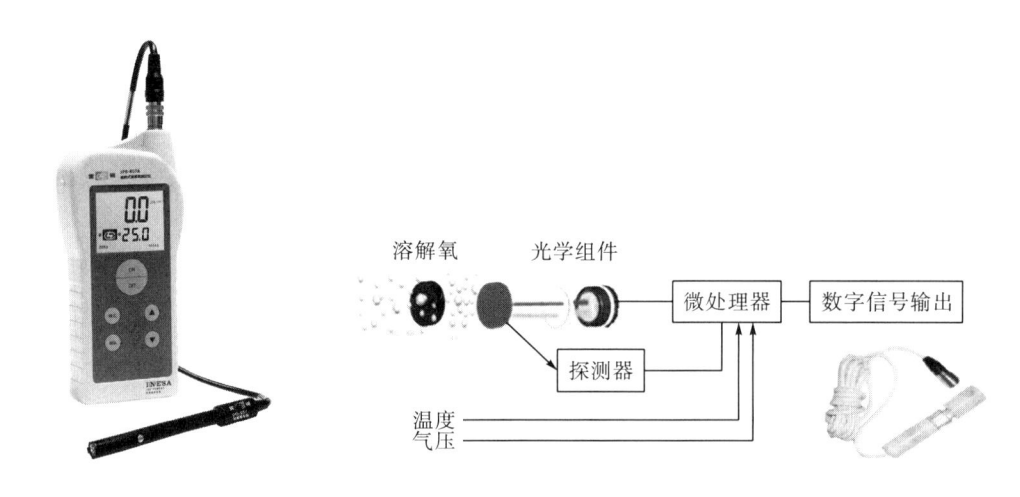

图 6.8 溶解氧测量仪

图 6.9 溶解氧测量仪的组成及原理

2. 适用范围

本方法适用于地表水、地下水、生活污水、工业废水和盐水中溶解氧的测定,可测定溶解氧饱和度为 0~100%的水样,也可测量溶解氧饱和度高于 100%的过饱和水样。

(二)分析步骤

1. 仪器设备

(1)溶解氧测量仪。具备测量探头:原电池型(例如铅/银)或极谱型(例如银/金),探头上宜附有温度补偿装置。仪表:直接显示溶解氧的质量浓度或饱和百分率。

(2)磁力搅拌器。

(3)电导率仪:测量范围 2~100mS/cm。

(4)温度计:最小分度为 0.5℃。

(5)实验室常用玻璃仪器。

2. 试剂

(1) 无水亚硫酸钠(Na_2SO_3)或七水合亚硫酸钠($Na_2SO_3 \cdot 7H_2O$)。

(2) 二价钴盐，例如六水合氯化钴(Ⅱ)($CoCl_2 \cdot 6H_2O$)。

(3) 零点检查溶液：称取 0.25g 亚硫酸钠和约 0.25mg 钴(Ⅱ)盐，溶解于 250mL 蒸馏水中，临用现配。

除非另有说明，本方法所用试剂均使用符合国家标准的分析纯化学试剂，实验用水为新制备的去离子水或蒸馏水。

3. 测定步骤

使用仪器时，应严格按照仪器使用说明书进行测定(图 6.10)。

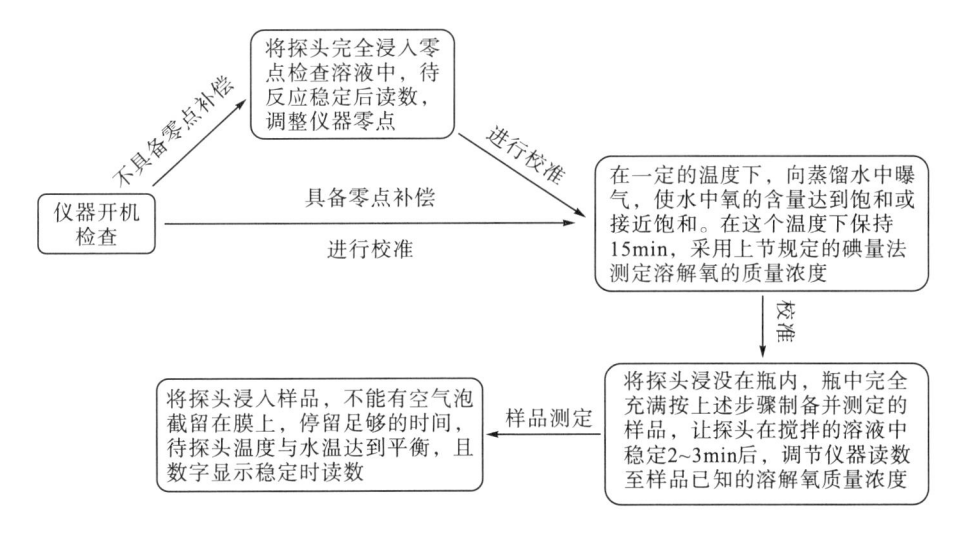

图 6.10 电化学探头法测定溶解氧的流程

必要时，根据所用仪器的型号及对测量结果的要求，检验水温、气压或含盐量，并对测量结果进行校正。且对于流动样品(例如河水)，应检查水样是否有足够的流速(不得低于 0.3m/s)，若水流速低于 0.3m/s 则需在水样中往复移动探头，或者取分散样品进行测定。对于分散样品，容器能密封以隔绝空气并带有搅拌器。将样品充满容器至溢出，密闭后进行测量。调整搅拌速度，使读数达到平衡后保持稳定，不得夹带空气。

4. 结果计算

1) 溶解氧的质量浓度

当溶解氧仪能自动进行温度及压力补偿时，溶解氧的质量浓度从显示器上直接读取，以每升水中氧的毫克数表示。

2）温度校正

当仪器不具备温度补偿功能时，测量样品与仪器校准期间温度不同时，需要对仪器读数进行校正。

$$\rho(O) = \rho'(O) \times \frac{\rho(O)_m}{\rho(O)_C}$$

式中，$\rho(O)$——实测溶解氧的质量浓度，mg/L；

$\rho'(O)$——溶解氧的表观质量浓度（仪器读数），mg/L；

$\rho(O)_m$——测量温度下氧的溶解度，mg/L；

$\rho(O)_C$——校准温度下氧的溶解度，mg/L。

例如：校准温度为 25℃时氧的溶解度为 8.3mg/L，测量温度为 10℃时氧的溶解度为 11.3mg/L，测量时仪器的读数为 7.0mg/L，则 10℃时实测溶解氧的质量浓度为

$$\rho(O) = 7.0 \times 11.3 / 8.3 \approx 9.5 \text{mg}/\text{L}$$

上式中的 $\rho(O)_m$ 和 $\rho(O)_C$ 值，可由表 6.6 中查得。

表 6.6　氧的溶解度与水温和含盐量的关系

温度/℃	在标准大气压（101.325kPa）下氧的溶解度/(mg/L)	水中含盐量每增加 1g/kg 时，溶解氧的修正值 $[\Delta\rho(O)_s]/[(mg/L)/(g/kg)]$	温度/℃	在标准大气压（101.325kPa）下氧的溶解度/(mg/L)	水中含盐量每增加 1g/kg 时，溶解氧的修正值 $[\Delta\rho(O)_s]/[(mg/L)/(g/kg)]$
0	14.62	0.0875	21	8.91	0.0464
1	14.22	0.0843	22	8.74	0.0453
2	13.83	0.0818	23	8.58	0.0443
3	13.46	0.0789	24	8.42	0.0432
4	13.11	0.0760	25	8.26	0.0421
5	12.77	0.0739	26	8.11	0.0407
6	12.45	0.0714	27	7.97	0.0400
7	12.14	0.0693	28	7.83	0.0389
8	11.84	0.0671	29	7.69	0.0382
9	11.56	0.0650	30	7.56	0.0371
10	11.29	0.0632	31	7.43	
11	11.03	0.0614	32	7.30	
12	10.78	0.0593	33	7.18	
13	10.54	0.0582	34	7.07	
14	10.31	0.0561	35	6.95	
15	10.08	0.0545	36	6.84	
16	9.87	0.0532	37	6.73	
17	9.66	0.0514	38	6.63	
18	9.47	0.0500	39	6.53	
19	9.28	0.0489	40	6.43	
20	9.09	0.0475			

3) 气压校正

当仪器不具备压力补偿功能时，气压为 p 时水中溶解氧的浓度可由下式求出：

$$\rho(O) = \rho'(O)_S \times \frac{p - p_w}{101.325 - p_w}$$

式中，$\rho(O)$——温度为 t、大气压强为 p(kPa)时，水中氧的质量浓度，mg/L；

$\rho'(O)_S$——仪器默认大气压强为 101.325kPa，温度为 t 时，仪器的读数，mg/L；

p_w——温度为 t 时，饱和水蒸气的压力，kPa。

温度为 t 时，大气压强范围在 50.5k～110.5kPa(间隔为 5kPa)、温度范围在 0～40℃(间隔为 1℃)，水中氧的溶解度可由标准 HJ 506—2009，即附录表 A.2 查得。

(三)常见问题分析及注意事项

1. 常见问题及原因分析

常见问题分析及排除如表 6.7 所示。

表 6.7 常见问题分析及排除

常见问题	原因分析及排除
电极响应慢	电极表面被污染或者电极内部的电解质液体失效，需清洗电极表面或更换电解质液体
读数偏高且无法下降	通常为薄膜有微型小孔所致，此时应更换薄膜
测量示值不稳定	样品流速小、温度补偿元件出现问题或接触不良，适当增大样品流速(与校准时一致)或者更换温度补偿元件

2. 注意事项

(1)禁止用手直接接触薄膜的活性表面。

(2)在更换电解质和膜之后，或当膜干燥时，都要使膜湿润，只有在读数稳定后，才能进行校准。所需时间取决于电解质中溶解氧消耗所需的时间。

(3)当将电极浸入样品进行测定时，应保证没有空气泡滞留在膜上。

(4)进行样品测定时，应水平轻度搅拌(保持探头始终浸没在水样中)，以防止与膜接触的瞬间将该部位样品中的溶解氧耗尽，而出现虚假的读数。还应保证样品的流速不致使读数发生波动，可参考仪器说明书进行调节。

(5)不使用电极时，应将电极储藏于煮沸冷却后的蒸馏水中，切忌将电极浸入亚硫酸钠溶液中，一旦上述溶液渗透到电极腔体内，会使电极性能恶化。

(6)新仪器投入使用前、更换电极或电解液后，应检查仪器的线性，一般每隔 2 个月进行一次线性检查。

(7)测量不同样品前应先用去离子水清洗电极，用滤纸轻轻擦干后再进行测定。

(8)测定时，电极浸入样品后应停留足够时间，待电极与待测水样温度一致并且读数稳定后，再进行读数。热平衡一般需要几分钟，环境与样品的温差越大，需要的时间越长。

第七节　悬浮物分析解析

一、基本原理

1. 悬浮物的定义

悬浮物指悬浮在水中的固体物质，包括不溶于水中的无机物、有机物及泥砂、黏土、微生物等。水中悬浮物是造成水浑浊的主要原因，其含量是衡量水体污染程度的指标之一。水体中有机悬浮物沉积后易厌氧发酵，使水体恶化。

2. 悬浮物的测定方法原理

《水质　悬浮物的测定　重量法》(GB11901—89)指出，水质中的悬浮物是指水样通过孔径为0.45μm的滤膜，截留在滤膜上并于103～105℃烘干至恒重的固体物质。

二、分析步骤

1. 样品采集及保存

样品采集过程中所用的聚乙烯瓶或玻璃瓶要用洗涤剂洗净，再依次用自来水和蒸馏水冲洗干净。在采样前，再用待采集的水样清洗三次。

按照《污水监测技术规范》(HJ/T91.1—2019)进行样品采集和保存。采集具有代表性的水样500～1000mL。

注意：①在现场采集的悬浮物样品必须在充分振摇的情况下迅速倾入样品容器中；②漂浮或浸没的不均匀固体物质不属于悬浮物质，应从水样中除去；③贮存水样时不能加入任何保护剂，以防止破坏物质在固、液间的分配平衡。

2. 滤膜准备

用扁嘴无齿镊子夹取微孔滤膜放入称量瓶里，移入烘箱中，于103～105℃烘干半小时后取出，置于干燥器内冷却至室温，称其质量。反复烘干、冷却、称量，直至两次称量的质量差≤0.2mg。将恒重的微孔滤膜放在滤膜过滤器上，加盖配套漏斗，用夹子固定好。以蒸馏水湿润滤膜，并不断吸滤。

3. 抽滤

量取充分混合均匀的试样适量(根据悬浮物含量，体积可在50～1000mL)，进行过滤，使水分全部通过滤膜。再以10mL蒸馏水连续洗涤三次，继续吸滤除去痕量水分。

4. 烘干

取出滤膜放在恒重的称量瓶里,移入烘箱中,于 103~105℃下烘干 1h 后移入干燥器中,冷却至室温,称其质量。反复烘干、冷却、称量。直至两次称量差≤0.4mg 为止。

5. 数据处理

水中悬浮物浓度如下:

$$C = \frac{A-B}{V} \times 10^6$$

式中,C——水中悬浮物浓度,mg/L;
A——悬浮物+滤膜+称量瓶的总质量,g;
B——滤膜+称量瓶的总质量,g;
V——试样体积,mL。

三、常见问题分析及注意事项

1. 抽滤

如果滤膜上悬浮物过多,所需干燥时间会延长,同时造成过滤困难,遇此情况,可酌情少取试样。如果滤膜上悬浮物过少,会增大称量误差,影响测定精度,可增大试样体积。一般以 5~100mg 悬浮物量作为取样体积适用范围。

测定悬浮物的水样必须是新鲜水样,避免沉积或凝聚。水样一旦发生沉积或凝聚,会影响测定的准确性。因此,在采集悬浮物样品时,样品必须经充分振动、摇匀后再迅速倒入样品容器中,且悬浮物水样要单独定容采样,并全部用于分析测试,避免分装采样和采混合样。采样后尽快完成测试,避免存放时间过长。

2. 冲洗

冲洗沉淀每次用水 5~10mL,洗涤 2~3 次为宜。冲洗沉淀是为了最大限度减少滤膜上吸附的盐分,以免影响结果。如果样品中含有油脂,可用 10mL 石油醚两次淋洗残留物。

3. 烘干

由于本方法允许结晶水和部分附着水的存在,只要前后两次称重差小于 0.4mg 即恒重,但烘干的温度应严格控制在 103~105℃,且每次烘干滤膜的时间应控制一致,称量瓶瓶塞磨口应严密,防止在称量、冷却过程中由于瓶塞不严二次吸附水分,使测定结果不平行,造成较大误差。过滤样品后的滤膜放入称量瓶中,称量瓶盖应留有一定缝隙(图 6.11),使水蒸气能够跑出即可,烘干时间不能过长,否则滤膜容易烧焦,滤膜的质量也发生变化,试样的烘干时间要严格控制,可以一次烘干 2h,盖好瓶塞放于干燥器中冷却 30min,再继续烘干 1h,直至恒重为止。当干燥器内硅胶小球颜色变浅时,需要在烘箱里烘干后再使用。由于南方湿度较大,从烘箱内取出时,应直接放入干燥器,应戴防静电的棉手套。

图6.11 称量瓶开口大小(左)、样品存于干燥器(右)

4. 称量

称量前,电子天平应放置在水平、坚固、稳定、无震动的台面上,不受阳光直射,保证恒定温度、湿度,无气流干扰,并且称量前电子天平应预热180min以上,并查看水平气泡是否在水平中央(图6.12),再用校准砝码校准,每一次称量应确定达到稳定数值。称量前后必须查看天平的零点。另外要严格控制称量时间,如果空气中温度变化较大,滤膜上的悬浮物容易吸收空气中的水分,如果前后放置时间不一致,就很难达到恒重。每次称量用同一台天平,以减小天平带来的误差。

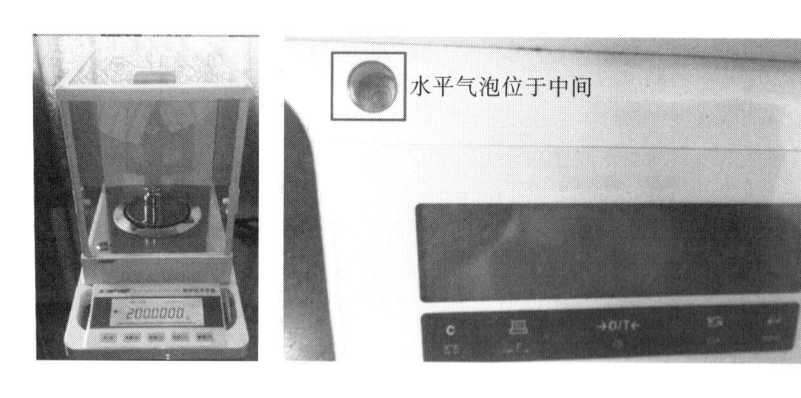

图6.12 天平放置和水平气泡位置

5. 实验中常见问题及原因分析

实验中常见问题及原因分析如表6.8所示。

表 6.8 常见问题及原因分析

常见问题	原因分析及排除
悬浮物难恒重，有时过滤后质量比过滤前还低	1.房间温湿度每次称量前后是否控制一致； 2.取样是否具有代表性，是否挑出可见大颗粒悬浮物； 3.冷却时间及称量时间是否控制，一般冷却为 30min，精准地控制时间，避免样品吸收空气中的水分； 4.加热取出是否及时放在干燥器中，干燥器中变色硅胶是否有定期更换(变色不可用)； 5.使用前滤膜是否进行恒重； 6.使用过程中，滤膜是否有损坏； 7.使用前天平是否进行校准和水平调试称量前后是否使用同一台天平，避免不同仪器带来的测定误差； 8.水样是否过于干净，分析时取样不足，导致结果误差过大，最后滤膜截留质量一般为 5～100mg

第八节 化学需氧量

方法参考《水质 化学需氧量的测定 重铬酸盐法》(HJ 828—2017)。

一、基本原理

1. 定义

在一定条件下，用强氧化剂处理水样时所消耗氧化剂的量，氧的浓度以 mg/L 来表示。在本标准中指的是，经重铬酸钾氧化处理时，水样中的溶解性物质和悬浮物所消耗的重铬酸钾相对应的氧的质量浓度，以 mg/L 表示。

2. 原理

在水样中加入已知量的重铬酸钾溶液，并在强酸介质下以银盐作催化剂，经沸腾回流后，以试亚铁灵为指示剂，用硫酸亚铁铵滴定水样中未被还原的重铬酸钾，由消耗的重铬酸钾的量计算出消耗氧的质量浓度(图 6.13)。

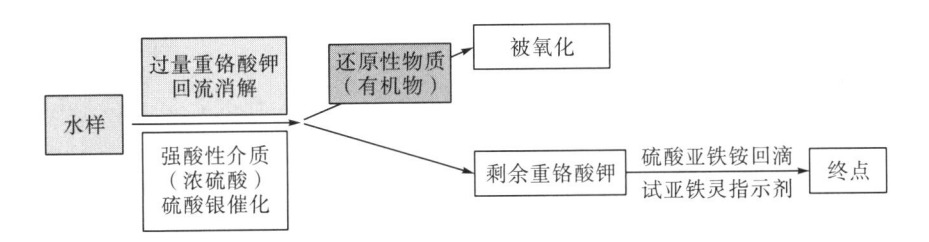

图 6.13 重铬酸钾法测定 COD 的原理图

化学需氧量反映了水中受还原性物质污染的程度。水中还原性物质包括有机物、亚硝酸盐、亚铁盐、硫化物等。化学需氧量作为有机物相对含量的指标之一，只能反映能被氧化的有机物污染，不能反映多氯联苯、二噁英类等不易被氧化有机物的污染状况。

3. 干扰及消除

酸性重铬酸钾氧化性很强，可氧化大部分有机物，加入硫酸银作催化剂时，直链脂肪族化合物可完全被氧化，而芳香族有机物却不易被氧化，吡啶不被氧化，挥发性直链脂肪族化合物、苯等有机物存在于蒸气相，不能与氧化剂液体接触，氧化不明显。氯离子能被重铬酸钾氧化，并且能与硫酸银作用产生沉淀，影响测定结果，故在回流前向水样中加入硫酸汞，使成为络合物以消除干扰。氯离子含量高于 1000mg/L 的样品应先作稀释，使含量降低至 1000mg/L 以下，再行测定。

4. 适用范围

本方法不适用于氯化物浓度大于 1000mg/L 水中化学需氧量的测定。当取样体积为 10.0mL 时，本方法的检出限为 4mg/L，测定下限为 16mg/L。未经稀释的水样测定上限为 700mg/L。

二、分析步骤

1. 仪器设备

(1) 回流装置：250mL 磨口锥形瓶的全玻璃回流装置，或其他等效冷凝回流装置（图 6.14）。
(2) 加热装置：电炉或其他等效消解装置。
(3) 分析天平：感量为 0.0001g。
(4) 酸式滴定管：50mL。

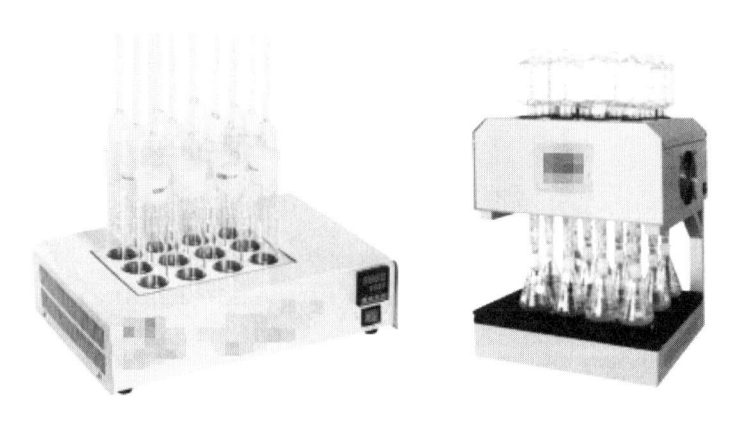

图 6.14 重铬酸钾法测定 COD 的回流装置

2. 试剂

(1) 重铬酸钾标准溶液($1/6K_2Cr_2O_7=0.2500mol/L$)：称取预先在 120℃烘干 2h 的基准或优级纯重铬酸钾 12.258g 溶于水中，移入 1000mL 容量瓶，稀释至标线，摇匀。

(2) 试亚铁灵指示剂：称取 1.458g 一水合邻菲罗啉($C_{12}H_8N_2·H_2O$, 1, 10-phenanthroline)，0.695g 七水合硫酸亚铁($FeSO_4·7H_2O$)溶于水中，稀释至 100mL，贮于棕色瓶内。

(3) 硫酸亚铁铵标准溶液，$c[(NH_4)2Fe(SO_4)_2·6H_2O]≈0.05000mol/L$：称取 19.5g 六水合硫酸亚铁铵溶解于水中，加入 10mL 浓硫酸，待溶液冷却后稀释至 1000mL。每日临用前，必须对本次使用的硫酸亚铁铵溶液用重铬酸钾标准溶液进行标定（选用 $c=0.2500mol/L$ 的重铬酸钾标准溶液），且标定必须做平行双样。

标定方法：准确移取 5.00mL 重铬酸钾标准溶液于 250mL 锥形瓶中，用水稀释至约 50mL，缓慢加入 15mL 浓硫酸，混匀。冷却后加入 3 滴试亚铁灵指示剂，用硫酸亚铁铵溶液滴定，溶液的颜色由黄色经蓝绿色变为红褐色即为终点，记录硫酸亚铁铵溶液的消耗量 V(mL)。硫酸亚铁铵标准溶液浓度按下式计算：

$$C=\frac{5.00\times C_1}{V}$$

式中，C——硫酸亚铁铵标准溶液的浓度，mol/L；

C_1——重铬酸钾标准溶液的浓度，mol/L；

V——硫酸亚铁铵标准溶液的用量，mL。

(4) 硫酸-硫酸银溶液：称取 10g 硫酸银加入 1L 硫酸中，放置 1~2 天使之溶解，并摇匀，使用前小心摇动。

(5) 硫酸汞溶液：称取 10g 硫酸汞，溶解于 100mL(1+9)硫酸溶液中[①]，混匀。

3. 测定步骤

1) 粗判水样氯离子浓度

取 10.0mL 待测水样于锥形瓶中，稀释至 20mL，用 NaOH 溶液(10g/L)调至中性（pH 试纸判定即可），加入 1 滴铬酸钾指示剂(50g/L)，用滴管滴加硝酸银溶液(0.141mol/L)，并不断摇匀，直至出现砖红色沉淀，记录滴数，换算成体积，粗略确定水样中氯离子的含量。参照表 6.9 可方便快捷地估算氯离子含量。

表 6.9　氯离子含量与硝酸银消耗滴数粗略换算表

水样取样量/mL	氯离子测试浓度值/(mg/L)			
	滴数：5	滴数：10	滴数：20	滴数：50
2	501	1001	2003	5006
5	200	400	801	2001
10	100	200	400	1001

---

① 水与浓硫酸的体积比为 1∶9。

2) 粗判水样 COD_{Cr} 浓度

当不确定一个水样中 COD_{Cr} 浓度范围时，首先假设样品中 COD_{Cr} 浓度≤50mg/L，取 10.0mL 水样，加入重铬酸钾标准溶液(0.02500mol/L)，按正常测定步骤加入其他相应试剂，摇匀后加热至沸腾数分钟，观察溶液是否变成蓝绿色。若呈蓝绿色，说明样品 COD_{Cr} 浓度>50mg/L，应按照标准规定使用 0.2500mol/L 的重铬酸钾溶液。

3) 取样分析

水样分析测定流程如图 6.15 所示。

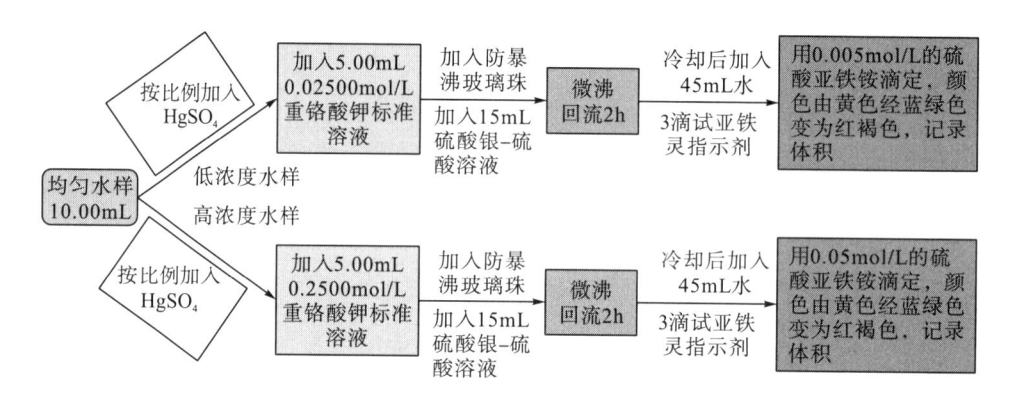

图 6.15 水样分析测定流程

取 10.00mL 混合均匀的水样于消解容器中，依次加入硫酸汞溶液、重铬酸钾标准溶液 5.00mL 和几颗防暴沸玻璃珠，摇匀。硫酸汞溶液按质量比 $m(HgSO_4):m(Cl^-) \geqslant 20:1$ 的比例加入，最大加入量为 2mL。

将装有水样的容器连接到回流装置冷凝管下端，从冷凝管上端缓慢加入 15mL 硫酸银-硫酸溶液，以防止低沸点有机物的溢出，混匀。打开加热装置，自溶液开始沸腾起，保持微沸回流 2h。

回流冷却后，自冷凝管上端加入 45mL 水冲洗冷凝管，取下消解瓶。待溶液冷却至室温后，加入 3 滴试亚铁灵指示剂，用硫酸亚铁铵标准溶液滴定，溶液的颜色由黄色经蓝绿色变为红褐色即为终点(图 6.16)，记录硫酸亚铁铵滴定溶液的消耗体积。

图 6.16 COD 滴定过程中溶液颜色变化

4)空白试验

按水样测定相同步骤，以实验用水代替水样进行试验。

5)结果计算与表示

根据滴定结果按下式进行化学需氧量结果的计算：

$$\text{COD}_{\text{Cr}}(\text{O}_2) = \frac{(V_0 - V_1) \times C \times 8000}{V_2} \times f$$

式中，C——硫酸亚铁铵标准溶液的浓度，mol/L；

V_0——空白试验所消耗硫酸亚铁铵溶液的体积，mL；

V_1——水样测定所消耗硫酸亚铁铵溶液的体积，mL；

V_2——所取水样的体积，mL；

f——样品稀释倍数；

8000——1/4 O_2 的摩尔质量以 mg/L 为单位的换算值。

当 COD_{Cr} 测定结果小于 100mg/L 时保留至整数位；当测定结果大于或等于 100mg/L 时，保留三位有效数字。

4. 质量保证与质量控制

(1)空白试验。每批样品应至少做两个空白试验。

(2)精密度控制。每批样品应做 10%的平行样，若样品数少于 10 个，应至少做 1 个平行样。平行样的相对偏差不超过±10%。

(3)准确度控制。每批样品测定时，应分析一个有证标准样品或质控样品，其测定值应在保证值范围内或达到规定的质量控制要求，确保样品测定结果的准确性。

三、常见问题分析及注意事项

1. 常见问题及原因分析

常见问题分析与排除见表 6.10。

表 6.10 常见问题分析与排除

常见问题	原因分析及排除
水样加入硫酸银后变浑浊	水样含氯离子浓度较高，掩蔽不完全，继续滴加硫酸汞或粗判水样氯离子浓度，按比例加入硫酸汞进行掩蔽，但硫酸汞最大加入量不得超过 2mL
低浓度 COD 滴定时，会出现终点褪色	正常现象，当接近滴定终点时，应尽量放慢滴定速度，达到终点后 30s 内不褪色即为终点
COD 测定中有时消解过后加水变浑浊，加入硫酸汞以后水样变清澈	水样中氯离子掩蔽不完全，与硝酸银反应生成了氯化银沉淀，加入硫酸汞后氯离子被掩蔽；水样在消解前加入过量硫酸汞溶液(不超过 2mL)完全掩蔽氯离子
COD 测定时平行性差	COD 受热不均，排查是否存在暴沸，加热器是否存在问题或移液是否准

续表

常见问题	原因分析及排除
	确
COD水样氯离子浓度过高，干扰过大如何处理	水中存在氯离子干扰，且含量较高，需进行氯离子粗判，若氯离子浓度超过1000mg/L建议换方法，如低于1000mg/L可以通过加入硫酸汞掩蔽，也可在保证稀释后的COD含量高于测定下限的前提下，将氯离子浓度稀释到1000mg/L以下
化学需氧量的标定与空白消耗硫酸亚铁铵的量相差过大	COD空白滴定体积小于标定滴定体积是正常的，如果相差太大，检查空白用水是否被污染，重铬酸钾溶液取用量和浓度是否准确，消解管是否干净

2. 注意事项

(1) 本实验所用试剂硫酸汞为剧毒，实验人员应避免与其直接接触。样品前处理过程应在通风橱中进行。

(2) 对于浑浊及悬浮物较多的水样，要特别注意取样的均匀性，建议用量杯或量筒取样，否则会带来较大的误差。

(3) 如果对水样的浓度范围不太确定，应先对水样COD_{Cr}浓度进行粗略判定，再选择使用何种浓度的重铬酸钾标准溶液。

(4) 测定含氯离子浓度较高的水样时，水样取完后，一定要先加掩蔽剂而后再加其他试剂，次序不能颠倒。若出现沉淀时，说明掩蔽剂使用的量不够，应适当增加掩蔽剂的使用量，但最大加入量不得超过2mL。

(5) 当加入硫酸银-硫酸溶液，样品变绿时，表示样品易降解有机物较多，需选择高浓度重铬酸钾标准溶液(0.2500mol/L)或稀释后测定。

(6) 溶液消解时应保持消解装置均匀加热使溶液缓慢沸腾，但不暴沸，应注意观察。

(7) 水样加热回流后，溶液中的重铬酸钾剩余量应以加入量的1/5~4/5为宜。

(8) 试亚铁灵的加入量应一致，滴定时当溶液的颜色先变为蓝绿色再变到红褐色，溶液保持30s不褪色即达到终点，若几分钟后重现蓝绿色的情况，此时无须补充滴定。因此，在要到达终点时应用力振摇，尽量放慢滴定速度。

(9) 每次实验时，应对硫酸亚铁铵标准滴定溶液进行标定，室温较高时尤其注意其浓度的变化。

(10) 回流冷凝管不能用软质乳胶管，否则容易老化、变形、冷却水不畅通。

(11) 消解结束待冷却滴定时，用手摸消解瓶时不能有温感，否则会使测定结果偏低。

(12) 滴定时不能激烈摇动消解瓶，瓶内试液不能溅出水花，否则影响测定结果。

第九节 五日生化需氧量

方法参考《水质 五日生化需氧量(BOD_5)的测定 稀释与接种法》(HJ 505—2009)。

一、基本原理

1. 基本概念

五日生化需氧量:用水中微生物在一定条件下分解有机物所消耗氧的量,来间接表示水体中有机物的含量。分别测定水样培养前的溶解氧含量和在 20℃±1℃ 培养 5 天后的溶解氧含量,二者之差即为五日生化所消耗氧的量,以 mg/L 表示,即 BOD_5(图 6.17)。BOD_5 是反映水体被有机物污染程度的一个综合指标。

$$有机污染物 \xrightarrow[O_2]{微生物作用} CO_2 + H_2O + NH_3$$

图 6.17 生化需氧量生物化学反应过程

2. 水体发生生物化学过程所需具备的条件

(1) 水体中存在能降解有机物的好氧微生物。对于易降解的有机物,如碳水化合物、脂肪酸、油脂等,一般微生物均能将其降解;而对于硝基或硫酸取代芳烃等难降解物质,则必须进行生物菌种驯化。

(2) 水体中有足够的溶解氧。整个生物降解过程必须在有足够溶解氧的条件下进行。

(3) 水体中有微生物生长所需的无机营养物质,如磷酸盐、钙盐、镁盐和铁盐等。

3. 适用范围

本方法适用于地表水、工业废水和生活污水中 BOD_5 的测定。方法的检出限为 0.5mg/L,测定下限为 2mg/L,非稀释法和非稀释接种法的测定上限为 6mg/L,稀释法与接种稀释法的测定上限为 6000mg/L。

二、分析步骤

1. 仪器设备

(1) 恒温培养箱:可精确控制温度在 20℃±1℃。
(2) 溶解氧(碘量)瓶:250~300mL 楔形磨口,带水封。
(3) 锥形瓶:250mL 楔形磨口。
(4) (5~20L)细口玻璃瓶:盛装并制作稀释水。
(5) 酸式滴定管:25mL。
(6) 移液管:各种规格。
(7) 虹吸管:用于分取水样和添加稀释水用。
(8) 无油空气泵:用于为稀释水充氧。

(9)特制搅拌棒：与量筒相匹配，带有孔橡皮片。
(10) 1000～2000mL 量筒。

2. 药品试剂

(1)磷酸盐缓冲溶液：将 8.5g 磷酸二氢钾(KH_2PO_4)、21.8g 磷酸氢二钾(K_2HPO_4)、33.4g 七水合磷酸氢二钠($Na_2HPO_4 \cdot 7H_2O$)和 1.7g 氯化铵(NH_4Cl)溶于水中，稀释至 1000mL。此溶液的 pH 应为 7.2。

(2)硫酸镁溶液：将 22.5g 七水合硫酸镁($MgSO_4 \cdot 7H_2O$)溶于水中，稀释至 1000mL。

(3)氯化钙溶液：将 27.6g 无水氯化钙($CaCl_2$)溶于水中，稀释至 1000mL。

(4)氯化铁溶液：将 0.25g 六水合氯化铁($FeCl_3 \cdot 6H_2O$)溶于水中，稀释至 1000mL。

(5)亚硫酸钠溶液：将 1.575g 亚硫酸钠(Na_2SO_3)溶于水中，稀释至 1000mL。此溶液不稳定，需现用现配。

(6)葡萄糖-谷氨酸标准溶液：将葡萄糖($C_6H_{12}O_6$，优级纯)和谷氨酸(HOOC-CH_2-CH_2-$CHNH_2$-COOH，优级纯)在 130℃下干燥 1h，各称取 150mg 溶于水中，在 1000mL 容量瓶中稀释至标线。此溶液的 BOD_5 为 210mg/L±20mg/L，现用现配。该溶液也可少量冷冻保存，融化后立刻使用。

(7)硫酸锰溶液：称取 340g 无水二价硫酸锰($MnSO_4$)溶于水中，过滤后稀释至 1L。

(8)碱性碘化钾溶液：将 35g 氢氧化钠(NaOH)和 30g 碘化钾(KI)溶解于约 50mL 水中，稀释至 100mL。

(9)碘酸钾标准溶液：$c(1/6KIO_3)$=10mmol/L。称取于 180℃干燥后的碘酸钾 3.567g±0.003g 溶于水中并稀释至 1000mL。再吸取 100mL 上述溶液移入 1000mL 容量瓶中，用水稀释至标线。

(10)硫代硫酸钠标准滴定溶液：$c(Na_2S_2O_3) \approx 10mmol/L$。将 2.5g 五水合硫代硫酸钠溶解于新煮沸并冷却的水中，再加 0.4g 的氢氧化钠(NaOH)，并稀释至 1000mL，贮于深色玻璃瓶中，每日临用时进行标定。标定方法如下：

在锥形瓶中用 100～150mL 的水溶解约 0.5g 的碘化钾或碘化钠，加入 5.00mL 2mol/L 的硫酸溶液，混合均匀，再加入 20.00mL 标准碘酸钾溶液，稀释至约 200mL，立即用硫代硫酸钠滴定溶液进行滴定，当接近滴定终点时，溶液呈浅黄色，加入淀粉指示剂，继续滴定至溶液变为无色，记录硫代硫酸钠滴定溶液的消耗体积，按下式计算：

$$c(Na_2S_2O_3) = \frac{6 \times 20 \times 1.66}{V}$$

式中，V——硫代硫酸钠溶液的消耗量，mL。

3. 稀释水制作

1)接种液

(1)一般生活用水，放置 24h，取上清液。
(2)表层土壤水，取 100g 花园或植物生长土壤，加 1L 水，静置 10min，取上清液。
(3)污水处理厂的出口水。

(4) 含有城市污水的河水或湖水。

2) 一般稀释水

在 5~20L 的玻璃瓶中加入一定量的水，控制水温在 20℃±1℃，用曝气装置至少曝气 1h，使稀释水中的溶解氧达到 8mg/L 以上。使用前每升水中加入上述四种盐溶液各 1.0mL，混匀，于 20℃下保存。在曝气的过程中防止污染，特别是防止带入有机物、金属、氧化物或还原物。

稀释水中氧的质量浓度不能过饱和，稀释水使用前需开口放置 1h，且应在 24h 内使用。剩余的稀释水应弃去。

3) 接种稀释水

根据接种液的来源不同，每升稀释水中加入适量接种液：城市生活污水加 1~10mL，河水或湖水加 10~100mL，表层土壤浸出液加 20~30mL，将接种稀释水存放在 20℃±1℃的环境中，当天配制当天使用。接种稀释水的 pH 为 7.2，BOD_5 应小于 1.5mg/L。

4. 样品预处理

(1) 当水样的 pH 不在 6.5~7.5 时，先用 0.5mol/L 氢氧化钠溶液或 0.5mol/L 盐酸溶液调节 pH 至 6~8。

(2) 样品均质化：含有大量颗粒物、需要较大稀释倍数的样品或经冷冻保存的样品，测定前均需将样品搅拌均匀。

(3) 余氯的去除：若样品中含有少量余氯，一般打开瓶盖放置 1~2h，游离氯即可消失。对在短时间不能消失的余氯，可加入适量亚硫酸钠溶液去除，加入亚硫酸钠溶液的量由下述方法确定。

取已中和好的水样 100mL，加入乙酸溶液 10mL、碘化钾溶液 1mL，混匀，暗处放置 5min。以淀粉作指示剂，用亚硫酸钠溶液滴定析出的碘，由消耗的亚硫酸钠溶液体积计算出水样中应加亚硫酸钠溶液的体积。

5. 确定稀释倍数

1) 地表水

由测得的高锰酸盐指数的数值与一定系数的乘积，得到 BOD_5 的期望值，继而确定稀释倍数。BOD_5 与高锰酸盐指数的系数关系见表 6.11。

表 6.11 地表水中 BOD_5 与高锰酸盐指数的系数关系

高锰酸盐指数/(mg/L)	系数	高锰酸盐指数/(mg/L)	系数
<5	—	10~20	0.4、0.6
5~10	0.2、0.3	>20	0.5、0.7、1.0

2) 工业废水

工业废水的稀释倍数可根据样品的总有机碳(TOC)、高锰酸盐指数(COD_{Mn})或化学需氧量(COD_{Cr})的测定值，结合表 6.12 给出的比值 R 估算出 BOD_5 的期望值，再根据表 6.13

确定稀释倍数。当不能准确地选择稀释倍数时，一个样品做 2～3 个不同的稀释倍数。

表 6.12　BOD$_5$ 的典型比值 R

水样的类型	总有机碳 R (BOD$_5$/TOC)	高锰酸盐指数 R (BOD$_5$/COD$_{Mn}$)	化学需氧量 R (BOD$_5$/COD$_{Cr}$)
未处理的废水	1.2～2.8	1.2～1.5	0.35～0.65
生化处理的废水	0.3～1.0	0.5～1.2	0.20～0.35

由表 6.12 中选择适当的 R 值，按下式估算 BOD$_5$ 的期望值：

$$\rho = R \cdot Y$$

式中，ρ——五日生化需氧量的期望值，mg/L；

Y——总有机碳（TOC）、高锰酸盐指数（COD$_{Mn}$）或化学需氧量（COD$_{Cr}$）的值，mg/L。

表 6.13　BOD$_5$ 测定的稀释倍数

BOD$_5$ 的期望值/(mg/L)	稀释倍数	水样类型
6～12	2	河水，生物净化的城市污水
10～30	5	河水，生物净化的城市污水
20～60	10	生物净化的城市污水
40～120	20	澄清的城市污水或轻度污染的工业废水
100～300	50	轻度污染的工业废水或原城市污水
200～600	100	轻度污染的工业废水或原城市污水
400～1200	200	重度污染的工业废水或原城市污水
1000～3000	500	重度污染的工业废水
2000～6000	1000	重度污染的工业废水

6. 取样测定

BOD$_5$ 分析测定分为四种情况：非稀释法、非稀释接种法、稀释法、稀释接种法。

(1) 若样品中 BOD$_5$ 的质量浓度小于 6mg/L 时：有足够的微生物，采用非稀释法测定；无足够的微生物，采用非稀释接种法测定。

(2) 若样品中 BOD$_5$ 的质量浓度大于 6mg/L 时：有足够的微生物，采用稀释法测定；无足够的微生物，采用稀释接种法测定。

1) 不经稀释水样的测定

溶解氧含量较高、有机物含量较少的地表水，较干净的污水处理厂出水，可不经稀释而直接测定。以虹吸法将约 20℃ 的混匀水样转移至两个溶解氧瓶内，转移过程中应注意不产生气泡。以同样的操作使两个溶解氧瓶充满水样后溢出少许，加塞。瓶内应不留气泡。

其中一瓶水样随即测定溶解氧，另一瓶水样的瓶口水封后，放入培养箱中，于 20℃±1℃ 下培养 5d±4h。在培养过程中注意添加封口水。

从开始放入培养箱算起，经过 5d±4h 后，弃去封口水，测定瓶内剩余溶解氧含量。

2) 需经稀释水样的测定

(1) 一般稀释法。按照估算得到 BOD₅ 的期望值选定的稀释倍数，用虹吸法沿筒壁先引入少量稀释水(或接种稀释水)于 2000mL 量筒中，引入所需均匀水样，再引入稀释水(或接种稀释水)至 1000mL，用特制搅拌棒小心上下搅匀。搅拌时勿使搅拌棒的胶板露出水面，以防产生气泡。按上述操作步骤，测定培养前后的溶解氧含量。

(2) 直接稀释法。直接稀释法是在溶解氧瓶内直接稀释。在两个容积一样(基差<1mL)的溶解氧瓶内，用虹吸法引入少量稀释水(或接种稀释水)，再引入根据瓶容积和稀释比例计算出来的水样量，然后引入稀释水(或接种稀释水)使瓶刚好充满，加塞，勿留气泡于瓶内。用上述相同操作步骤，测定培养前后的溶解氧含量。稀释法测定 BOD₅ 流程见图 6.18。

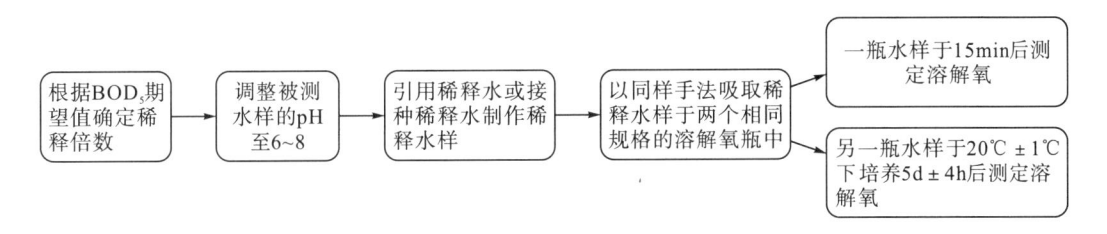

图 6.18 稀释法测定 BOD₅ 流程

3) 空白试验

另取两个溶解氧瓶引入稀释水或接种稀释水，按样品测定步骤作为空白参照。

7. 溶解氧的测定

溶解氧的测定与计算同本章第六节，二选其一。

8. 结果计算与表示

1) 未经稀释测定的水样

(1) 非稀释法。非稀释法按下式计算样品 BOD₅ 的测定结果：

$$\rho = \rho_1 - \rho_2$$

式中，ρ ——五日生化需氧量质量浓度，mg/L；

ρ_1 ——水样在培养前的溶解氧质量浓度，mg/L；

ρ_2 ——水样在培养后的溶解氧质量浓度，mg/L。

(2) 非稀释接种法。非稀释接种法按下式计算样品 BOD₅ 的测定结果：

$$\rho = (\rho_1 - \rho_2) - (\rho_3 - \rho_4)$$

式中，ρ ——五日生化需氧量质量浓度，mg/L；

ρ_1 ——接种水样在培养前的溶解氧质量浓度，mg/L；

ρ_2 ——接种水样在培养后的溶解氧质量浓度，mg/L；

ρ_3 ——空白样在培养前的溶解氧质量浓度，mg/L；

ρ_4 ——空白样在培养后的溶解氧质量浓度，mg/L。

2)经稀释后测定的水样

稀释法与稀释接种法按下式计算样品BOD₅的测定结果：

$$\rho = \left[(\rho_1 - \rho_2) - (\rho_3 - \rho_4)f_1\right] / f_2$$

式中，ρ——五日生化需氧量质量浓度，mg/L；

ρ_1——接种稀释水样在培养前的溶解氧质量浓度，mg/L；

ρ_2——接种稀释水样在培养后的溶解氧质量浓度，mg/L；

ρ_3——空白样在培养前的溶解氧质量浓度，mg/L；

ρ_4——空白样在培养后的溶解氧质量浓度，mg/L；

f_1——接种稀释水或稀释水在培养液中所占的比例；

f_2——原样品在培养液中所占的比例。

3)结果表示

BOD₅测定结果以氧气的质量浓度(mg/L)报出，对稀释接种法，如果有几个稀释倍数的结果满足要求，结果取这些稀释倍数结果的平均值。结果小于100mg/L，保留一位小数；结果介于100~1000mg/L，取整数位；结果大于1000mg/L以科学记数法报出。

9. 质量保证与质量控制

(1)空白试样：每一批样品做两个分析空白试样，稀释法空白试样的测定结果不能超过0.5mg/L，非稀释接种法和稀释接种法空白试样的测定结果不能超过1.5mg/L，否则应检查可能的污染来源。

(2)接种液、稀释水质量的检查方法：取20mL葡萄糖-谷氨酸标准溶液于稀释容器中，用接种稀释水稀释至1000mL，测定BOD₅，结果应在180~230mg/L范围内，否则应检查接种液、稀释水的质量。

(3)精密度控制：每一批样品至少做一组平行样，计算相对百分偏差(RP)。当BOD₅小于3mg/L时，RP值应在±15%；当BOD₅为3~100mg/L时，RP值应在±20%；当BOD₅大于100mg/L时，RP值应在±25%。

三、常见问题分析及注意事项

1. 常见问题及原因分析

常见问题分析及排除见表6.14。

表6.14 常见问题分析及排除

常见问题	原因分析及排除
BOD₅结果平行性差	1.溶解氧瓶使用前是否被污染； 2.取样时，是否有气泡产生； 3.培养过程中是否一直保持水封； 4.观察培养过程中是否有气泡出现，有气泡存在会引起偏差； 5.环境温度是否控制在标准要求内；

续表

常见问题	原因分析及排除
BOD$_5$结果平行性差	6.稀释倍数的确定是否准确; 7.稀释水是否充氧
进水悬浮污泥过多,若过滤或沉淀对BOD$_5$真实值的测定是否有影响	过滤或沉淀会造成取样不具代表性,使结果偏低,BOD$_5$测定应取混匀样
夏季BOD$_5$稀释水溶解氧难饱和	溶解氧的高低受水体温度影响很大,稀释水制作时应控制水温在20℃左右(1个标准大气压,饱和溶解氧为9.09mg/L,27℃降到7.97mg/L),于阴凉处放置,若溶解氧仍达不到要求,可适当增加曝气时间

2. 注意事项

(1)样品稀释时按选定的稀释比例,在1000mL量筒内引入部分稀释水,加入需要量的混匀水样,再引入稀释水(或接种稀释水)至稀释定容体积。

(2)玻璃器皿应彻底洗净。先用洗涤剂浸泡清洗,然后用稀盐酸浸泡,最后依次用自来水、蒸馏水洗净。

(3)样品稀释搅拌时胶板不要露出水面,防止产生气泡。

(4)水样pH应在6.5～7.5范围内,若超出可用盐酸或氢氧化钠调节pH近7。

(5)水样在采集和保存及操作过程中不要出现气泡。

(6)水样稀释倍数超过100倍时,要预先在容量瓶中用蒸馏水稀释,再取适量进行稀释培养。

(7)检查稀释水和接种液的质量和化验人员的水平,可将20mL葡萄糖-谷氨酸标液用稀释水稀至1000mL,按BOD$_5$的步骤操作,测得的值应在180～230mg/L,否则,应找出原因所在。

(8)在培养过程中注意保持水封,及时添加封口水,还应避光,防止藻类生长影响测定结果。

(9)从水温较高的水域或废水排放口取得的水样,应迅速使其冷却至20℃左右,并充分振荡,使与空气中氧分压接近平衡。

(10)在两个或三个稀释比的样品中,凡消耗溶解氧大于2mg/L和剩余溶解氧大于2mg/L,计算结果时,应取其平均值。若剩余的溶解氧小于2mg/L,甚至为零时,应加大稀释比。溶解氧消耗量小于2mg/L,有两种可能,一种是稀释倍数过大;另一种可能是微生物菌种不适应,活性差,或含毒物质浓度过大。这时可能出现在几个稀释比中,稀释倍数较大的消耗溶解氧反而较多的现象。

(11)水中有机物的生物氧化过程,可分为两个阶段。第一阶段为有机物中的碳和氢,氧化生成二氧化碳和水,此阶段称为碳化阶段。完成碳化阶段在20℃大约需20d。第二阶段为含氮物质及部分氨,氧化为亚硝酸盐及硝酸盐,称为硝化阶段。完成硝化阶段在20℃时需要约100d。因此,一般测定水样BOD$_5$时,硝化作用很不显著或根本不发生硝化作用。但对于生物处理池的出水,因其中含有大量硝化细菌,因此,在测定BOD$_5$时也包括了部分含氮化合物的需氧量。对于这样的水样,如果我们只需要测定有机物降解的需氧量,可以加入硝化抑制剂,抑制硝化过程。为此,可在每升稀释水样中加入2mL浓度为1g/L

的丙烯基硫脲。

（12）水样稀释倍数超过 100 倍时，应预先在容量瓶中用水初步稀释后，再取适量进行最后的稀释培养。

第十节　氮（氨氮、总氮）

氮是蛋白质、核酸、酶、维生素等有机物中的重要组分。纯净天然水体中的含氮物质是很少的，水体中含氮物质的主要来源是生活污水和某些工业废水。水中的氮主要以氨氮、硝酸盐氮、亚硝酸盐氮和有机态氮几种形式存在。有机态氮通过氧化和微生物活动可转化为氨氮，氨氮在好氧情况下又可被硝化细菌氧化成亚硝酸盐氮和硝酸盐氮。亚硝酸盐氮是氨硝化过程的中间产物，水中亚硝酸盐含量高，说明有机物的无机化过程尚未完成，污染危害仍然存在。硝酸盐氮是含氮有机物氧化分解的最终产物。污水中的氮有四种形态：氨氮、有机态氮、亚硝酸盐氮、硝酸盐氮，四者合称总氮（TN）。

理论上：总氮=氨氮+硝酸盐氮+亚硝酸盐氮+有机态氮

氨氮+硝酸盐氮+亚硝酸盐氮≤总氮

总氮与氨氮、硝酸盐氮、亚硝酸盐氮、有机态氮的关系如图 6.19 所示。

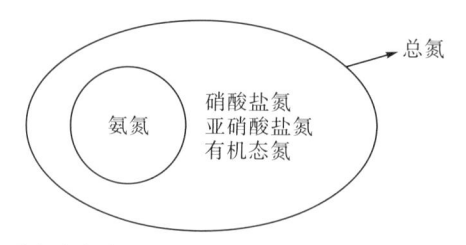

图 6.19　总氮与氨氮、硝酸盐氮、亚硝酸盐氮、有机态氮的关系图

水中各种形态的氮化合物组成，有助于评价水体被污染和"自净"的状况，如表 6.15 所示。

表 6.15　自净状态图

序号	氨氮	亚硝酸盐	硝酸盐	水体状况
1	●	—	—	表示水体新近被污染
2	●	●	—	水体新近被污染，氧化在进行中
3	●	●	●	水体以前被污染，氧化自净后，仍有新污染
4	—	●	●	水体中污染物已完成氧化，趋向自净
5	●	—	●	以前污染物已完成氧化和自净，现有新污染
6	—	●	—	以前污染物已完成氧化，但未自净，或有还原发生
7	—	—	●	水体中污染物已全部氧化，并自净完成
8	—	—	—	清洁水体

注："●"表示水体中有该污染物；"—"表示水体中没有污染物。

一、氨氮的测定

(一) 基本原理

氨和铵中的氮称为氨氮(简称 NH_3-N)。以氨(NH_3)或铵离子(NH_4^+)形式存在于水中,两者组成取决于水的 pH 和温度,pH 和温度偏高,氨(NH_3)的比例偏高。

$$NH_3 + H^+ \rightleftharpoons NH_4^+$$

水中氨氮的含量在一定程度上反映了含氨有机物的污染情况。在污水综合排放标准和地表水环境质量标准中,氨氮都是重要的监测指标。

根据《水质 氨氮的测定 纳氏试剂分光光度法》(HJ 535—2009),氨氮的测定原理是以游离态的氨或铵离子等形式存在的氨氮与纳氏试剂反应生成淡红棕色络合物,该络合物的吸光度与氨氮含量成正比,于波长 420nm 处测量吸光度。

氨氮与纳氏试剂反应生成棕色胶态化合物,如下反应:

$$2K_2[HgI_4] + 3KOH + NH_3 = [Hg_2O \cdot NH_2]I + 2H_2O + 7KI$$

(二) 分析步骤

1. 仪器设备

(1) 可见分光光度计:具 20mm(10mm)比色皿。
(2) 全自动蒸馏仪,见图 6.20。

图 6.20 全自动蒸馏仪

2. 药品试剂

(1) 纳氏试剂,可选择下列一种方法配制。

① 氯化汞-碘化钾-氢氧化钾($HgCl_2$-KI-KOH)溶液。

称取 15.0g 氢氧化钾(KOH),溶于 50mL 水中,冷却至室温。

称取 5.0g 碘化钾(KI),溶于 10mL 水中,在搅拌下,将 2.50g 氯化汞($HgCl_2$)粉末分多次加入碘化钾溶液中,直到溶液呈深黄色或出现淡红色沉淀溶解缓慢时,充分搅拌混合,并改为滴加氯化汞饱和溶液,当出现少量朱红色沉淀不再溶解时,停止滴加。

在搅拌下,将冷却的氢氧化钾溶液缓慢地加入上述氯化汞和碘化钾的混合液中,并稀释至100mL,于暗处静置24h,倾出上清液,贮于聚乙烯瓶内,用橡皮塞或聚乙烯盖子盖紧,存放于暗处,可稳定1个月。

②碘化汞-碘化钾-氢氧化钠(HgI_2-KI-NaOH)溶液。

称取16.0g氢氧化钠(NaOH),溶于50mL水中,冷却至室温。

称取7.0g碘化钾(KI)和10.0g碘化汞(HgI_2),溶于水中,然后将此溶液在搅拌下,缓慢加入上述50mL氢氧化钠溶液中,用水稀释至100mL。贮于聚乙烯瓶内,用橡皮塞或聚乙烯盖子盖紧,于暗处存放,有效期1年。

(2)酒石酸钾钠溶液,ρ=500g/L。

称取50.0g四水合酒石酸钾钠($KNaC_4H_6O_6·4H_2O$)溶于100mL水中,加热煮沸以驱除氨,充分冷却后稀释至100mL。

(3)硫酸锌溶液,ρ=100g/L。

称取10.0g七水合硫酸锌($ZnSO_4·7H_2O$)溶于水中,稀释至100mL。

(4)氢氧化钠溶液,c(NaOH)=1mol/L。

称取4g氢氧化钠溶于水中,稀释至100mL。

3. 校准曲线

在8个50mL比色管中,分别加入0.00mL、0.50mL、1.00mL、2.00mL、4.00mL、6.00mL、8.00mL和10.00mL氨氮标准工作溶液(10mg/L),其所对应的氨氮含量分别为0.0μg、5.0μg、10.0μg、20.0μg、40.0μg、60.0μg、80.0μg和100μg,加水至标线。加入1.0mL酒石酸钾钠溶液,摇匀,再加入1.5mL或1.0mL纳氏试剂,摇匀。放置10min后,在波长420nm下,用20mm比色皿,以水作参比,测量吸光度。以空白校正后的吸光度为纵坐标,以其对应的氨氮含量(μg)为横坐标,绘制校准曲线。

注:根据待测样品的质量浓度也可选用10mm比色皿。

4. 样品的测定

氨氮分析流程见图6.21。

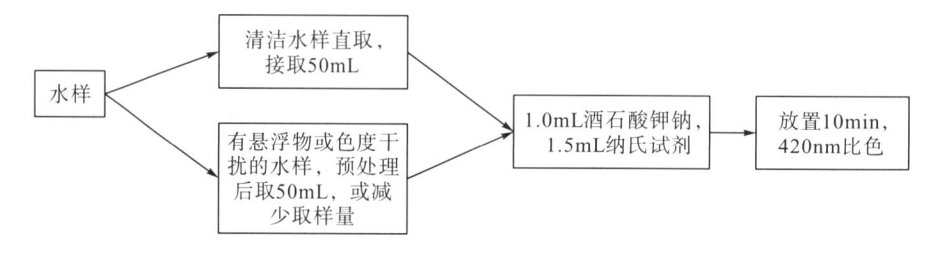

图6.21 氨氮分析流程图

清洁水样：直接取 50mL，按与校准曲线相同的步骤测量吸光度。

有悬浮物或色度干扰的水样：取经预处理的水样 50mL（若水样中氨氮质量浓度超过 2mg/L，可适当少取水样体积），按与校准曲线相同的步骤测量吸光度。

注：经蒸馏或在酸性条件下煮沸方法预处理的水样，须加一定量氢氧化钠溶液，调节水样至中性，用水稀释至 50mL 标线，再按与校准曲线相同的步骤测量吸光度。

5. 空白样品的测定

用水代替水样，按与样品相同的步骤进行前处理和测定。

6. 数据处理

$$\rho_N = \frac{A_s - A_b - a}{b \times V}$$

式中，ρ_N——水样中氨氮的质量浓度（以 N 计），mg/L；

A_s——水样的吸光度；

A_b——空白试验的吸光度；

a——校准曲线的截距；

b——校准曲线的斜率；

V——试料体积，mL。

7. 干扰及消除

(1) 去除余氯：若样品中存在余氯，可加入硫代硫酸钠去除，用淀粉-碘化钾试纸检测余氯是否除尽。

(2) 消除钙镁等金属离子的干扰（出现白色浑浊悬浮物）：显色时加入适量的酒石酸钾钠溶液。

(3) 水样浑浊或有颜色时：用预蒸馏法或絮凝沉淀法处理（图 6.22 和图 6.23）。

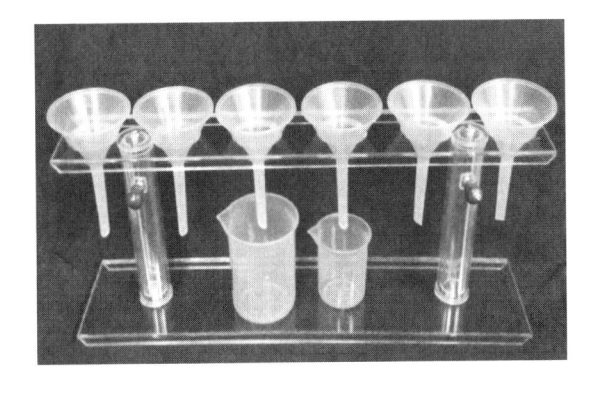

图 6.22　氨氮絮凝沉淀前处理仪器（二选其一）

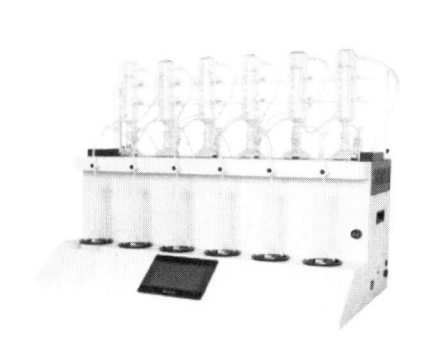

图6.23 氨氮蒸馏法前处理仪器(二选其一)

(三)常见问题分析及注意事项

1. 试剂纯度

纳氏试剂光度法所用试剂主要有酒石酸钾钠、碘化钾、氯化汞、氢氧化钾。根据工作经验发现，影响实验结果的主要是酒石酸钾钠和氯化汞，不合格的酒石酸钾钠会导致实验空白值偏高和引起实际水样浑浊，影响测定。氯化汞为无色结晶体或白色颗粒粉末，变质的氯化汞试剂常见红色粉末夹杂其中，试剂中含有少量红色粉末还可使用，但仍要避免称取含有红色粉末的试剂配制反应试剂，纳氏试剂主要有两种配置方法，其中氯化汞为其中之一的配置试剂，如氯化汞不纯，会造成实验显色不完全，影响测定结果。

2. 试剂的配置

实验室一般使用成品纳氏试剂，但需进行关键耗材的验收。纳氏试剂作为一种关键药品，我们也应掌握其自配方法。根据标准，纳氏试剂有两种配置方法，一种是氯化汞-碘化钾-氢氧化钾溶液，另一种是碘化汞-碘化钾-氢氧化钠溶液，两种方法都是产生$[HgI_4]^{2-}$基团进行显色，但是我们常用第一种方法进行纳氏试剂的配置。该方法配置需要注意的为$HgCl_2$的加入量，此量取决于形成的$[HgI_4]^{2-}$的量，从而影响纳氏试剂光度法的灵敏度。查阅相关资料及实验室配置经验得$HgCl_2$与KI的最佳用量比为0.42∶1(即8.4g $HgCl_2$溶于20g KI溶液)。在配置过程中$HgCl_2$溶解较慢，可以分多次加入，并采用低温加热，加快其溶解，节约反应时间。第一种方法配置较复杂，但是检出限更低，灵敏高，第二种方法检出限高，灵敏度低，虽然配置简单，但空白吸光度比第一种方法高了接近一倍(图6.24)。

图 6.24　纳氏试剂碘化汞法-实验室配置(左)与氯化汞法-市售试剂(右)

3. 空白吸光度偏高

纳氏试剂分光光度法质控要求空白吸光度≤0.030(10mm 比色皿)，若实验室空白吸光度高，主要影响因素有试剂、实验室用水氨含量偏高，以及滤纸中存在一定量的可溶性铵盐。

试剂影响：除了纳氏试剂影响外，酒石酸钾钠在铵盐含量较高的情况下同样会影响空白吸光度。在配置酒石酸钾钠时，仅加热煮沸或加纳氏试剂沉淀不能完全除去氨。此时采用加入少量氢氧化钠溶液，煮沸蒸发掉溶液体积的 20%～30%，冷却后用无氨水稀释至原体积。

实验室用水影响：氨氮实验室用水采用的为无氨水，若空气中氨溶于水或有铵盐通过其他途径进入实验用水中，含量达到方法检测限，此时会导致实验室空白值偏高，所以做氨氮实验要注意每次用完无氨水后应该密闭保存，且避免环境空气中有氨的存在。用现制备的去离子水可以代替无氨水，经实验数据显示，去离子水与无氨水做的实验室空白和曲线斜率差别不大，并且精密度和准确度更高。

滤纸的影响：氨氮测定时水样需要过滤，但是滤纸现在普遍含有一定量的可溶性铵盐，将引起过滤后空白值偏高，所以要做过滤后空白值对照实验，以消除其影响。每张滤纸的可溶性铵盐含量不同，所以通过实验发现采用定性滤纸比定量滤纸的铵盐含量较低，使用前采用无氨水多次淋洗，如发现仍不符合实验要求，可采用将滤纸用 10%稀硫酸浸泡后，再用无氨水多次淋洗至中性，可达到实验要求。

4. 反应时间的影响

实验表明，反应时间在 10min 之前，溶液显色不完全，吸光度随时间的增加而增加；10～30min，颜色较稳定；30～45min，颜色有加深趋势；45～90min，颜色逐渐减退。因此，用纳氏试剂分光光度法测定水中氨氮时，显色时间应控制在 10～30min，并快速进行比色，以达到分析的精密度和准确度。

5. 反应体系中 pH 的影响

由氨氮反应原理可知，OH 浓度影响反应平衡。实验表明，水样 pH 的变化对颜色的强度有明显影响，水样呈中性或碱性，得出的测定结果相对偏差符合分析要求，呈酸性的水样无可比性，所以对于废水样应特别注意 pH 的调节以保证结果的精密度和准确度。有研究表明，pH 太低时显色不完全，pH 过高时溶液会出现浑浊，最好将溶液显色 pH 控制在 12～13。

6. 显色温度

温度影响纳氏试剂与氨氮反应的速度，并显著影响溶液颜色。实验表明，反应温度为 20～25℃时，显色最完全，吸光度较稳定；反应温度为 5～15℃时，显色不完全，吸光度无显著改变；当反应温度达 30℃时，溶液显色不稳定；当反应温度大于 35℃时，溶液开始褪色，吸光度出现明显偏低现象。

7. 水本身干扰

实际水样中除含待测组分外，还含有其他组分，特别是废水样，所含物质较为复杂，因而水样中存在不同程度干扰物质影响氨氮比色测定。对于地表水，干扰物质主要为 Ca^{2+}、Mg^{2+} 等金属离子，一般通过过滤或加掩蔽剂酒石酸钾钠即可消除。在实际工作中，向过滤后的实际水样中加入酒石酸钾钠会出现浑浊现象，从而使水样无法比色测定。当酒石酸钾钠试剂中含有较多 Ca^{2+}、Mg^{2+} 杂质时，与实际水样中的 Ca^{2+}、Mg^{2+} 共同作用下，生成较多量的酒石酸钙或酒石酸镁，从而使过滤水样变浑浊，此时应更换酒石酸钾钠试剂。

8. 絮凝沉淀注意事项

絮凝沉淀后样品必须经过滤纸过滤或离心分离，以免取样时会带入絮状物。因为离心分离比滤纸过滤干扰小，建议使用离心分离，样品絮凝沉淀后转入 100mL 离心管进行离心处理(4000r/min，5min)，取上清液进行分析。为了防止前处理后的溶液再次出现浑浊和氨氮在中性溶液中可能的逃逸损失，絮凝沉淀过滤后的样品应尽快分析。如果出现乳浊液不易沉淀，可加入适量 NaCl 以消除溶液中的乳浊液，待其充分沉淀后，采用过滤的方法对其进行测试。

9. 预蒸馏注意事项

蒸馏过程中，某些有机物很可能与氨同时馏出，对测定有干扰，其中有些物质(如甲醛)可以在酸性条件(pH<1)下煮沸除去。为了防止蒸馏装置漏气，可以拧紧磨口接口处，并加上接口处水封的处理措施。

由于被蒸馏溶液中的氨氮从液相中逃逸主要发生在蒸馏中前期，尤其对于氨氮浓度较高的水样，氨气在水样未沸腾的前期已经从液相中大量逸出，为了保证吸收效率，开始加热一定不能过快，要缓慢升温，否则易造成氨吸收不完全。采用蒸馏法-硼酸吸收液法测定结果有时存在严重偏低情况，可将吸收后的硼酸溶液用 1mol/L 氢氧化钠溶液调 pH 至 7～9(碱性不宜过大，否则待测氨氮可转化为氨气逃逸)后再加入掩蔽剂、纳氏试剂测定。如出现红色沉淀，说明水样的酸碱性没有调节好。实验后蒸馏器一定要清洗干净，向蒸馏烧瓶中加入 350mL 水,加数粒玻璃珠,装好仪器,蒸馏到至少收集 100mL 水,将馏出液及瓶内残留液弃去。

10. 实验中常见问题及原因分析

实验中常见问题及原因分析见表 6.16。

表 6.16 常见问题及原因分析

常见问题	原因分析及排除
测定氨氮时出现白色浑浊悬浮的现象	可以粗测钙镁离子,确定是否为钙镁离子浓度过高,加入适量的酒石酸钾钠来掩蔽
有时候氨氮、总氮的结果不成正比	1.检查总氮消解后是否混匀,消解后冷却至室温,在开塞前先混匀样品,试样消解后自然冷却的过程中,由水样中含氮化合物转化的硝酸盐可能会吸附在试管壁上,从而使总氮的测定值偏低或降低平行样之间的精密度; 2.检查氨氮是否按照标准要求进行前处理,避免水体本身带来的测量误差; 3.检查环境是否为无氨环境,避免引入氨,使结果偏高; 4.药品试剂是否验收合格(总氮的稀释水、氢氧化钠、过硫酸钾,氨氮的稀释水、纳氏试剂); 5.水样来源不一样,并不一定会成正比; 6.氨氮高的水样,分析总氮,消解是否存在漏气
氨氮测定时有乳化浑浊现象	如出现乳化浑浊可以通过加氯化钠消除

二、总氮的测定

(一)基本原理

总氮是指可溶性及悬浮颗粒中的含氮量(通常测定硝酸盐氮、亚硝酸盐氮、无机铵盐、溶解态氨几大部分有机含氮化合物中氮的总和)。

根据《水质 总氮的测定 碱性过硫酸钾消解紫外分光光度法》(HJ 636—2012),总氮的测定原理是在 120~124℃下,碱性过硫酸钾溶液使样品中含氮化合物的氮转化为硝酸盐,采用紫外分光光度法于波长 220nm 和 275nm 处,分别测定吸光度 A_{220} 和 A_{275},按下式计算校正吸光度 A,总氮(以 N 计)含量与校正吸光度 A 成正比。

$$A = A_{220} - 2A_{275}$$

(二)分析步骤

1. 仪器设备

(1)紫外可见分光光度计:具 10mm 石英比色皿。

(2)高压蒸汽灭菌锅:最高工作压力不低于 1.1~1.4kg/cm²;最高工作温度不低于 120~124℃。高压蒸汽灭菌锅当体积等于或大于 30L 时,属于特种设备,操作此类设备需要考取高压特种设备操作证,并且高压蒸汽灭菌锅所用的安全阀和压力表每年需要进行检定,合格后方可使用。高压蒸汽灭菌锅如图 6.25 所示。

图 6.25 高压蒸汽灭菌锅

2. 药品试剂

(1)碱性过(二)硫酸钾溶液。称取 40.0g 过硫酸钾溶于 600mL 水中(可置于 50℃水浴中加热至全部溶解),另称取 15.0g 氢氧化钠溶于 300mL 水中。待氢氧化钠溶液温度冷却至室温后,混合两种溶液定容至 1000mL,存放于聚乙烯瓶中,可保存一周。

注意事项:配制碱性过硫酸钾溶液时,不能将氢氧化钠和过(二)硫酸钾混合后再加水溶解,以防止氢氧化钠放热使溶液温度过高引起局部过(二)硫酸钾失效。

过(二)硫酸钾以及氢氧化钠含氮量应小于 0.0005%,含量测定方法见附录 A。

新购的过(二)硫酸钾及氢氧化钠应开展关键耗材验收,即通过分析实验室空白样品和标准样品,检验实验室空白、标准样品准确度是否达到方法标准要求的过程(图 6.26)。

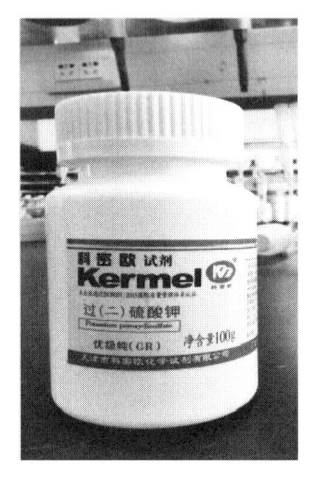

图 6.26 验收合格的氢氧化钠和过(二)硫酸钾

(2)盐酸溶液:1+9,即水与浓盐酸的体积比为 1∶9 的稀释比例。

(3)硝酸钾标准贮备液:$\rho(N)=100mg/L$。称取 0.7218g 硝酸钾溶于适量水中,移至

1000mL 容量瓶中，用水稀释至标线，混匀。加入 1～2mL 三氯甲烷作为保护剂，在 0～10℃暗处保存，可稳定 6 个月。也可直接购买市售有证标准溶液。

标准使用液：量取 10.00mL 硝酸钾标准贮备液至 100mL 容量瓶中，用水稀释至标线，混匀，临用现配。

3. 校准曲线的绘制

分别吸取 0.00mL、0.20mL、0.50mL、1.00mL、3.00mL 和 7.00mL 硝酸钾标准使用液于 25mL 具塞磨口玻璃比色管中，其对应的总氮（以 N 计）含量分别为 0.00μg、2.00μg、5.00μg、10.0μg、30.0μg 和 70.0μg。加水稀释至 10.00mL，再加入 5.00mL 碱性过硫酸钾溶液，塞紧管塞，用纱布和线绳扎紧管塞，以防弹出。将比色管置于高压蒸汽灭菌器中，加热至顶压阀吹气，关阀，继续加热至 120℃开始计时，保持温度在 120～124℃消解 30min。自然冷却，开阀放气，移去外盖，取出比色管冷却至室温，按住管塞将比色管中的液体颠倒混匀 2～3 次。曲线空白及试样空白应有专用比色管。

斜率：使用 1cm 比色皿时一般在 0.010 左右。

截距：一般控制在 0.005 以下。

每个比色管分别加入 1.0mL 盐酸溶液，用水稀释至 25mL 标线，盖塞混匀。使用 10mm 石英比色皿，在紫外分光光度计上，以水作参比，分别于波长 220nm 和 275nm 处测定吸光度。零浓度的校正吸光度 A_b、其他标准系列的校正吸光度 A_s 及其差值 A_r 按下式进行计算。以总氮（以 N 计）含量(μg)为横坐标，对应的 A_r 值为纵坐标，绘制校准曲线。

$$A_b = A_{b220} - 2A_{b275}$$
$$A_s = A_{s220} - 2A_{s275}$$
$$A_r = A_s - A_b$$

式中，A_b——零浓度(空白)溶液的校正吸光度；

A_{b220}——零浓度(空白)溶液于波长 220nm 处的吸光度；

A_{b275}——零浓度(空白)溶液于波长 275nm 处的吸光度；

A_s——标准溶液的校正吸光度；

A_{s220}——标准溶液于波长 220nm 处的吸光度；

A_{s275}——标准溶液于波长 275nm 处的吸光度；

A_r——标准溶液校正吸光度与零浓度(空白)溶液校正吸光度的差。

4. 样品的测定

总氮分析流程见图 6.27。

取水样 10mL（或减少取样量）→ 加入 5.0mL 碱性过硫酸钾 → 于高压蒸汽灭菌锅中，保持温度在 120～124℃消解 30min，自然冷却，无压力后取出冷却 → 颠倒混匀，加入 1.0mL（1+9）HCl，定容，比色

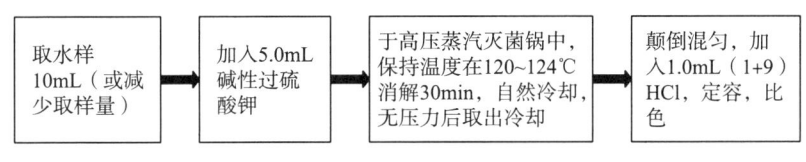

图 6.27　总氮分析流程图

量取 10.00mL 试样于 25mL 具塞磨口玻璃比色管中,按照曲线绘制步骤进行测定。

注:试样中的含氮量超过 70μg 时,可减少取样量并加水稀释至 10.00mL。

5. 空白试验

用 10.00mL 水代替试样,按照曲线绘制步骤进行测定。

6. 数据处理

水样中总氮的质量浓度如下:

$$\rho = \frac{A_s - A_b - a}{b \times V}$$

式中,ρ——水样中总氮(以 N 计)的质量浓度,mg/L;

A_s——水样的吸光度;

A_b——空白试验的吸光度;

a——校准曲线的截距;

b——校准曲线的斜率;

V——试料体积,mL。

7. 干扰及消除

当碘离子含量相对于总氮含量的 2.2 倍以上,溴离子含量相对于总氮含量的 3.4 倍以上时,将对测定产生干扰。

水样中的六价铬离子、三价铁离子和锰离子会对测定产生干扰,可加入 5%盐酸羟胺溶液 1~2mL 以消除干扰。

(三)常见问题分析及注意事项

1. 质量控制

(1)校准曲线的相关系数 $r \geqslant 0.999$。

(2)每批样品应至少做一个空白试验,空白试验的校正吸光度 A_b 应小于 0.030。超过该值时应检查实验用水、试剂(主要是氢氧化钠和过硫酸钾)纯度、器皿和高压蒸汽灭菌锅的污染状况。

(3)每批样品应至少测定 10%的平行双样,当样品数量少于 10 时,应至少测定一个平行双样。当样品总氮含量≤1.00mg/L 时,测定结果相对偏差应≤10%;当样品总氮含量＞1.00mg/L 时,测定结果相对偏差应≤5%。测定结果以平行双样的平均值报出。

(4)每批样品应测定一个校准曲线中间点浓度的标准溶液,其测定结果与校准曲线该点浓度的相对误差应≤10%。否则,需重新绘制校准曲线。

(5)每批样品应至少测定 10%的加标样品,当样品数量少于 10 个时,应至少测定一个加标样品,加标回收率应在 90%~110%。

2. 注意事项

(1) 某些含氮有机物在本标准规定的测定条件下不能完全转化为硝酸盐。

(2) 测定应在无氨的实验室环境中进行,避免环境交叉污染对测定结果产生影响。

(3) 实验所用的器皿和高压蒸汽灭菌锅等均应无氨污染。实验中所用的玻璃器皿应用盐酸溶液或硫酸溶液浸泡,用自来水冲洗后再用无氨水冲洗数次,洗净后立即使用。高压蒸汽灭菌锅应每周清洗。

(4) 在碱性过硫酸钾溶液配制过程中,温度过高会导致过硫酸钾分解失效,因此要控制水浴温度在 60℃以下,而且应待氢氧化钠溶液温度冷却至室温后,再将其与过硫酸钾溶液混合、定容。

(5) 使用高压蒸汽灭菌锅时,应定期检定压力表,并检查橡胶密封圈密封情况,避免因漏气而减压。

(6) 消解后的试样如浑浊影响比色,应进行离心(3500～4000r/min,3～10min)或静置取上清液分析。对泥沙或悬浮物过多的水样,应在消解后离心,悬浮物会影响透光率的散射,造成275nm处吸光度偏高。

(7) 高压蒸汽灭菌锅里面的水应及时更换,每周至少更换一次,以避免在消解过程中发生污染。

(8) 试样从高压蒸汽灭菌锅中取出后,放置冷却时间的长短也会影响测定值,一般在冷却 2h 后加入盐酸测定结果最佳。

3. 实验中常见问题及原因分析

实验中常见问题及原因分析见表 6.17。

表 6.17　常见问题及原因分析

常见问题	原因分析及排除
总氮测定结果不准,与氨氮不成逻辑关系	1.检查总氮消解后是否混匀,消解后冷却至室温,在开塞前先混匀样品,试样消解后自然冷却的过程中,由水样中含氮化合物转化的硝酸盐可能会吸附在试管壁上,从而使总氮的测定值偏低或降低平行样之间的精密度; 2.检查氨氮是否按照标准要求进行,是否需要做前处理; 3.检查检测环境是否为无氨环境,是否存在氨气或氨水等干扰; 4.检查药品试剂是否验收合格(稀释水、氢氧化钠、过硫酸钾); 5.检查水样来源是否一致; 6.检查总氮消解时是否漏气,总氮消解过程中因为压力,比色管管塞可能会出现漏气(建议用螺旋塞比色管); 具塞比色管(左)和螺旋塞比色管(右) 7.试样制备时要将pH调至5～9,水样在pH为5～9的范围内数据的波动较小,在此范围的数据变化无明显规律,但在pH为1的强酸条件、pH为10和12的强碱条件下有大的波动

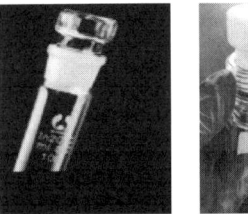

第十一节　总磷的测定

一、基本原理

1. 定义

总磷是包括溶解的、颗粒的有机磷和无机磷。自然界中的磷分为两个来源，分别是从水体内部物质释放出来和从外界进入水体中，一般天然水中磷酸盐含量不高。化肥、冶炼、合成洗涤剂等行业的工业废水及生活污水中常含有较大量的磷。

2. 原理

在中性条件下用过硫酸钾(或硝酸-高氯酸)使试样消解，将所含磷全部氧化为正磷酸盐。一般情况下使用的是过硫酸钾消解。在中性条件下，过硫酸钾溶液在高压蒸汽灭菌锅内经120℃以上加热，产生如下反应：

$$K_2S_2O_8 + H_2O \longrightarrow 2KHSO_4 + \frac{1}{2}O_2\uparrow$$

通过此反应，水中的有机磷、无机磷、悬浮物内的磷被氧化成正磷酸。在酸性介质中，正磷酸与钼酸铵反应，在锑盐存在下生成磷钼杂多酸后，立即被抗坏血酸还原，生成蓝色的络合物，700nm波长下有最大吸光度。

3. 适用范围

本方法适用于地面水、污水和工业废水。

二、分析步骤

1. 仪器设备

1)高压蒸汽灭菌锅

可使用医用高压蒸汽消毒器、一般高压锅或自动高压锅。打开排气阀，当有较多气体冒出后将排气阀关小调节至1格，让少量的气体继续排放。压力锅所用的压力表应定期经有资质的检定机构检定合格后，方可使用。每年联系厂家更换安全阀。如图6.28所示。

2)50mL 具塞比色管

比色管在首次使用前应校准，用50mL经检定合格的大肚移液管移取纯水于干燥洁净的比色管内进行校准。并随时注意管口的密封情况，如有漏液情况需立即更换。所有玻璃器皿均应用稀盐酸或稀硝酸浸泡。

第六章 污水处理厂监测指标的分析方法

图 6.28 高压蒸汽灭菌锅

3) 紫外可见分光光度计

紫外可见分光光度计(图 6.29)，带有厚度为 3cm 的吸收池。测量前提前开机预热 20min。

图 6.29 紫外可见分光光度计

2. 分析步骤

1) 曲线绘制

取 7 支具塞比色管分别加入 0.0mL、0.50mL、1.00mL、3.00mL、5.00mL、10.0mL、15.0mL 磷酸盐标准溶液。定容到 25mL 的刻度线，加入 4mL 过硫酸钾溶液，将具塞比色管的盖塞紧后，用一小块布和线将玻璃塞扎紧，如图 6.30 所示，放在大烧杯中置于高压蒸汽灭菌锅中加热，待压力达到 1.1kg/cm^2，相应温度为 120℃时，保持 30min 后停止加热。待压力表读数降至零后，取出放冷。将冷却后的试样加蒸馏水至 50mL，加 1.00mL 抗坏血酸混匀，30s 后加 2.00mL 钼酸盐充分混匀，放置 15min 显色。以水为参比，测定吸光度，扣除空白试验的吸光度后，和对应的磷的含量绘制工作曲线。

配制曲线时为减小误差，以选择同一水平刻度线的比色管为宜，取液时比色管倾斜约15°移液管垂直避免与磨口处接触，空白比色管应有专用。工作曲线可以根据水样浓度增加曲线点。斜率：用3cm比色皿时一般在0.03左右。截距：一般控制在±0.005。

图 6.30 具塞比色管(左)与螺旋塞比色管(右)

2) 样品测定

测定最大取样量为25mL，取样量可根据水样性状来定，如果样品中含磷浓度较高，可以通过减少试样体积或稀释，样品的吸光度最好在工作曲线的中间位置，消解时的溶液保持在25mL。用硫酸保存水样时，采用过硫酸钾法消解样品时应用氢氧化钠溶液调节pH至中性，氢氧化钠的浓度不可过低，以免人为增加试样的体积，一般采用6mol/L氢氧化钠溶液。其他步骤同曲线绘制。

3) 空白试验

取25mL纯水加入比色管中，按水样测定相同步骤以实验用水代替水样进行试验。

4) 实验流程

总磷实验流程如图6.31所示。

摇匀水样，调节酸碱度 → 定容到25mL后加入过硫酸钾消解 → 取出冷却后定容至50mL → 加药品显色15min → 测定吸光度

图 6.31 总磷实验流程图

3. 数据处理

根据测定的吸光度按下列公式进行计算：

$$c = \frac{(A - A_0) - a}{b \times V} \times f$$

式中，c——总磷的浓度，mg/L；
   V——取样体积，mL；
   a——曲线截距；
   b——曲线斜率；
   A——样品吸光度；
   A_0——空白吸光度；
   f——稀释倍数。

4. 干扰及消除

1) 金属及离子干扰

金属及离子干扰：①砷浓度大于2mg/L干扰测定，用硫代硫酸钠去除；②硫化物浓度大于2mg/L干扰测定，通氮气去除；③铬浓度大于50mg/L干扰测定，用亚硫酸钠去除；④亚硝酸盐浓度大于1mg/L有干扰，用氧化消解或加氨磺酸均可以除去；⑤铁浓度为20mg/L时，结果会偏低5%；⑥铜浓度达10mg/L时不干扰测定；⑦氟化物小于70mg/L不干扰测定。

水中大多数常见离子对显色的影响可以忽略。

2) 色度干扰

如试样中含有浊度或色度时，需配制一个空白试样（即同时移取两个相同体积的试样，进行相同的操作步骤），向试料中加入3mL浊度-色度补偿液，但不加抗坏血酸溶液和钼酸盐溶液。然后从试样的吸光度中扣除空白试样的吸光度。例如，当水样中存在钒干扰时就会生成黄色，此时就需要进行色度补偿。如消解后有残渣，显色后摇匀，但比色时不再摇匀，取上清液进行比色。

三、常见问题分析及注意事项

1. 实验中常见问题及分析

实验中常见问题及分析见表6.18。

表6.18　实验中常见问题及分析

常见问题	分析
比色皿或比色管出现蓝色	测定的样品浓度高，样品显色深吸附在比色皿表面。去除方法：将比色皿短时间泡在稀硝酸或稀盐酸里以去除比色皿上的颜色吸附
消解后消解液里有沉淀或消解液浑浊	出现沉淀一般分为以下情况：①样品浓度过高，加药后颜色深，吸光度超过曲线最高点，需要减少取样量或稀释后取样；②样品中有干扰，消解后有沉淀，沉淀依旧在或一段时间后又形成沉淀，溶液并没有浑浊，可以取上清液来测定，对结果不会有太大的影响；③样品浓度并不高，消解前与消解后样品依旧浑浊，或消解后样品浑浊不会沉淀使上清液无色透明，对于这种样品就需要在做样时消解一个空白样品，加浊度-色度补偿液来消除对样品结果的影响
消解时间对结果的影响	消解时间过短会使消解不完全，使结果偏低，消解时间过长，使样品过度消解，结果偏大
加入试剂后不显色	加入试剂后不显色一共分为三个原因：①水样中含磷量极低或不含磷；②试剂因过期或被污染失去药效或加错试剂；③错把空白当样品

2.试剂影响

1)过硫酸钾

在溶液配制时,由于常温下过硫酸钾不容易溶于水,所以在配制时需要加热溶解,加热温度不得超过60℃。在配制完成后,温度较低时,过硫酸钾溶液会产生结晶现象,需将过硫酸钾水浴至结晶溶解再使用。

2)钼酸盐溶液

钼酸铵以及酒石酸锑钾需要带上质控做验收,钼酸铵不合格会使样品不显色,或显色液呈蓝色,不透亮,没有光泽,颜色偏暗;酒石酸锑钾不合格会使空白增大。

3)抗坏血酸

抗坏血酸具有还原性,易被氧化,呈不同程度的浅黄色。因此,应贮存于棕色试剂瓶中,置于冷处保存。如不变色可长时间使用。

3. 空白吸光度偏高

钼锑抗分光光度法质控要求空白吸光度≤0.010(30mm比色皿),若实验室空白吸光度高,主要影响因素有试剂、实验室用水以及灭菌锅。

(1)试剂影响:除去酒石酸锑钾的影响外还有过硫酸钾和抗坏血酸的影响,酒石酸锑钾和抗坏血酸配制时间长也会使空白吸光度偏高,因此在平时做样过程中,应该在一定的时间后更换实验药剂以避免药剂原因使空白吸光度偏高。

(2)实验室用水影响:对于纯水机制备的实验用水,纯水机滤芯长时间没换会影响水质,使空白吸光度偏高;纯水在瓶中放置时间过长也会使空白吸光度偏高。

(3)高压锅的影响:高压锅使用一段时间后要进行清洗和换水,避免高压锅对空白吸光度的影响。

(4)玻璃器皿的影响:所有实验中使用的玻璃器皿都应该用稀盐酸或稀硝酸浸泡以消除玻璃器皿对空白吸光度的影响。此外,做空白的比色管是专用的,避免水样过脏污染比色管,从而影响空白吸光度。

4. 时间及温度的影响

显色时间的长短会影响吸光度的测定结果,如果时间太短,可能导致试剂与待测物质反应不完全,吸光度降低,从而影响测定结果的准确性。显色时间受温度影响较大。当室温低于13℃时,可在20~30℃水浴中进行,或将显色时间延长至20~25min。《水质 总磷的测定 钼酸铵分光光度法》(GB 11893—89)中规定显色15min,须及时测定。

5. 反应体系中pH的影响

对于在采集后不能立即分析的样品,需要在水样中加入硫酸来保存样品。当用过硫酸钾消解样品时应用氢氧化钠溶液调节pH至中性。若样品是酸性,直接进行消解会破坏过硫酸钾的药效,使样品不能完全消解。

6. 水体本身的影响及注意事项

对于浑浊及悬浮物较多的水样，要特别注意取样的均匀性，建议用量杯或量筒取样，否则会带来较大的误差。对于性状为无色透明、无气味但摇起来有丰富气泡的水样，若测定出来总磷较高，但化学需氧量和氨氮不高，阴离子表面活性剂含量高，则说明水样本身总磷含量高。

7. 注意事项

(1) 取样时应仔细摇匀，以得到溶解部分和悬浮部分均具有代表性的试样。
(2) 保存于冰箱内的试剂，取用时应置室温中，使其平衡后再量取。
(3) 所有的空白样品、质控样品、工作曲线、加标样品都要经过消解过程。
(4) 消解时比色管破损，该试样无效，应重新进行消解。
(5) 少数样品消解后会有较淡的黄色，据经验不会对结果造成影响，但如结果异常，需做平行实验及加标检验。
(6) 工作曲线的相关系数只舍不入，保留到小数点后出现非 9 的一位，如 0.99989→0.9998，如果小数点后都是 9 时，最多保留 4 位。
(7) 工作曲线的斜率保留 3 位有效数字，光度法的截距的小数位数应与吸光度值的小数位数一致。

第七章　污水生物指标和污泥性质的监测

第一节　细　菌　总　数

一、基本原理

污水中细菌的总数可以反映水被有机物污染的程度。

细菌总数指的是 1mL 水样在营养琼脂培养基上于 36℃±1℃经 48h 培养后生长的细菌群落总数，包括好氧菌和兼性厌氧菌。一般采用平皿计数法进行细菌总数的测定，以菌落形成单位(colony-forming units，CFU)来表示样品的细菌含量。

细菌的种类很多，有各自的生理特征，必须用适合它们生长的培养基才能进行分离培养。然而实际工作中不易做到，通常用一种适合大多数细菌生长的培养基培养细菌，计算出来的污水细菌总数仅是一种近似值。目前一般采用普通肉膏蛋白胨琼脂培养基。

二、材料及分析步骤

(一)试剂材料及仪器设备

分析时均使用符合国家标准的分析纯试剂或生物试剂，实验用水为蒸馏水或去离子水。

1. 培养基

将 10g 蛋白胨、3g 牛肉膏、5g 氯化钠、15～20g 琼脂加入 1000mL 蒸馏水中，用玻璃棒搅匀避免粘壁，加热煮沸至完全溶解，调节 pH 至 7.4～7.6，经 121℃高压蒸汽灭菌 20min，灭菌后储存于冷暗处，保存时间不得超过 1 个月。取适量配置好的培养基置于 44～47℃水浴锅中保温备用。配制好的营养琼脂培养基不能进行多次熔化操作，以少量勤配为宜。当培养基颜色变化或脱水明显时应废弃不用。

2. 实验药品

无菌水(取蒸馏水或去离子水经 121℃高压蒸汽灭菌 20min)。

注：121℃为 1 个标准大气压(1atm＝101325Pa)下的压力沸点，此时蒸汽温度为 121℃，在该温度下 20min 可杀死水中全部的细菌芽孢。

3. 仪器设备

采样瓶（250mL）、培养皿（直径90mm）、高压蒸汽灭菌锅、恒温培养箱、恒温水浴锅、pH计、菌落计数器、移液枪。玻璃器皿和采样器具在实验前均按无菌操作要求包扎，121℃高压蒸汽灭菌20min备用。

主要仪器设备如图7.1所示。

(a) 培养皿

(b) 恒温水浴锅

(c) 高压蒸汽灭菌锅

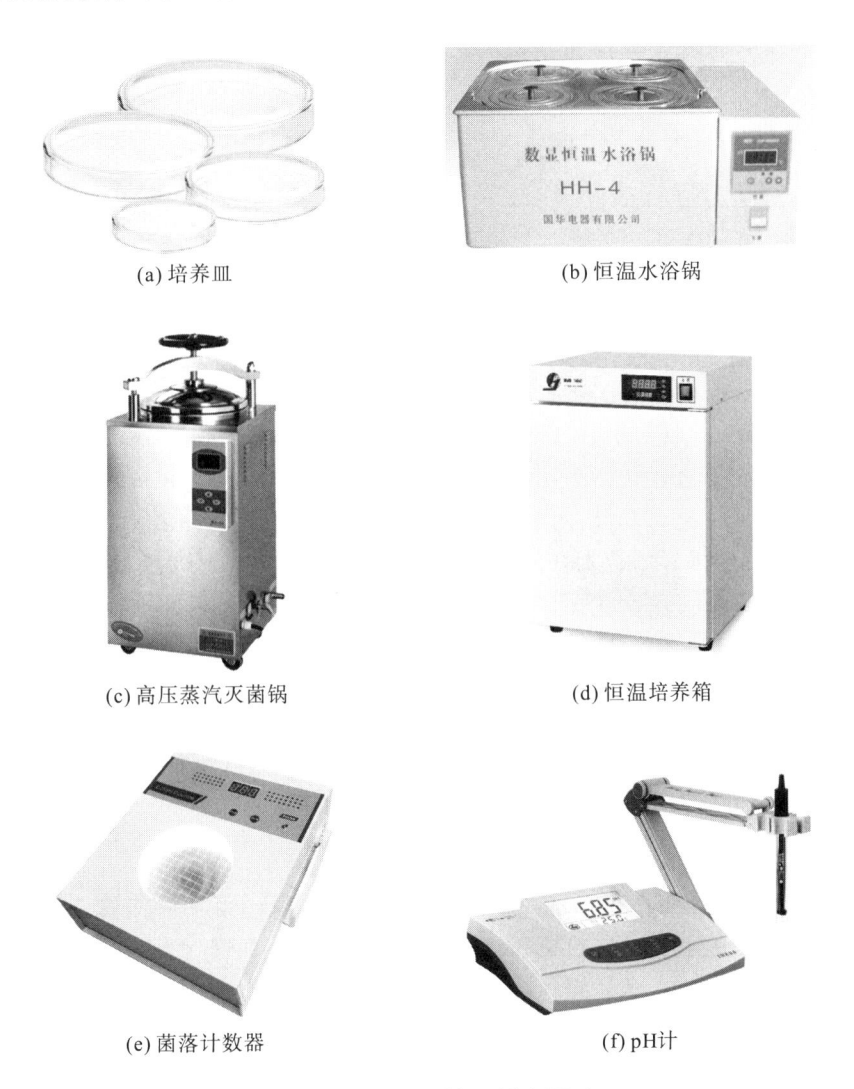

(d) 恒温培养箱

(e) 菌落计数器

(f) pH计

图7.1 主要仪器设备图示

(二) 分析步骤

1. 样品采集

应取距污水水面10～15cm的深层水样，先将灭菌的带玻璃塞瓶的采样瓶，瓶口向下浸入水中，然后翻转过来，除去玻璃塞，污水即流入瓶中，盛满后，将瓶塞盖好，再从污水中取出。

样品干扰消除：活性氯具有氧化性，能破坏微生物细胞内的酶活性，导致细胞死亡，如果采集的是含有活性氯的样品，需在采样瓶灭菌前加入硫代硫酸钠溶液（称取15.7g五水合硫代硫酸钠溶于适量水中，定容至100mL，密度为0.10g/mL），以除去活性氯对细菌的抑制作用(每125mL容积加入0.1mL代硫酸液)。

重金属离子具有细胞毒性，能破坏微生物细胞内的酶活性，导致细胞死亡，如果采集的是重金属离子含量较高的样品，则在采样瓶灭菌前加入乙二胺四乙酸二钠溶液（称取15g二水合乙二胺四乙酸二钠，溶于适量水中，定容至100mL，密度为0.15g/mL），以消除干扰(每125mL容积加入0.3mL的乙二胺四乙酸二钠溶液)。

2. 样品保存

采样后应在2h内检测，否则，应于10℃以下冷藏但不得超过6h。实验室接样后，不能立即开展检测的样品，应于4℃以下冷藏并在2h内检测。

3. 样品稀释

将样品充分摇匀，使可能存在的细菌凝团分散。以无菌操作的方式吸取1mL样品注入盛有9mL无菌水的无菌试管中，混匀成稀释倍数为10的稀释样品。取1mL稀释倍数为10的稀释样品注入盛有9mL无菌水的无菌试管中，混匀成稀释倍数为10^2的稀释样品。按同样的方法稀释成稀释倍数为10^3、10^4的稀释样品，每递增稀释一次，换用一次1mL无菌吸管。根据对样品污染程度的估计，选择至少3个适宜的稀释倍数。稀释倍数根据污水污浊程度而定，以培养皿的菌落数在30～300的稀释倍数为宜，若三个稀释倍数的菌落数均多到无法计数或少到无法计数，则需继续稀释或减小稀释倍数。一般中等污染程度水样，取10、10^2、10^3三个连续稀释倍数，污染程度较重的水样取10^2、10^3、10^4三个连续稀释倍数。

4. 接种培养

吸取1mL充分混匀的稀释样品注入灭菌培养皿中，每个稀释倍数做2个培养皿。同时分别吸取1mL无菌水做空白稀释液，加入2个灭菌培养皿内作为空白对照。

将培养基从44～47℃水浴锅中取出，并将其倾注于培养皿中，每个培养皿倾注15～20mL，可将培养皿叠放，顺时针轻轻晃动使培养基和稀释液充分混匀，摇匀后将培养皿置于水平台面上，使其冷却凝固。将培养皿翻转倒置于36℃±1℃的恒温培养箱中培养48h±2h。

5. 菌落计数

选取菌落数在30～300CFU且无蔓延菌落生长的平板，计数菌落总数。对于菌落数低于30CFU的平板，记录具体菌落数；菌落数大于300CFU的平板，记录为多不可计。每个稀释倍数的菌落数应采用两个平板的平均数。

6. 计算结果及表示

1）结果判读

结果判读详见表 7.1。

表 7.1　结果判读

现象	图示	结果判读
平板上有较大片状菌落且超一半		该平板不参与计数
平板上片状菌落不到平板一半，而另一半菌落分布均匀		将平板中均匀分布的菌落计数乘以 2，得到的结果代表该平板中的菌落总数
平板上出现菌落间无明显界线的链状生长		将该平板中每条单链作为一个菌落计数
外观（形态或颜色）相似，距离相近却不相触的菌落		只要它们之间的距离不小于最小菌落的直径，予以计数。紧密接触而外观相异的菌落，予以计数

2）结果计算

菌落培养过程中可能会出现各种不同的情况，其计算方法如下。

(1) 只有一个稀释倍数平板上的菌落数在 30～300 CFU 范围内（表 7.2），则采用公式(7.1)计算。

表 7.2　菌落总数计算测定

稀释倍数	10	10^2	10^3	菌落总数/(CFU/mL)
菌落数/CFU	2100，2120	250，256	22，24	$2.53×10^4$

计算如下：

$$N = C \times d$$
$$= \frac{250 + 256}{2} \times 100 \quad (7.1)$$
$$= 25300$$

式中，N——样品中细菌总数，CFU/mL；

C——平均菌落数，CFU；

d——稀释倍数。

(2) 有两个连续稀释倍数的平均菌落数在 30～300CFU，且二者乘以稀释倍数后，较大值与较小值之间比值小于 2 时（表 7.3），则采用公式(7.2)计算。

表 7.3 菌落总数计算测定

稀释倍数	10	10^2	10^3	两个稀释倍数菌落数之比	菌落总数/(CFU/mL)
菌落数/CFU	2200，2220	225，235	35，30	1.4	23864

计算如下：

$$N = \frac{\sum C \times d}{(n_1 + 0.1 n_2)}$$
$$= \frac{(225 + 235 + 35 + 30) \times 100}{2 + 0.1 \times 2} \quad (7.2)$$
$$= 23864$$

式中，N——样品中细菌总数，CFU/mL；

C——每个平板中的菌落数，CFU；

n_1——低稀释倍数平板个数；

n_2——高稀释倍数平板个数；

d——稀释倍数（低稀释倍数）。

(3) 有两个连续稀释倍数的平均菌落数在 30～300CFU，且二者除以稀释倍数后，较大值与较小值之间比值大于或等于 2 时，以稀释倍数较小的菌落总数为细菌总数测定值，计算参照式(7.1)。

(4) 若所有稀释倍数的平板上菌落数均大于 300CFU，则以稀释倍数最大的菌落总数为细菌总数测定值，计算参照式(7.1)。

(5) 若所有稀释倍数的平板上菌落数均小于 30CFU，则以稀释倍数最小的菌落总数为细菌总数测定值，计算参照式(7.1)。

(6) 若所有稀释倍数的平板上菌落数均不在 30～300CFU，则以最接近 300CFU 或 30CFU 的平板上的菌落总数为细菌总数测定值，计算参照式(7.1)。

3) 结果记录表示

(1) 测定结果保留整数，最多保留两位有效数字。

(2)测定结果<100CFU/mL 时，按"四舍五入"原则修约，如 50.8≈51。

(3)测定结果≥100CFU/mL 时，按"四舍五入"原则修约，保留两位有效数字并以科学计数法表示，如 35560≈3.6×10^4。

(4)若未稀释的样品培养皿上无菌落生长，则表示"未检出"或"<1CFU/mL"。

(5)若空白对照上有菌落生长，则此次检测结果无效。

4)细菌总数报告格式

细菌总数测定检验记录表及数据报告表格式可参考附表 7.1、附表 7.2。

三、常见问题分析及注意事项

(一)常见问题分析

常见问题分析及原因见表 7.4。

表 7.4 常见问题分析及原因分析

常见问题	原因分析及排除
平行对照板结果相差较大	可能是样液未混匀，导致菌落分布不均匀，实验过程中应使用拍打式均质器拍打 1~2min，或者使用均质杯 8000~10000r/min 均质 1~2min，使样液混合均匀
做菌落总数检测时没有出现菌落	1.确认是不是样品的问题，某些检测样品经过高温杀菌之后，本身就没有太多菌，所以没有菌落也是正常的； 2.确认操作过程是否有问题，比如用于检测的稀释样品是否温度太高，或者倾注培养基时培养基温度是否过高，抑或者培养基质量问题、培养箱温度偏低等； 3.检测时选择的稀释倍数过高也可能导致没有菌落生长
细菌培养时出现菌落蔓延生长，难以计数	1.操作不当导致，操作过程中首先注意确保倾注培养基时摇晃培养皿使其混合均匀，减少菌块；其次样品稀释后，应尽快倾注平板，从稀释到倾注结束时间控制在 30min 之内，避免样液干涸造成菌落成团；最后平板凝固后应马上倒置，避免菌落蔓延生长； 2.可能是因为样品中含有变形杆菌等运动性强的细菌，可以通过再覆盖一层培养基来减少菌落蔓延情况的发生

(二)检验过程中的注意事项

(1)吸管进出瓶子或试管时，吸管口不得触及瓶口、管口的外围部分。

(2)吸管插入试样液内的深度，不得小于 2.5cm，调整时要使管尖与容器内壁紧贴。

(3)进行稀释时，吸管口不得与稀释液接触。

(4)为防止细菌增殖及产生片状菌落，在加入样液后，应在 15min 内倾注培养基。检样与培养基混匀时，可先向一个方向旋转，然后再向相反方向旋转。旋转中应防止混合物溅到培养皿边的上方。

(5)培养基倾注的温度与厚度是实验正确与否的关键。倾注的温度：一般水浴和倾注温度在 46℃±1℃，温度过高会造成已受损伤的菌细胞死亡，过低会导致琼脂发生轻微凝固。厚度：直径 9cm 的培养皿一般要求 15~20mL 培养基，若培养基太薄，在培养过程中可能因水分蒸发而影响细菌的生长。培养基凝固后，应尽快将培养皿翻转培养，保持琼脂表面干燥，尽量避免菌落蔓延生长，影响计数。

(6)检验过程中还应该用稀释液做空白对照，用以判定稀释液、培养基、培养皿或吸管可能存在的污染。同时，检验过程中应在工作台上打开一块空白的平板计数琼脂，其暴露时间应与检验时间相当，以了解检样在检验过程中有无受到来自空气的污染。

(三)菌落计数的注意事项

(1)如果高稀释度平板上的菌落数比低稀释度平板上的菌落数高，则说明检验过程中可能出现差错或样品中含抑菌物质，这样的结果不可用于结果报告。

(2)如果平板上出现链状菌落，菌落间没有明显的界线，这可能是琼脂与检样混匀时，一个细菌块被分散所造成的。一条链作为一个菌落计，若培养过程中遭遇昆虫侵入，在昆虫爬行过的地方也会出现链状菌落，也不应分开计数。

(3)如果平板上菌落太多，不能计数时，不建议采用多不可计作报告。可以在最高稀释度平板上任意选取 2 个面积为 $1cm^2$ 区域，计算菌落数，除以 2 求出每 $1cm^2$ 的平均菌落数，乘以 63.6(培养皿底面积为 $63.6cm^2$)。

(4)每个样品检测从开始稀释到倾注最后一个培养皿所用时间≤20min，目的是使菌落能在平板上均匀分布，否则，时间过长，样液可能由于干燥而贴在平板上，倾注琼脂后不易摇开，容易产生片状菌落，影响菌落计数。另外，琼脂凝固后不要在室温下长时间放置，应及时将培养皿倒置培养，可避免菌落的蔓延生长。

第二节　粪大肠菌群数

水中的病菌如伤寒杆菌、痢疾杆菌、霍乱弧菌、钩端螺旋体等主要来自人和动物的粪便及污染物，因此粪便管理对控制和消灭消化道传染病有重要意义。由于肠道病原菌在水中数量较少，故直接测定水中的病原菌比较困难。大肠菌群细菌是肠道好氧菌中最普遍和数量最多的一类细菌，所以常常将其作为粪便污染的指示菌。即根据水中大肠菌群细菌的数目来判断水源的污染程度，并间接推测水源受肠道病原菌污染的可能性。

水中粪大肠菌群的测定结果可以说明水质受粪便污染的程度。粪大肠菌群，又称耐热大肠菌群，指在 44.5℃下培养 24h，能发酵乳糖产酸产气的需氧及兼性厌氧的革兰氏阴性无芽孢杆菌。测定方法包括多管发酵法、滤膜法、酶底物法以及纸片快速法等。

一、多管发酵法

(一)基本原理

多管发酵法以最大概率数(most probable number，MPN)来表示实验结果。其利用统计学理论，根据不同稀释度试管中培养产生的目标微生物阳性数，对照最可能数表估算单位体积样品中目标微生物的存在数量(单位体积存在目标微生物的最大可能数)。

方法原理是将样品加入含乳糖蛋白胨培养基的试管中，在 37℃下进行初发酵富集培养。大肠菌群在培养基中生长繁殖，分解乳糖产酸产气，产生的酸使溴甲酚紫指示剂由紫色变为黄色,产生的气体进入倒管中,指示产气。接着在44.5℃下进行复发酵培养,培养基中的胆盐三号可抑制革兰氏阳性菌的生长。最终,将产气的细菌确定为粪大肠菌群。通过查 MPN 表,得出粪大肠菌群浓度值。

(二)材料及分析步骤

分析时均使用符合国家标准的分析纯试剂或生物试剂,实验用水为蒸馏水或去离子水。

1. 试剂材料及仪器设备

1)试剂材料

(1)乳糖培养基:将10g蛋白胨、3g牛肉膏、5g乳糖、5g氯化钠加热溶解于1000mL蒸馏水中,调节 pH 至 7.2～7.4,再加入 1mL1.6%溴甲酚紫乙醇溶液,充分混匀分装于含有倒置小玻璃管的试管中,于115℃下高压蒸汽灭菌 20min,储存于冷暗处备用。也可选用市售成品培养基。

(2)三倍乳糖蛋白胨培养基:按步骤(1)配置比例,称取三倍的乳糖蛋白胨培养基成分的量,溶于 1000mL 水中,配成三倍乳糖蛋白胨培养基,制法同步骤(1)。

(3)EC 培养基:将 20g胰胨、5g乳糖、1.5g胆盐三号、4g磷酸氢二钾、1.5g磷酸二氢钾及 5g氯化钠加热溶解于 1000mL 蒸馏水中,然后分装于有玻璃倒管的试管中,115℃下高压蒸汽灭菌20min,灭菌后 pH 应在 6.9 左右。

(4)无菌水:取蒸馏水或去离子水经121℃高压蒸汽灭菌 20min。

2)仪器设备

采样瓶(500mL)、培养皿(Φ 90mm)、高压蒸汽灭菌锅、恒温培养箱或恒温水浴锅、pH 计、接种环(Φ 3mm)、试管(300mL、50mL、20mL)、移液枪。

玻璃器皿和采样器具在实验前均按无菌操作要求包扎,121℃下高压蒸汽灭菌 20min 备用。

广口瓶:将清洗干净的采样瓶盖好瓶盖,用牛皮纸、报纸等防潮纸将瓶盖、瓶顶和瓶颈处包裹好,用绳子绑好,置于121℃的高压蒸汽灭菌器中灭菌 15min。

玻璃试管、移液管、玻璃棒:用牛皮纸、报纸等防潮纸将其包裹好,置于121℃的高压蒸汽灭菌器中灭菌 15min。

2. 分析步骤

1)样品采集
样品采集步骤同第七章第一节的样品采集。
2)样品保存
样品保存步骤同第七章第一节的样品保存。
3)样品稀释及接种
多管发酵法有 12 管法及 15 管法。12 管法适用于生活饮用水等清洁水体的测定,检出限为 3MPN/L,15 管法适用于生活污水、工业废水等的测定,检出限为 20MPN/L。

(1) 15 管法。

对于受污染的水样采用 15 管法进行样品的稀释及接种，每个样品采用三个不同的水样量接种，同一接种水样量要有 5 管。

将样品充分混匀后，在 5 支装有 5mL 三倍乳糖蛋白胨培养基的试管中各加入样品 10mL，在 5 支装有 10mL 单倍乳糖蛋白胨培养基的试管中各加入样品 1mL，在 5 支装有 10mL 单倍乳糖蛋白胨培养基的试管中各加入样品 0.1mL。

以上操作均按无菌操作要求，所用试管均为含有倒置小玻璃管的已灭菌试管。

对于受到污染的样品，应先将样品稀释后再按照上述操作接种，比如生活污水及未处理的工业废水，先将样品稀释 10^4 倍，然后再分别向试管中接种 10mL、1mL 和 0.1mL，此时得到的实际接种量为 10^{-3}mL、10^{-4}mL、10^{-5}mL。15 管法样品接种量参考表见表 7.5。

当样品接种量小于 1mL 时，应将样品制成稀释样品后使用。按无菌操作要求方式吸取 10mL 充分混匀的样品，注入盛有 90mL 无菌水的三角烧瓶中，混匀成 1∶10 稀释样品。吸取 1∶10 的稀释样品 10mL 注入盛有 90mL 无菌水的三角烧瓶中，混匀成 1∶100 稀释样品。其他接种量的稀释样品以此类推。

注：吸取不同浓度的稀释液时，每次必须更换移液管。

表 7.5　15 管法样品接种量参考表

废水分类		接种量/mL						
		10	1	0.1	10^{-2}	10^{-3}	10^{-4}	10^{-5}
生活污水						√	√	√
工业废水	处理前					√	√	√
	处理后	√	√	√				

(2) 12 管法。

生活饮用水等清洁水体也可使用 12 管法。

将样品充分混匀后，在 2 支装有已灭菌的 50mL 三倍乳糖蛋白胨培养基的大试管中，按无菌操作要求各加入样品 100mL，在 10 支装有已灭菌的 5mL 三倍乳糖蛋白胨培养基的试管中(内有倒管)，按无菌操作要求各加入样品 10mL。

4) 初发酵试验

将接种后的试管在 37℃±0.5℃下培养 24h±2h。发酵试管颜色变黄为产酸，小玻璃倒管内有气泡为产气。产酸和产气的试管表明试验阳性。如在倒管内产气不明显，可轻拍试管，有小气泡升起的为阳性(不论导管内气体多少皆以产气论)。

5) 复发酵试验

轻微振荡在初发酵试验中显示为阳性或疑似阳性(只产酸未产气)的试管，用灭菌冷却后的 3mm 接种环将培养物转接到装有 EC 培养基的试管中。在 44.5℃±0.5℃下培养 24h±2h。转接后所有试管必须在 30min 内放进恒温培养箱或水浴锅中。培养后立即观察，倒管中产气证实为粪大肠菌群阳性。根据证实有粪大肠菌群存在的阳性管数查表附录 A，报告每升水样中的粪大肠菌群数。

6) 对照试验

每次试验都要用无菌水按照步骤 3)～步骤 5)进行空白测定。

7) 计算结果及表示

通过查附录 B 得到 MPN 值，再按照公式(7.3)换算为样品中粪大肠菌群数：

$$C = \frac{M \times 100}{f} \tag{7.3}$$

式中，C——样品中粪大肠菌群数，MPN/L；

M——每 100mL 样品中粪大肠菌群数，MPN/100mL，查附录表 B.1 所得；

100——为 10×10mL，其中，10 将 MPN 值的单位转换为 MPN/L，10mL 为 MPN 表中最大接种量；

f——实际样品最大接种量，mL。

8) 报告格式

实验记录及数据结果格式参见附表 7.3 及附表 7.4。

(三)常见问题分析及注意事项

1. 常见问题分析

常见问题分析及原因见表 7.6。

表 7.6 常见问题分析及原因

常见问题	原因分析及排除
试管装培养基高温灭菌后，部分试管中的小倒管会存在气泡，导致培养基不能使用	1.可能是高压蒸汽灭菌锅工作压力不够，使气体不能完全排出。此外，高压蒸汽灭菌锅若是温度上升缓慢或者达不到灭菌温度，也会出现类似现象。另外可以在高压蒸汽灭菌锅压力降下来后，温度不太高时将培养基从锅中拿出，迅速放在冷水中急冷，使冷水高度超过试管中液面高度。利用热胀冷缩的原理，可以使小导管中气泡排出 2.灭菌时，试管塞塞得太紧会导致试管内压力与高压蒸汽灭菌锅内压力不一致。当高压蒸汽灭菌锅升温升压时，锅内压力会大于试管内压力，试管内压力不够，不能将小倒管中气体排尽，就留有气泡；当高压蒸汽灭菌锅降温降压时，锅内压力小于管内压力，可能会使试管塞和培养基崩出，培养基报废。可改用塑料帽、不锈钢管帽，或者与试管相匹配的硅胶塞
复发酵时出现假阳性现象，实验结果偏大	EC 培养基复发酵升温过程中，44.5℃以下生长的非粪大肠菌群类细菌就会发酵乳糖产酸产气，这样会增大复发酵阳性率，从而会影响实验结果准确性，使得测定结果偏大。可将培养箱温度设定为 44.5℃，将 EC 试管装培养基放进培养箱预热 30min 后再进行复发酵，并在最短时间内完成接种，再放进培养箱培养

2. 注意事项

(1)培养基在制备好之后，须经无菌检验。培养基无菌检验可将培养基置 37℃生化培养箱内培养 24h，证明无菌。

(2)购买新批次培养基还要使用有证阳性和阴性菌株进行检验。

(3)配制好的培养基，不宜保存过久，应避光、干燥保存。培养基也可在冰箱中保存，但是试管装培养基保存在冰箱中，可能会有空气通过有孔硅胶塞进入试管中，以致在 37℃培养时会形成气泡。因此，保存在冰箱的试管装培养基，在使用前应先在恒温培养箱培养过夜，弃去有气泡的试管。当培养基颜色变化，或体积变化明显时废弃不用。

(4) 采样瓶不得用样品洗涤，清洁水体的采样量不低于400mL，其余水体采样量不低于100mL。一般采样量为采样瓶容量的80%左右，以便在实验室检测时，能充分振摇混合样品，获得具有代表性的样品。

(5) 采样后应在2h内检测，否则，应在10℃以下冷藏但不超过6h。实验室接样后，不能立即展开检测的，应将样品于4℃以下冷藏并在2h内检测。

二、滤膜法

(一) 基本原理

滤膜法是将水样注入已灭菌的放有0.45μm滤膜的抽滤器中，经抽滤后细菌被截留在膜上，然后将滤膜贴于培养基中培养，大肠菌群发酵产生的乳糖可在滤膜上出现蓝色或蓝绿色的菌落，通过计数的方法可以得到单位体积水样中含有的大肠菌群数。滤膜法具有高度再现性，可用于检测体积较大的水样，比多管发酵法更快获得结果。不过在检验浑浊度高、非大肠杆菌类细菌密度大的水样时，有一定的局限性。

(二) 材料及分析步骤

分析时均使用符合国家标准的分析纯试剂或生物试剂，实验用水为蒸馏水或去离子水。

1. 材料及仪器设备

1) 试剂材料

(1) 培养基。将10g胰胨、5g蛋白胨、3g酵母浸膏、5g氯化钠、12.5g乳糖、1.5g胆碱三号溶解于1000mL蒸馏水中，调节pH至7.4，分装于三角烧瓶内，经115℃高压蒸汽灭菌20min，储存于冷暗处备用。临用前加入1mL已煮沸灭菌的1%苯胺蓝水溶液及1mL 1%玫瑰红酸溶液(溶于8.0g/L氢氧化钠溶液中)，混合均匀。如培养物中杂菌不多，亦可不加玫瑰红酸。加热溶解前，加入1.2%～1.5%琼脂制成固体培养基。也可选用市售成品培养基，如伊红美蓝培养基(EMB培养基)。配制好的培养基应避光、干燥保存，必要时在5℃±3℃冰箱中保存，分装到培养皿中的培养基可保存2～4周。

配制好的培养基不能进行多次熔化操作，以少量勤配为宜。当培养基颜色变化，或脱水明显时应废弃不用。

(2) 无菌水。取蒸馏水或去离子水经121℃高压蒸汽灭菌20min。

(3) 无菌滤膜。

2) 仪器设备

采样瓶(1L、500mL或250mL带磨口塞的广口玻璃瓶)、培养皿(Φ90mm)、高压蒸汽灭菌锅、恒温培养箱、pH计、真空过滤装置(配砂芯滤器)、移液枪。

玻璃器皿和采样器具在实验前均按无菌操作要求包扎，121℃高压蒸汽灭菌20min备用。

广口瓶：将清洗干净的采样瓶盖好瓶盖，用牛皮纸、报纸等防潮纸将瓶盖、瓶顶和瓶颈处包裹好，用绳子绑好，置于121℃的高压蒸汽灭菌锅中灭菌15min。

玻璃试管、移液管、玻璃棒：用牛皮纸、报纸等防潮纸将其包裹好，置于121℃的高压蒸汽灭菌锅中灭菌15min。

2. 分析步骤

实验操作示意图如图7.2所示。

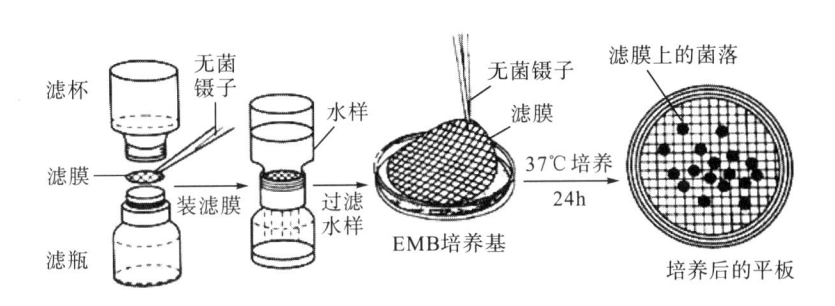

图7.2 滤膜法实验操作示意图

1）样品采集

样品采集步骤同第七章第一节的样品采集。

2）样品保存

采样后应在2h内检测，否则，应于10℃以下冷藏但不得超过6h。实验室接样后，不能立即开展检测的样品，应于4℃以下冷藏并在2h内检测。

3）滤膜灭菌

将直径50mm，孔径0.45μm的醋酸纤维滤膜，按无菌操作要求包扎，经121℃高压蒸汽灭菌20min，晾干备用；或将滤膜放入烧杯中，加入实验用水，煮沸灭菌3次，15min/次，前2次煮沸后需更换水洗涤二三次。

4）样品过滤

根据样品的种类判断接种量，最小过滤体积为10mL，如接种量小于10mL时应逐级稀释。先估计出适合在滤膜上计数所使用的体积，然后再取这个体积的1/10和10倍，分别过滤。理想的样品接种量是滤膜上生长的粪大肠菌群菌落数为20~60个，总菌落数不得超过200个。当最小过滤体积为10mL，滤膜上菌落密度仍过大时，则应对样品加入无菌水进行稀释。样品接种量参考表见表7.7。

表7.7 接种量参考表

废水分类		接种量/mL						
		10	1	0.1	10^{-2}	10^{-3}	10^{-4}	10^{-5}
生活污水						√	√	√
工业废水	处理前					√	√	√
	处理后	√	√	√				

用无菌镊子夹取灭菌后的滤膜贴放在已灭菌的抽滤装置上,粗糙面向上,固定好过滤装置后,将样品注入后开动真空泵抽滤,以无菌水冲洗器壁 2～3 次。样品抽滤完成后,再抽约 5s,关上开关。

5) 培养

用无菌镊子夹取滤膜移放在固体培养基上,滤膜截留细菌面向上,滤膜应与培养基完全贴紧,两者间不得留有气泡,然后将培养皿倒置,放入恒温培养箱内,44.5℃±0.5℃下培养 24h±2h。

6) 对照试验

(1) 空白对照。

每次试验都要用无菌水按照步骤 4)～步骤 5) 进行空白测定。

(2) 阳性及阴性对照。

阳性对照的目的是证明实验条件,如培养温度、培养基、检测方法等,是否适合粪大肠阳性菌株的生长,阴性对照的目的是证明培养过程、周围环境是否有污染导致假阳。

阳性及阴性对照实验过程如下:将粪大肠菌群的阳性菌株(如大肠埃希氏菌 *Escherichia coli*)和阴性菌株(如产气肠杆菌 *Enterobacter aerogenes*)制成浓度为 40～600CFU/L 的菌悬液,分别按照步骤 4)～步骤 5) 培养,阳性菌株应呈现阳性反应,阴性菌株应呈现阴性反应,否则,该次样品测定结果无效,应查明原因后重新测定。

7) 计算结果及表示

(1) 结果判读。大肠菌群结果判读见表 7.8。

表 7.8 大肠菌群结果判读

现象	图示	结果判读
培养基上呈蓝色或蓝绿色的菌落		为粪大肠菌群菌落,予以计数
培养基上呈灰色、淡黄色或无色的菌落		为非粪大肠菌群菌落,不予计数
培养基上无菌落生长		空白对照

(2)结果计算。

按照公式(7.4)计算样品中粪大肠菌群数：

$$C = \frac{C_1 \times 1000}{f} \tag{7.4}$$

式中，C——样品中粪大肠菌群数，CFU/L；

C_1——滤膜上生长的粪大肠菌群菌落总数，个；

1000——将过滤体积的单位由 mL 转换为 L；

f——实际样品接种量，mL。

测定结果保留整数，最多保留两位有效数字；当测定结果≥100 CFU/L 时，按"四舍五入"原则修约并以科学计数法表示。

8) 报告格式

粪大肠菌群测定检验记录及报告格式参考电子资料。

(三)常见问题分析及注意事项

1. 常见问题分析

常见问题分析及原因见表 7.9。

表 7.9　常见问题分析及原因分析

常见问题	原因分析及排除
同一水样平行样在膜上长出的菌落数不平行	可能是取样时水样未混匀、加样量不准，或在稀释过程中出现误差。另外，在过滤时要滤膜粗糙面朝上，精确截留粪大肠菌群

2. 注意事项

(1)采样后水样的正确保存很重要，如保存不当可使样品中的粪大肠菌群细菌死亡或在一定条件下再生长，这些都将影响检验结果的准确性。检验室接到水样后，应立即检验。如因故不能检验时，应立即置于冰箱内并于 2h 内检验。

(2)生活饮用水通常都是经氯处理消毒的，水中含有一定量的余氯，使粪大肠菌群处于受损或受抑制状态，在采集水样时应加硫代硫酸钠脱氯，使此受损的细菌得以复苏与修复，从而避免计数结果偏低甚至假阴性出现。

(3)制备大量培养基时，除玻璃器皿外，还可用铝银等容器加热熔化，但不可用铜锅或铁锅，以免金属离子进入培养基中影响细菌生长。

(4)将调整 pH 后的培养基按需要趁热分装于三角瓶或试管内，以免琼脂冷却。分装量不宜超过容器的 2/3，以免灭菌时外溢。分装时应注意勿使用培养基黏附于管口和瓶口部位，以免沾染棉塞而滋生杂菌。

(5)更换不同批次培养基时要进行阳性和阴性菌株检验，将粪大肠菌群测定的阳性菌株(如大肠埃希氏菌 *Escherichia coli*)和阴性菌株(如产气肠杆菌 *Enterobacter aerogenes*)配成适宜浓度，按样品过滤的要求使滤膜上生长的菌落数为 20~60 个，然后按实验操作中培养的要求进行操作,阳性菌株应生长为蓝色或蓝绿色菌落,阴性菌株应生长为灰色、淡黄色、无色或无菌落生长。否则,该次样品测定结果无效,应查明原因后重新测定。

(6)每次试验都要用无菌水做实验室空白测定,培养后的培养基上不得有任何菌落生长。否则,该次样品测定结果无效,应查明原因后重新测定。并定期进行阳性及阴性对照试验,阳性菌株应呈现阳性反应,阴性菌株应呈现阴性反应,否则,该次样品测定结果无效,应查明原因后重新测定。

三、酶底物法

(一)基本原理

酶底物法是以 MPN 来表示实验结果。粪大肠菌群在 44.5℃下培养 24h,能产生 β-半乳糖苷酶(β-D-galactosidase),分解选择性培养基中的 2-硝基苯-β-D-吡喃半乳糖苷(ONPG)生成黄色的 2-硝基苯酚(ONP)。通过统计阳性反应出现的数量,查 MPN 表,可计算出样品中粪大肠菌群的浓度值。

(二)材料及分析步骤

分析时均使用符合国家标准的分析纯试剂或生物试剂,实验用水为蒸馏水或去离子水。

1. 材料及仪器设备

1)试剂材料

(1)培养基。

采用 Minimal Medium ONPG-MUG 培养基。培养基由以下成分组成:0.5g 硫酸铵[$(NH_4)_2SO_4$]、0.05mg 硫酸锰($MnSO_4$)、0.05mg 硫酸锌($ZnSO_4$)、10mg 硫酸镁($MgSO_4$)、1g 氯化钠(NaCl)、5mg 氯化钙($CaCl_2$)、4mg 亚硫酸钠(Na_2SO_3)、0.1mg 两性霉素 B(Amphotericin B)、50mg 2-硝基苯-β-D-吡喃半乳糖苷(ONPG)、7.5mg 4-甲基伞形酮-β-D-葡萄醛酸苷(MUG)、50mg 茄属植物萃取物(*Solanum* 萃取物)、0.53g *N*-2-羟乙基哌嗪-*N*-2-乙磺酸钠盐(HEPES 钠盐)、0.69g *N*-2-羟乙基哌嗪-*N*-2-乙磺酸(HEPES)。每 100mL 样品需使用培养基粉末 2.7g±0.5g。也可使用市售商品培养基。

(2)无菌水。

取蒸馏水或去离子水经 121℃高压蒸汽灭菌 20min。

(3)97 孔定量盘及标准阳性比色盘。

97 孔定量盘中含有 49 个大孔、48 个小孔。其中每个小孔可容纳 0.186mL 样品,每个大孔可容纳 1.86mL 样品,一个顶部大孔可容纳 11mL 样品。可购买环氧乙烷灯灭菌的市售商品化成品。另外,配置程控定量封口机用于 97 孔定量盘的封口,标准阳性比色盘用于结果判读(图 7.3)。

(a) 97孔定量盘　　　(b) 标准阳性比色盘

图 7.3　97 孔定量盘及标准阳性比色盘

2) 仪器设备

采样瓶(100mL、250mL、500mL 带磨口塞的广口玻璃瓶)、高压蒸汽灭菌锅、恒温培养箱、程控定量封口机(图 7.4)、紫外灯(365～366nm)、三角瓶(100mL)、量筒(100mL)、移液枪。

玻璃器皿和采样器具在实验前均按无菌操作要求包扎，121℃高压灭菌 20min 备用。

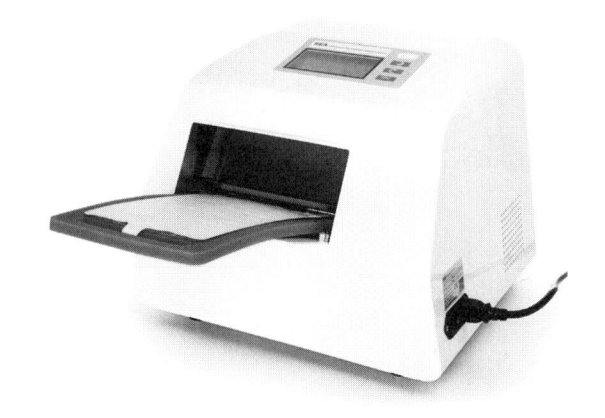

图 7.4　程控定量封口机

2. 分析步骤

1) 样品采集

样品采集步骤同第七章第一节的样品采集。

2)样品保存

样品保存步骤同第七章第一节的样品保存。

3)样品稀释及接种

根据样品污染程度确定接种量(表7.10),避免接种样品培养后97孔定量盘出现全部阳性或全部阴性。接种量小于100mL时,应稀释样品后接种,接种量为10mL时,取10mL样品加入盛有90mL无菌水的三角瓶中混匀制成1∶10的稀释样品,其他接种量的稀释样品以此类推。对于未知样品,可选用多个接种量进行检测。

表7.10 接种量参考表

废水分类		接种量/mL				
		10^2	10	1	10^{-1}	10^{-2}
生活污水			√	√	√	√
工业废水	处理前		√	√	√	√
	处理后	√				

量取100mL样品或稀释样品于灭菌后的三角瓶,加入$2.7g\pm0.5g$培养基粉末,充分混匀,完全溶解后,全部倒入97孔定量盘内,以手抚平97孔定量盘背面,赶除孔内气泡,然后用程控定量封口机封口。观察97孔定量盘颜色,若出现类似或深于标准阳性比色盘的颜色,则需排查样品、培养基、无菌水等一系列因素后,终止试验或重新操作。

注意:样品稀释及接种时若在野外操作,应避开明显局部污染源,建议使用一次性手套、口罩、酒精灯等。

4)培养

测定粪大肠菌群时,将封口后的97孔定量盘放入恒温培养箱中于$44.5℃\pm0.5℃$下培养24h。

5)对照试验

(1)空白对照。

每次试验都要用无菌水按照步骤3)~步骤4)进行空白测定。培养后的97孔定量盘不得有任何颜色反应,否则,该次样品测定结果无效。

(2)阴性和阳性对照。

粪大肠菌群的阳性菌种为大肠埃希氏菌(耐热型)、克雷伯氏菌属(*Klebsiella trevisan*)(耐热型),阴性菌种为产气肠杆菌、粪链球菌(*Streptococcus faecalis*)、假单胞菌属。

将标准菌株制成浓度为300~3000个/mL的菌悬液,将菌悬液按接种和培养要求操作,阳性菌株应呈现阳性反应;阴性菌株呈现阴性反应,否则,该次样品测定结果无效,应重新测定。

6)计算结果及表示

将培养24h后的97孔定量盘进行结果判读,样品变黄色判断为总大肠菌群或粪大肠菌群阳性；如果结果可疑，可延长培养至 28h 进行结果判读，超过 28h 后出现的颜色反应不作为阳性结果。可使用保质期内的标准阳性比色盘以辅助判读，参见图 7.5。分别记录 97 孔定量盘中大孔和小孔的阳性孔数量。

从 97 孔定量盘法 MPN 表（附录 B 表 B.2）中查得每 100mL 样品中粪大肠菌群数的 MPN 值后，再根据样品不同的稀释度，按照公式（7.5）换算样品中粪大肠菌群数：

$$C = \frac{M \times 1000}{f} \tag{7.5}$$

式中，C——样品中粪大肠菌群数，MPN/L；

M——每 100mL 样品中粪大肠菌群数，MPN/100mL，查附录 B 表所得；

1000——将 C 的单位由 MPN/mL 转换为 MPN/L；

f——最大接种量，mL。

测定结果保留整数，最多保留两位有效数字；当测定结果≥100MPN/L 时，按"四舍五入"原则修约并以科学计数法表示。若 97 孔均为阴性，则可报告为"未检出"或"＜10MPN/L"。

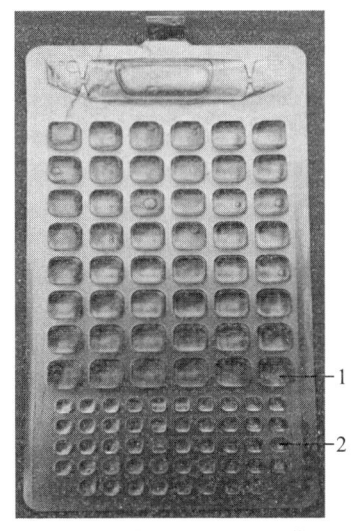

1-粪大肠菌群阳性（黄色）；2-粪大肠菌群阴性（无色）

图 7.5 粪大肠菌群酶底物法阴性、阳性结果参考图

(三)注意事项

(1)每批样品按对照试验进行空白对照测定，定期使用有证标准菌株进行阳性和阴性对照试验。

(2)每 20 个样品或每批次样品（≤20 个/批）测定一个平行双样。

(3)对每批次培养基须使用有证标准菌株进行培养基质量检验。

四、纸片快速法

在我国，多管发酵法是各级环境监测部门普遍采用的经典方法，随着技术发展及管理要求的提高，滤膜法、酶底物法等方法也开始得到应用。纸片法以其快速、简便、廉价的特点越来越得到人们的重视。1955 年，弗尔格(Foerg)建立了纸片法，并在欧洲奶制品检测方面得到应用。而后，纸片法传入国内，该方法在操作时间上较现行的多管发酵法有所减少，培养时间缩短为 18~24h，携带方便，操作简单，便于掌握，不需要进行复发酵试验，且不需要前期繁杂的培养基准备，采样即可分析，后期只需灭菌处理，无须大量洗涤工作。

(一)基本原理

纸片快速法以 MPN 来表示检测结果。方法原理为将一定量的水样以无菌操作的方式接种到吸附有适量指示剂[溴甲酚紫和 2，3，5-氯化三苯基四氮唑(TTC)]以及乳糖等营养成分的无菌滤纸上，在特定的温度(44.5℃)下培养 24h。当细菌生长繁殖时，产酸使 pH 降低，溴甲酚紫指示剂由紫色变黄色，同时，产气过程相应的脱氢酶在适宜的 pH 范围内，催化底物脱氢还原 TTC 形成红色的不溶性三苯甲臢(TTF)，即可在产酸后的黄色背景下显示出红色斑点(或红晕)。通过上述指示剂的颜色变化就可对是否产酸产气作出判断，从而确定粪大肠菌群是否存在，再通过查 MPN 表就可得出相应总大肠菌群或粪大肠菌群的浓度值。

(二)材料及分析步骤

分析时均使用符合国家标准的分析纯试剂，实验用水为蒸馏水或去离子水。

1. 试剂材料及仪器设备

1)试剂材料

(1)测试纸片。市售水质粪大肠菌群测试纸片：10mL 水样量纸片、1mL 水样量纸片，如图 7.6 所示。

(2)无菌水：取蒸馏水或去离子水经 121℃高压蒸汽灭菌 20min。

2)仪器设备

采样瓶(250mL 带磨口塞的广口玻璃瓶)、高压蒸汽灭菌锅、恒温培养箱、冰箱、试管(Φ15mm×150mm)、移液枪。

玻璃器皿和采样器具在实验前均按无菌操作要求包扎，于 121℃下高压蒸汽灭菌 20min 备用。

图 7.6　市售水质粪大肠菌群测试纸片

2. 分析步骤

1）样品采集

采集水样时,可握住瓶子下部直接将已灭菌的带盖采样瓶插入水中,距水面 10~15cm 处,拔瓶盖,瓶口朝水流方向,使水样灌入瓶内然后盖上瓶盖,将采样瓶从水中取出。如果没有水流,可握住瓶子水平前推,直到充满水样为止。采好水样后,迅速盖上瓶盖和包装纸。

样品干扰消除:如果采集的是含有余氯或经过加氯处理的水样,需在采样瓶灭菌前加入硫代硫酸钠溶液(称取 10g 硫代硫酸钠溶于适量水中,定容至 100mL,密度为 0.10g/mL)0.2mL;如果采集的是重金属离子含量较高的水样,则在采样瓶灭菌前加入乙二胺四乙酸二钠(EDTA-Na$_2$)溶液(称取 15g 二水合乙二胺四乙酸二钠,溶于适量水中,定容至 100mL,密度为 0.15g/mL)0.6mL,以消除干扰。加入干扰消除剂的采样瓶于 121℃下高压蒸汽灭菌 20min,采样瓶外壁及包扎纸干燥后可用于样品采集。酸性样品,需在分析前按无菌操作要求调节样品的 pH 至 7.0~8.0。

2）样品保存

采样后应在 2h 内检测,否则,应于 10℃以下冷藏但不得超过 6h。实验室接样后,不能立即开展检测的样品,应于 4℃以下冷藏并在 2h 内检测。

3）接种水样稀释

当每张纸片接种水样量为 10mL 或 1mL 时,充分混匀水样备用即可。

当每张纸片接种水样量小于 1mL 时,水样应制成稀释样品后使用。当接种量为 0.1mL、0.01mL 时,应分别制成 1:10 稀释样品、1:100 稀释样品。其他接种量的稀释样品以此类推。

1:10 稀释样品的制作方法为:吸取 1mL 水样,注入盛有 9mL 无菌水的试管中,混匀,即可制成 1:10 稀释样品。其他稀释度的稀释样品同法制作。

4) 水样接种

(1) 接种量确定。

①每个样品按三个不同的接种量接种，接种倍数按 10 倍递减，每个接种量分别接种 5 张纸片，共接种 15 张纸片。

②根据水样的污染程度确定接种量，尽可能使 5 个接种量最大的纸片为阳性、5 个接种量最小的纸片为阴性，避免出现三个不同接种量共 15 张纸片全部为阳性或者全部为阴性。

③清洁水样的参考接种量分别为 10mL、1mL、0.1mL，受污染水样参考接种量根据污染程度可接种 1mL、0.1mL、0.01mL 或 0.1mL、0.01mL、0.001mL 等，见表 7.11。

表 7.11 接种量参考表

废水分类	接种量/mL							
	10	1	10^{-1}	10^{-2}	10^{-3}	10^{-4}	10^{-5}	10^{-6}
生活污水					√	√	√	
医疗机构排放废水	√	√	√					
畜禽养殖业等排放废水						√	√	√

(2) 接种。

①水样制备好后进行接种。清洁水样，接种水样总量为 55.5mL，10mL 水样量纸片 5 张，每张接种水样 10mL，1mL 水样量纸片 10 张，其中 5 张各接种水样 1mL，另 5 张各接种 1∶10 的稀释水样 1mL。

②受污染水样，接种 3 个不同稀释倍数的 1mL 稀释水样各 5 张。

③接种水样应均匀滴加在纸片上，纸片充分浸润、吸收水样，用手在聚丙烯塑膜袋外侧轻轻抚平，做好标记。

④若纸片加入水样后，短时间内变黄或褪色，表明水样存在酸性物质或氧化剂干扰，需按样品干扰消除的方法去除相应干扰。

5) 培养

纸片接种后立即放置于 44.5℃±0.5℃ 的恒温培养箱中培养 18～24h 后观察结果。

6) 对照试验

(1) 空白对照。

每次试验都要用无菌水按照步骤 4)～步骤 5) 进行空白测定。空白培养后的纸片上不得有任何颜色反应，否则，该次样品测定结果无效，应查明原因后重新测定。

(2) 阳性及阴性对照。

阳性及阴性对照实验过程如下：将粪大肠菌群的阳性菌株（如大肠埃希氏菌 *Escherichia coli*）和阴性菌株（如产气肠杆菌 *Enterobacter aerogenes*）制成浓度为 300～3000 个/L 的菌悬液，分别取相应水量的菌悬液接种纸片，阳性与阴性菌株各 5 张，分别按照步骤 4)～步骤 5) 进行培养，阳性菌株应呈现阳性反应，阴性菌株应呈现阴性反应，否则，该次样品测定结果无效，应查明原因后重新测定。

7)计算结果及表示

(1)结果判读。

大肠菌群结果判读见表 7.12。

表 7.12 大肠菌群结果判读

现象	图示	结果判读
纸片上出现红斑或红晕且周围变黄		阳性
纸片全片变黄,无红斑或红晕		阳性
纸片无变化		阴性
纸片部分变黄,无红斑或红晕		阴性
纸片的紫色背景上出现红斑或红晕,而周围不变黄		阴性

(2)结果计算。

根据不同接种量的阳性纸片数量,查 MPN 表[《水质　总大肠菌群和粪大肠菌群的测定纸片快速法》(HJ 755—2015)](附录 B 表 B.2 和表 B.3)得到 MPN 值(MPN/100mL),按照公式(7.6)计算 1L 水样中粪大肠菌群数:

$$C = 100 \times \frac{M}{Q} \tag{7.6}$$

式中，C——样品中粪大肠菌群数，MPN/L；

M——每 100mL 样品中粪大肠菌群数，MPN/100mL，查 MPN 表得到；

Q——实际样品最大接种量，mL；

100——为 10×10mL，其中 10 表示将 MPN 值的单位 MPN/100mL 转换为 MPN/L，10mL 为 MPN 表中最大接种量。

测定结果保留两位有效数字；当测定结果≥100MPN/L 时，按"四舍五入"原则修约并以科学计数法表示。平均值以几何平均计算。

(三) 注意事项

(1) 购买的纸片应按以下方法进行质量鉴定，达到要求后方可使用。

①外层铝箔包装袋应密封完好，内包装聚丙烯塑膜袋无破损。

②纸片外观应整洁无毛边，无损坏，呈均匀淡黄绿色，加去离子水或蒸馏水后呈紫色，无论加水与否，应无杂色斑点，无明显变形，表面平整。

③纸片加入相应水样，充分浸润、吸收后，将内包装聚丙烯塑膜袋倒置，袋口应无水滴悬挂。

④纸片以去离子水或蒸馏水充分润湿后，其 pH 应在 7.0～7.4。

⑤纸片和内包装聚丙烯塑膜袋应无菌，加入相应水量的无菌水，37℃±1℃下培养 24h 后，纸片应无微生物生长，其紫色保持不变，且无红斑出现(图 7.7)。

(a) 纸片不加水　　　　(b) 纸片加水

图 7.7　纸片加水前后图

⑥按检测方法进行粪大肠菌群阴性、阳性标准菌株检验，其特性应符合要求。

(2) 接种纸片培养基时注意水样要涂抹均匀。

五、粪大肠菌群检测方法对比及应用范围

目前，粪大肠菌群国家标准监测方法有四种：多管发酵法、滤膜法、酶底物法以及纸片快速法等。四种检测方法的分析如表 7.13 所示。

表 7.13　粪大肠菌群四种监测方法应用分析

方法名称	优点	缺点	应用范围
多管发酵法	成本低	操作步骤烦琐、检测周期长，占用大量人工成本	检测任务少、未知水样稀释倍数摸索的情况
滤膜法	检测周期短，计数方便，耗材成本不高	对滤膜上生长的粪大肠菌落数有要求，要对待测水样按不同梯度进行稀释，挑选出最适合的滤膜培养	不利于在任务繁重的监测部门推广，适合于清洁水样
酶底物法	操作简便、检测周期短、准确度高，能有效减少人员接触污染水体致病的风险率，无须确认试验，不需要无菌操作环境	培养基成本复杂，实验室配置困难，使用成品培养基，成本较高	适宜于环境事故应急监测
纸片快速法	成本相对不高，操作步骤简便，检测周期短，结果计数方便，灭菌工作量小		适用于大量待测水样的检测

多管发酵法应用最为广泛，但不适用于监测人员少，监测任务量大的环境监测部门。滤膜法理想的水样体积是一片滤膜生长 20～60 个粪大肠菌落数，总菌落数不得超过 200 个，这就需要对待测水样按照不同梯度进行稀释，从而挑选出最适合的滤膜培养，无形中增加了工作量。酶底物法可在 24h 同时监测总大肠菌群和粪大肠菌群，极适宜于环境事故应急监测，但培养基成本复杂，实验室配置困难，使用成品培养基，成本较高，若能实现试剂的国产化，该方法应会得到极大推广。纸片快速法刚刚列入国家标准检测方法，灭菌工作量小，适用于大量待测水样的监测。

六、粪大肠菌群检测结果对生产的指示意义

粪大肠菌群能较好地反映水体受粪便污染的情况，检测大肠菌群有利于掌握生活类污染源的污染程度。我国城镇污水处理厂尾水基本执行《城镇污水处理厂污染物排放标准》(GB 18918—2002)中的一级 A 标，粪大肠菌群数为 10^3 个/L。若检测结果发现出水粪大肠菌群超标，说明污水处理工艺中消毒工艺出现问题。城市污水厂污水消毒的成熟技术主要有氯法、紫外消毒及臭氧消毒三种。若采用紫外消毒灯消毒，应检查紫外消毒灯的配置及灯管工作情况，根据进出水流量变化情况、进出水粪大肠菌群监测结果等，对紫外灯进行维修更换，必要时增加紫外消毒模块增强消毒效果，或者与化学药剂联合消毒。若采用氯法消毒，则应检查各投加点的药剂投加情况，保证投加浓度及投加量，并根据余氯的检测结果监控灭杀粪大肠菌群的情况。

第三节　活性污泥生物相观察

一、基本原理

活性污泥通常为黄褐色絮状颗粒，也称为"菌胶团"或"生物絮凝体"，其直径一般为 0.02～2mm，含水率一般为 99.2%～99.8%。活性污泥中的生物相包括细菌、真菌、原生动物及后生动物等。其中以细菌和原生动物为主。细菌及其分泌的胶质物质组成菌胶团，是活性污泥的主要组成部分，有较强的吸附和氧化有机物的能力。原生动物常作为污水净化的指标，当固着型纤毛虫占优势时，可认为污水处理运行正常。当着生缘毛目、钟虫等为优势种时，说明污水处理效果良好。而当大量丝状微生物出现时，常可造成污泥膨胀，使污水处理系统运行失常。当后生动物轮虫大量出现时，意味着污泥极度老化。因此利用显微镜的放大原理观察活性污泥的生物相，可以初步分析生物处理系统的运行情况。

二、材料及分析步骤

(一) 试剂材料及仪器设备

(1) 活性污泥：取污水处理厂曝气池末端泥水混合物。
(2) 量筒、载玻片、盖玻片、胶头滴管、镊子。
(3) 显微镜。

(二) 分析步骤

(1) 确定胶头滴管 1 滴的体积：用 1mL 移液管吸取 1mL 清水至表面皿中，用胶头滴管从表面皿中将 1mL 清水全部吸尽，然后以均匀的速度滴下，记录 1mL 水的滴数，计算胶头滴管 1 滴的体积，并重复数次，以免误差。
(2) 取曝气池混合液 1～2 滴于载玻片上，加盖玻片制成水浸标本片，在显微镜下观察生物相。
(3) 调节显微镜光照：将 10X 物镜转入光孔，调节反光镜或电流旋钮，使视野光照最大、最均匀。
(4) 低倍镜确定目标及检查位置：将标本片放置在载物台上，使标本处在物镜正下方，转动粗调节旋钮找到物象，再用细调节旋钮使物像清晰。用推动器由左向右或由上到下的方向顺序移动标本片，找到合适的生物相并推移至视野中央观察。
(5) 高倍镜观察生物外形及运动情况：在低倍物镜观察的基础上转换高倍物镜，显微镜放大倍数采用 16×10 或 16×40 即可。高倍物镜的转换不应碰到载玻片或其上的盖玻片。再用细调节旋钮调至物像清晰，找到需观察的部位移至视野中央观察，与标准图谱对照确认，由左向右或由上到下的方向顺序进行微生物的计数，应对盖玻片下所有原生动物进行计数，并重复数次。最后统计得到每毫升活性污泥混合液中的原生动物数。

(6) 观察结束后下降载物台，将油镜头转出，使用擦镜纸及乙醚酒精混合液(乙醚 2 份，酒精 3 份)擦去镜头上的油。然后将显微镜各部分还原，使反光镜与聚光器垂直，将物镜转成八字形，再将载物台下降至最低。

三、注意事项

(1) 取放生物显微镜时必须一手握镜臂，另一手托住镜座，禁止单手提着行走。
(2) 禁止拆散显微镜上任何部件。
(3) 镜检时力求坐姿端正、自然、舒适，双目同时睁开观察，这样既利于绘图，又可减少眼睛疲劳。
(4) 每次镜检，不论物体大小，其顺序必须是先低倍后高倍，最后用油镜。
(5) 低倍镜检时必须一边俯侧观察载物台上升一边转动粗调螺旋，然后才能在目镜中观察降低载物台找物像。用高倍镜和油镜时，绝不能转动粗调螺旋。
(6) 观察带有水或其他药液的标本，一定要加上盖玻片，并用滤纸吸去盖玻片周围溢出的水或药液，以免接触腐蚀显微镜。
(7) 生物显微镜各部分必须保持清洁。光学系统部分切勿用手、布、粗纸等擦拭，必须用擦镜纸轻轻揩擦，若镜头等光学部分积有灰尘时需先用洗耳球吸去灰尘后再擦拭，必要时可略蘸些二甲苯进行揩擦。金属等机械部分有灰尘时，可用纱布擦拭。
(8) 生物显微镜用毕后，必须把接物镜移开。使两个高、低倍接物镜以"八"字形朝前方，然后取出装片。拔掉电源，放回原位，罩好防护罩。

四、常见原后生动物对生产的指示意义

(一) 常见原后生动物的指示作用

通过统计活性污泥中原生动物及后生动物种类的数量来判断活性污泥的特性及污水处理系统运行情况，从而指导污水处理厂的生产运行。常见原生动物图谱如图 7.8 所示。

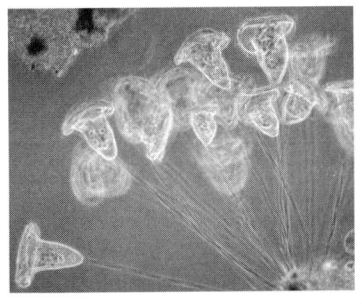

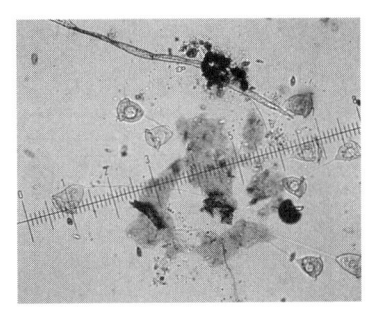

钟虫

轮虫

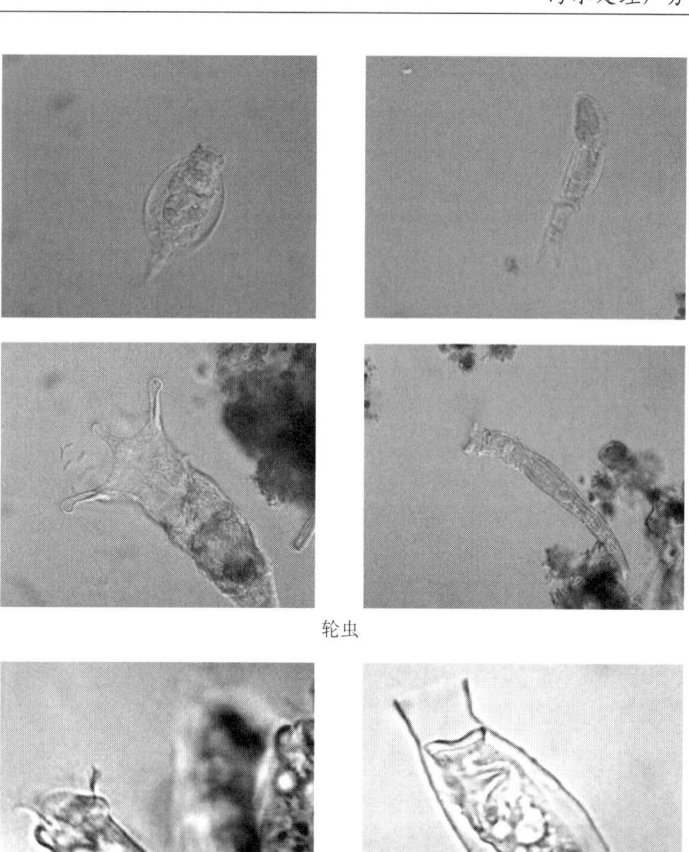

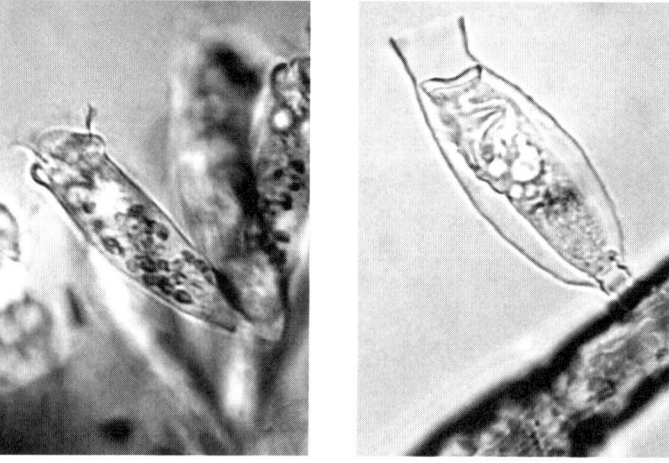

固着型纤毛虫

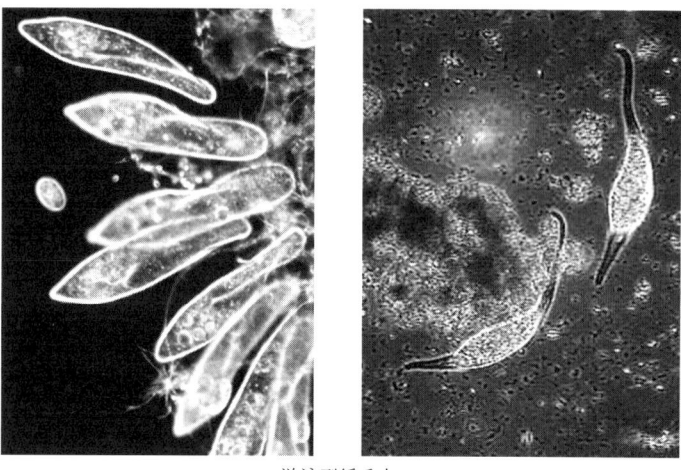

游泳型纤毛虫

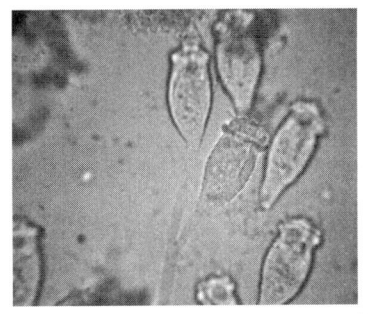

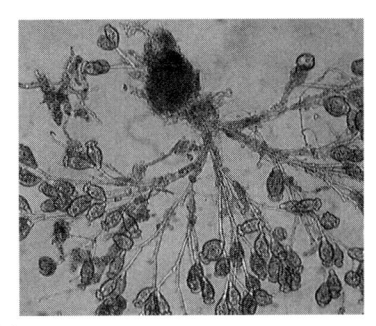

第七章 污水生物指标和污泥性质的监测

累枝虫

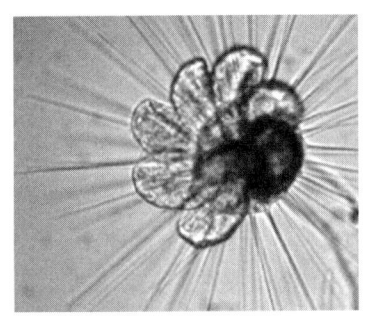

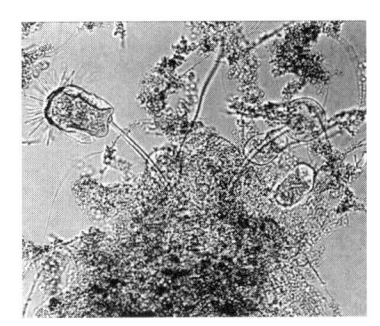

吸管虫

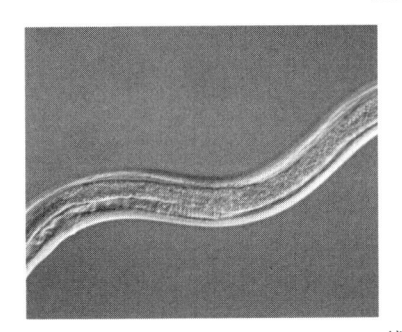

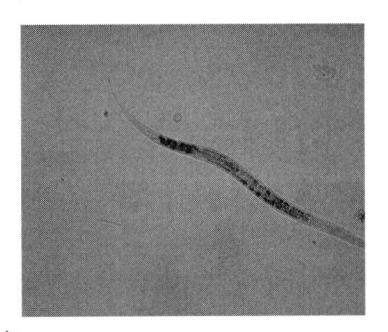

线虫

图 7.8 常见原生动物图谱

常见原后生动物对活性污泥状态及操作环境的指示作用见表 7.14、表 7.15。

表 7.14 原后生动物对活性污泥状态的指示作用

污泥状态	活性污泥特性	优势原后生动物
污泥恶化	活性污泥絮体较小，直径在 0.2mm 以下，污泥凝聚沉降能力下降，处理效果差	豆形虫、肾形虫、草履虫、瞬目虫、波豆虫、滴虫等快速游泳型
污泥解体	活性污泥絮体细小，有些似针状分散	变形虫、简便虫等肉足类
污泥膨胀	活性污泥 SVI 值高，钟虫逐渐减少	纤虫、漫游虫等大量繁殖，裸口旋毛虫、全毛类、拟轮虫等
污泥恢复期	活性污泥从恶化状态逐渐恢复，污泥沉降性能逐渐变好	漫游虫、斜叶虫、管叶虫等慢速游泳型或匍匐行进型
活性污泥性能良好	易形成絮体，有压密性，观察不到针状小絮体，活性污泥易沉降	钟虫、累枝虫、盖纤虫、纤虫、吸管虫，出现轮虫类等后生动物

表7.15 原后生动物对操作环境的指示作用

操作环境	优势原后生动物及形态变化
曝气过量	肉足类纤毛虫；轮虫类后生动物
曝气不足	钟虫不活跃，伸缩泡处于舒张状态，不收缩，不活动；卵尾波虫占优势，如豆形虫、屋滴虫、变形虫
负荷高	裸变形虫、鞭毛虫
水力停留时间短	游泳型纤毛虫占优势
有毒物质进入	纤毛虫、钟虫数量急剧减少
水质突然恶化	固着型纤毛数量锐减，游泳型纤毛虫增加
水质趋于变好	固着型纤毛虫
处理效果良好	钟虫等固着型纤毛虫或有壳变形虫；轮虫等后生动物出现

(二)微生物对活性污泥的指示意义

(1)运行正常的污水处理设施的活性污泥生物相：活性污泥的污泥絮粒大、边缘清晰、结构紧密，呈封闭状、具有良好的吸附和沉降性能。絮粒以菌胶团细菌为骨架，穿插生长一些丝状菌，但丝状菌数量远少于菌胶团细菌，未见游离细菌，微型动物以固着类纤毛虫为主，如钟虫、盖纤虫、累枝虫等；还可见楯纤虫在絮粒上爬动，偶尔还可看到少量的游泳型纤毛虫等，轮虫生长活跃。出现以上生物相表明污泥沉降及凝聚性能较好，它在二沉池中能很快和彻底地进行泥水分离，处理出水效果好。在形成这种生物相结构时，应加强运行管理，以继续保持这种运行条件。

(2)在污泥驯化初期，水中有机物浓度很高，污泥未形成，这时可观察到大量的游离细菌及鞭毛虫，接着出现掠食性很强的游泳型纤毛虫；随着污泥驯化的进行，水中有机物浓度不断降低，游离细菌及鞭毛虫数量不断减少，游泳型纤毛虫因食物减少而不断减少，当出现固着型纤毛虫时，标志着污泥基本形成。

(3)当污泥出现絮体结构松散，絮粒变小，观察到大量的游泳型纤毛虫类(豆形虫属、肾形虫属、草履虫属、波豆虫属、滴虫属)等生物、肉足类生物(变形虫类等)急剧增加的生物相时，污泥沉降性差，影响泥水分离。产生的原因是污泥负荷过低，菌胶团细菌体外的多糖类基质会被细菌作为营养物用于维持生命需要，从而使絮体结构松散，絮粒变小。若同时观察到大量的游离细菌的生物相时，则是由污泥负荷过高引起的，这时污水中的营养物质丰富，促使游离细菌生长很好，絮凝的菌胶团细菌趋于解絮成单个游离菌，以增大同周围环境接触的比表面，同样使污泥结构松散，絮粒变小。此外，由于污泥絮粒的解絮或变小容易被微型生物吞噬，使得微型生物因食物充足而大量繁殖。对污泥负荷过低的情况，应采取减少污泥回流量、投加营养物质、缩短泥龄等方法提高污泥负荷运行；对污泥负荷过高的情况，则应采取减少进水流量、减少排泥等措施降低污泥负荷运行。

(4)活性污泥中累枝虫、木盾纤虫、裂口虫、钟虫的数量呈增长趋势时，表明出水水质明显变好。在污泥结构松散转差时，常可发现游泳型纤毛虫大量增加，出水浑浊；处理效果较差时,变形虫及鞭毛虫类原生动物的数量会大大增加。

(5)出现硫细菌、螺旋体、扭头虫属时,表明溶解氧不足,需要向曝气池内增加供氧量,提高溶解氧浓度。当溶解氧浓度超过 5mg/L 时,出现大量的各种肉足类和轮虫类,这时应减少曝气量。

(6)当污水浓度和 BOD 负荷低时,会以游仆虫属、旋口虫属、轮虫属、表壳虫属等生物占优势,标志着硝化正在进行。出现这种生物相时应及时提高 BOD 负荷运行。

(7)在活性污泥出现恶化的情况时,通过调整运行环境,出现漫游虫属、斜叶虫属、管叶虫属等生物时,表明活性污泥开始从恶化恢复到正常状态。

(8)就轮虫属而言,从污泥解体开始到还有大量残留絮体存在时都可见。线虫大量出现,与活性污泥老化有关,其表现通常是活性污泥老化的开始阶段,在活性污泥老化进入加速期,则看不到其占优势的现象。

(9)当污泥停留时间长,曝气过量时,处理腐败污水等有机酸多或含油多的污水时,可观察到放线菌出现,它可引起曝气池发泡。

(10)正常的活性污泥中都含有一定量的丝状菌,它是形成活性污泥絮体的骨架材料。如果活性污泥中丝状菌数量太少,则无法形成大的絮状体,沉降性能不好;如果丝状菌过度繁殖,则会形成丝状菌污泥膨胀。在正常的环境中,菌胶团的生长率远大于丝状菌,不会出现丝状菌过度繁殖的现象。但如果活性污泥环境条件发生不利变化,丝状菌因其表面积较大,抵抗环境变化能力较强,丝状菌的数量就有可能异常增多,从而导致丝状菌污泥膨胀。引起活性污泥中丝状菌膨胀的环境条件有:①进水中有机物质太少,曝气池内污泥负荷低,导致微生物食料不足;②进水中氮、磷等营养物质不足;③系统 pH 偏低,不利于微生物生长;④曝气池混合液内溶解氧太低,不能满足微生物的需要;⑤进水水质或水量波动太大,会对微生物造成冲击;⑥进入曝气池的污水因"腐化"产生出较多的硫化氢,当其浓度超过 1~2mg/L 时,还会导致丝状硫黄菌的过量繁殖,使丝状硫黄菌污泥膨胀;⑦丝状菌大量繁殖的适宜温度为 25~30℃,因而夏季易发生丝状菌污泥膨胀。

第四节　混合液悬浮固体浓度

一、基本原理

混合液悬浮固体(MLSS)浓度是指曝气池混合液中活性污泥的浓度,即单位体积混合液中所含活性污泥固体的总质量,其单位为 mg/L 或 kg/m^3。采用烘干法进行测试。

二、材料及分析步骤

(一)试剂材料及仪器设备

(1)活性污泥:取污水处理厂曝气池末端泥水混合物。

(2) 100mL 量筒、定量滤纸、烘箱、分析天平、干燥器。

(二) 分析步骤

(1) 滤纸准备：用扁嘴无齿镊子夹取定量滤纸放入事先恒重的称量瓶，移入烘箱中，于 103～105℃烘干 0.5h 后取出，置于干燥器内冷却至室温，反复烘干、冷却、称量，直至两次称量的质量差≤0.0005g，记录其质量 W_1。

(2) 将冷却后的滤纸放入漏斗中。

(3) 取 100mL 曝气池中活性污泥，全部倒入漏斗中过滤或抽滤(用水冲洗量筒中残余污泥，并将冲洗水也倒入漏斗)。

(4) 将载有污泥的滤纸移入烘箱(105℃)中烘干 2h 至恒重后，称量并记录质量 W_2。

(5) 按照 MLSS=$(W_2-W_1)\times 10^4$(mg/L) 计算悬浮固体浓度值。

三、注意事项

(1) 用真空泵进行抽滤时要严格控制泵的抽力，以免滤纸被破坏。

(2) 当水样过滤结束后还要保持慢速抽滤 3～5min，把水分充分除去。

(3) 用镊子夹出带污泥的滤纸，纵向折叠后放到称量瓶内(泥在下面)。当烘到 2min 时将滤纸放置的方向进行颠倒(泥在上面)，继续烘烤，这样有助于水分的蒸发。

四、混合液悬浮固体浓度对生产的指示意义

MLSS 是计量曝气池中活性污泥数量的指标，往往以它作为粗略计量活性污泥微生物量的指标。对普通活性污泥法，MLSS 为 1500～2500mg/L，对延时活性污泥法或普通氧化沟法，MLSS 为 2500～5000mg/L，在活性污泥法的运行管理中，为了维持反应池混合液一定的 MLSS 值，除应保证二次沉淀池具有良好的污泥浓缩性能外，还应考虑活性污泥膨胀的对策，以提高回流活性污泥浓度，减小污泥回流比。

一般而言，曝气池中的 MLSS 接近其最佳值时，处理效果最好，而 MLSS 过低时往往达不到预计的处理效果。当 MLSS 过高时，泥龄延长，维持这些污泥中微生物正常活动所需的溶解氧数量自然会增加，导致对充氧系统能力的要求增大。同时曝气池混合液的密度会增大，也就会增加机械曝气或鼓风曝气的电耗。也就是说，虽然 MLSS 偏高时，可以提高曝气池对进水水质变化和冲击负荷的抵抗能力，但在运行上往往是不经济的。而且有时还会导致污泥过度老化，活性下降，最后甚至影响处理效果。在实际运行时，有时需要通过加大剩余污泥排量的方式强制降低曝气池的 MLSS 值，刺激曝气池混合液中微生物的生长和繁殖，提高活性污泥分解氧化有机物的活性。

第五节　挥发性悬浮固体浓度

一、基本原理

挥发性悬浮固体浓度（MLVSS），又称有机固体物质浓度，是指曝气池混合液中挥发性悬浮固体的浓度，代表的是有机悬浮固体的浓度（通常用 600℃下的灼烧量来测定），能较准确地表示活性污泥的活性部分的数量，其单位为 mg/L 或 kg/m³。

二、材料及分析步骤

（一）试剂材料及仪器设备

(1) 活性污泥：取污水处理厂曝气池泥水混合物。
(2) 100mL 量筒、定量滤纸、马弗炉、烘箱、坩埚、分析天平、干燥器。

（二）分析步骤

(1) 滤纸准备：用扁嘴无齿镊子夹取定量滤纸放于事先恒重的称量瓶内，移入烘箱中于 103～105℃烘干 0.5h 后取出置于干燥器内冷却至室温，反复烘干、冷却、称量，直至两次称量的质量差≤0.0005g，记录其质量 W_1。
(2) 将冷却后的滤纸放入漏斗中。
(3) 取 100mL 曝气池中活性污泥，全部倒入漏斗中过滤或抽滤（用水冲洗量筒中残余污泥，并将冲洗水也倒入漏斗）。
(4) 将载有污泥的滤纸移入烘箱（105℃）中烘干 2h 至恒重后，称量并记录质量 W_2。
(5) 将干净的瓷坩埚放入烘箱中干燥 1h，取出放入干燥器中冷却至室温称重，记录其质量 W_3。
(6) 将烘干后的滤纸和污泥放入坩埚中，然后放入马弗炉中，升温加热至 600℃，保持 120min，降至室温后取出称重，记录其质量 W_4。
(7) 按照公式 MLSS=$(W_2+W_3-W_1-W_4)\times10^4$ (mg/L) 计算挥发性悬浮固体浓度值。

三、注意事项

(1) 把坩埚放入马弗炉或从炉中取出时，要在炉口停留片刻，使坩埚预热或冷却，防止因温度剧变而使坩埚破裂。
(2) 灼烧后的坩埚应冷却到 200℃以下再移入干燥器中，否则热对流作用易造成残灰飞散，且冷却速度慢，冷却后干燥器内形成较大真空，盖子不易打开。
(3) 当坩埚放入干燥器后，先盖上盖子，再慢慢推开盖子，放出空气。重复数次，把盖子盖紧并冷却至室温。

(4) 从干燥器内取出坩埚时，因内部呈真空，开盖恢复常压时，应该放轻动作，使空气缓缓流入，以防残灰飞散。

四、挥发性悬浮固体浓度对生产的指示意义

在一定的废水和处理系统中，活性污泥中微生物所占悬浮固体量的比例是一定的，MLVSS/MLSS 值比较稳定，城市污水的活性污泥介于 0.7~0.85。MLVSS/MLSS 的比值过小说明污泥无机质含量高，污泥活性较低，惰性污泥会影响氧传质效率，需要增大曝气量来维持运行。MLVSS/MLSS 的比值过高则说明污泥增长过快，污泥浓度偏高，此时需通过排泥来降低系统污泥浓度，使 MLSS 及 MLVSS/MLSS 维持在最佳值。

第六节　污泥沉降比

一、基本原理

污泥沉降比(sludge settling ratio，SSR)又称 30min 沉降率，是指从曝气池出口处取出的活性污泥混合液在 1000mL 量筒中静置沉淀 30min 后，立即测得的污泥沉淀体积占所取混合液的体积比，以百分比(%)表示，所以又称污泥沉降体积(SSR_{30})。

二、材料及分析步骤

(一) 试剂材料及仪器设备

(1) 活性污泥：取污水处理厂曝气池末端泥水混合物。
(2) 1000mL 量筒、定时器、烧杯、虹吸装置。

(二) 分析步骤

(1) 将 1000mL 量筒用蒸馏水冲洗后干燥。
(2) 将虹吸管吸入口放在曝气池的出口处（即曝气池的混合液流入二沉池时的出口处）。用吸耳球将曝气池的混合液吸出，并形成虹吸。
(3) 通过虹吸管混合液置于 1000mL 量筒中，至 1000mL 刻度处，并从此时开始计算沉淀时间。
(4) 将装有污泥的 1000mL 量筒放在静止处，观察活性污泥凝絮和沉淀的过程与特点，且在第 1min、3min、5min、10min、15min、20min、30min 分别记录污泥界面以下的污泥容积。通过第 30min 的污泥容积(mL)即可计算出污泥沉降比(SSR)。

三、注意事项

(1) 污泥沉降过程分为 3 个阶段，沉降过程的前几分钟为絮凝自由沉降的过程，随后是压缩阶段，因此 SSR_5[①]可认为是初步沉降阶段，它的测定结果更能有效地观察反应沉降速率、沉降性能和泥质结构；SSR_{30} 则着重观察污泥形态、沉降结构以及沉降比值，从而了解无机物和有机物的构成比例，同时判断污泥量是否过剩；SSR_{120} 及以上，则是观察泥的上浮状态及分层情况，从而初步判断溶解氧含量、SBR(序批式活性污泥法，sequencing batch reactor actirvated sludge process)池硝化情况等。因此实验过程中不仅要观察沉降比，还要注意观察污泥的外观、沉降速率、泥水界面清晰程度、上层液的混浊情况等。

(2) 测试污泥沉降比时尽量采用 1000mL 的量筒。大部分人认为 100mL 量筒便于拿取，而选择其进行污泥沉降比的测定，其实这样会产生误差，因为小量筒直径较小，对污泥沉降有一定的阻滞效应，测得的值很可能偏高，当污泥结构较松散，出现膨胀污泥时，误差会更大。当测试沉降性能好的污泥的沉降比时，采用 1000mL 和 100mL 量筒二者的测定结果相差不大，而当存在膨胀污泥时，测定值相差就比较多，最大的误差可高达 40%，也就是说在污泥发生膨胀时，小量筒测得的沉降比比大量筒高出很多。因此，在测量过程中应该选用 1000mL 的量筒。

四、污泥沉降比对生产的指示意义

污泥沉降比是评价活性污泥的重要指标之一，在一定程度上反映了活性污泥的沉降性能，而且测定方法简单、快速、直观。当污泥浓度变化不大时，用污泥沉降比可快速反映出活性污泥的沉降性能以及污泥膨胀等异常情况。SSR 的大小与污泥种类、絮凝性能及污泥浓度等有关。当沉降性能较好时，SSR_{30} 较小，反之较大。当污泥浓度较高时，SSR_{30} 较大，反之则较小。不同污水处理厂的 SSR 差别很大，城市污水处理厂的正常 SSR 一般在 20%～30%。当测得污泥 SSR_{30} 较高时，可能是污泥浓度增大，也可能是沉降性能恶化，不论是何种原因，都应及时排泥，降低 SSR_{30}，并应逐渐缓慢地进行，一天内排泥不能太多。

第七节 污泥体积指数

一、基本原理

污泥容积指数(sludge volume index，SVI)，即曝气池出口处混合液经 30min 静沉后，1g 干污泥所占的容积(以 mL 计)。具体计算公式如下：

[①] SSR_5 指污泥混合液静置 5min 后，沉降的污泥体积占原混合液体积的比例，通常用百分比(%)表示，其余以此类推。

$$SVI = \frac{SSR}{MLSS} \tag{7.7}$$

式中，SVI——污泥体积指数，mL/g；
　　　SSR——污泥沉降比，mL/L；
　　　MLSS——污泥干重，g/L。

污泥体积指数是表征活性污泥沉降性能的另一重要指标。当处理系统水质、水量发生变化或受到有毒物质的冲击影响或环境因素发生变化时，曝气池中的混合液浓度或污泥指数都可能发生较大的变化，单纯地用污泥沉降比作为沉降性能的评价指标则很不充分，因为污泥沉降比中并不包括污泥浓度的因素。这时，常采用污泥体积指数(SVI)来判定系统的运行情况。

二、材料及分析步骤

(一)试剂材料及仪器设备

(1)活性污泥：取污水处理厂曝气池末端泥水混合物。
(2)分析天平、烘箱、定量滤纸、烧杯、漏斗、玻璃棒、镊子、称量瓶。

(二)分析步骤

(1)滤纸准备：用扁嘴无齿镊子夹取定量滤纸放于事先恒重的称量瓶内，移入烘箱中于 103~105℃烘干 0.5h 后取出置于干燥器内冷却至室温，反复烘干、冷却、称量，直至两次称量的质量差≤0.0005g，记录其质量 W_1。
(2)将冷却后的滤纸放入漏斗中。
(3)将本章第六节步骤测定过污泥沉降比的 100mL 量筒内的污泥全部倒入漏斗中过滤(用水冲洗量筒中残余污泥，并将冲洗水也倒入漏斗)。
(4)将载有污泥的滤纸移入烘箱(105℃)中烘至恒重，称量并记录质量 W_2。
(5)根据测定的污泥沉降比(SSR)和污泥干重 MLSS，依据公式(7.7)计算污泥体积指数(SVI)。

三、注意事项

SVI 与 SSR 及 MLSS 有关，其测试注意事项参考本章第四节及第六节。

四、污泥体积指数对生产的指示意义

污泥体积指数能客观地评价活性污泥的松散程度和絮凝、沉淀性能，及时地反映出是否有污泥膨胀的倾向或已经发生污泥膨胀。SVI 越低，沉降性能越好。对城市污水，一般认为：SVI＜100，污泥沉降性能好；100＜SVI＜200，污泥沉降性能一般；200＜SVI＜300，污泥沉降性能较差；SVI>300，污泥膨胀。

正常情况下，城市污水 SVI 值在 100～150。此外，SVI 大小还与水质有关，当工业废水中溶解性有机物含量高时，正常的 SVI 值偏高；而当无机物含量高时，正常的 SVI 值可能偏低。影响 SVI 值的因素还有温度、污泥负荷等。从微生物组成方面看，活性污泥中固着型纤毛类原生动物(如钟虫、盖纤虫等)和菌胶团细菌占优势时，吸附氧化能力较强，出水有机物浓度较低，污泥比较容易凝聚，相应的SVI值也较低。

附表 7.1 细菌总数测定检验记录表

检验方法		方法依据	
高压蒸汽灭菌锅型号		出厂编号	
培养箱型号		出厂编号	
培养基灭菌温度/℃		培养温度/℃	
样品编号：		细菌总数：	CFU/mL
样品用量/mL			
稀释倍数			
36℃培养48h后，菌落数			
平均菌落数/个			

注：可根据实际工作需要自行设计表格，至少要包括上述信息。

附表 7.2 细菌总数测定数据报告表

样品来源			
采/送样日期		分析日期	
样品数量			
样品状态			
监测点位	样品编号	监测频次	
标准方法名称		标准方法编号	
测定值：		监测结果：	
备注			

附表 7.3　粪大肠菌群测定检验记录表

检验方法					方法依据			
高压蒸汽灭菌锅型号					出厂编号			
培养箱型号					出厂编号			
培养基灭菌温度/℃					培养温度/℃			
样品编号： 查表结果：粪大肠菌群数　　MPN/100mL　　稀释度：　　结果：　　MPN/L									
标本接种/mL								
初发酵								
复发酵								
阳性管数/个								

注1：初发酵和复发酵后面的表格里，产酸产气的用"+"表示，否则用"—"表示。
注2：可根据实际工作需要自行设计表格，至少要包括上述信息。

附表 7.4　粪大肠菌群测定数据报告表

样品来源				
采/送样日期		分析日期		
样品数量				
样品状态				
监测点位		样品编号		监测频次
标准方法名称		标准方法编号		
测定值：		监测结果：		
备注				

第八章　污水处理厂水质在线监测系统

根据《国家重点监控企业自行监测及信息公开办法(试行)》，国家重点监控企业应按照环境保护法律法规要求，组织开展环境监测活动。企业自行监测应当遵守国家环境监测技术规范和方法。自行监测活动可以采用手工监测、自动监测或者手工监测与自动监测相结合的技术手段。环境保护主管部门对监测指标有自动监测要求的，企业应当安装相应的自动监测设备。

采用自动监测的，全天连续监测；采用手工监测的，应当按以下要求频次开展监测：化学需氧量、氨氮每日开展监测，废水中其他污染物每月至少开展一次监测，其中，国家或地方发布的规范性文件、规划、标准中对监测指标的监测频次有明确规定的，按规定执行。

以手工监测方式开展自行监测的，应当具备以下条件：①具有固定的工作场所和必要的工作条件；②具有与监测本单位排放污染物相适应的采样、分析等专业设备、设施；③具有两名以上持有省级环境保护主管部门组织培训的、与监测事项相符的培训证书的人员；④具有健全的环境监测工作和质量管理制度；⑤符合环境保护主管部门规定的其他条件。

以自动监测方式开展自行监测的，应当具备以下条件：①按照环境监测技术规范和自动监控技术规范的要求安装自动监测设备，与环境保护主管部门联网，并通过环境保护主管部门验收；②具有两名以上持有省级环境保护主管部门颁发的污染源自动监测数据有效性审核培训证书的人员，对自动监测设备进行日常运行维护；③具有健全的自动监测设备运行管理工作和质量管理制度；④符合环境保护主管部门规定的其他条件。

第一节　水质在线监测系统概述

水质在线监测系统是一套以在线自动分析仪器为核心，运用现代传感技术、自动测量技术、自动控制技术、计算机应用技术及相关的专用分析软件和通信网络所构成的一个综合性、智能性的在线监测体系。

水质在线监测系统能够自动、连续、及时、准确地对污水水质及污水处理厂运行情况进行连续采样、分析测定、数据传输、数据处理和自动生成报表及预警等，水质在线监测系统测定的数据，经通信系统(有线或无线)定时传送到中心监测站，经系统软件处理后，供主管部门监管。相对于手工常规监测，在线监测系统将节约大量的人力和物力，还可以实时预警污水处理厂的生产异常情况及排放达标情况等。

第二节 术语和定义

一、水污染源在线监测系统

水污染源在线监测系统指由实现水污染源流量监测、水污染源水样采集、分析及分析数据统计与上传等功能的软硬件设施组成的系统。

二、水污染源在线监测仪器

水污染源在线监测仪器指水污染源在线监测系统中用于在线连续监测污染物浓度和排放量的仪器、仪表。

三、水质自动采样单元

水质自动采样单元指水污染源在线监测系统中用于实现采集实时水样及混合水样、超标留样、平行监测留样、比对监测留样的单元，供水污染源在线监测仪器分析测试。

四、数据控制单元

数据控制单元指实现控制整个水污染源在线监测系统内部仪器设备联动，自动完成水污染源在线监测仪器的数据采集、整理、输出及上传至监控中心平台，接受监控中心平台命令控制水污染源在线监测仪器运行等功能的单元。

第三节 水污染源在线监测系统的组成及建设要求

水污染源在线监测系统主要由四部分组成：流量监测单元、水质自动采样单元、水污染源在线监测仪器、数据控制单元以及相应的建筑设施等。水质自动监测系统的建设应符合《水污染源在线监测系统（COD_{Cr}、NH_3-N 等）安装技术规范》（HJ 353—2019）相关要求。

一、水污染源排放口建设要求

按照《污水监测技术规范》（HJ 91.1—2019）中的布设原则选择水污染源排放口位置，排放口依照《环境保护图形标志——排放口（源）》（GB 15562.1—1995）的要求设置环境保护图形标志牌，排放口应能满足流量监测单元建设要求和水质自动采样单元建设要求。

用暗管或暗渠排污的，需设置能满足人工采样条件的竖井或修建一段明渠，污水面在地面以下超过1m的，应配建采样台阶或梯架。压力管道式排放口应安装满足人工采样条件的取样阀门。

二、流量监测单元建设要求

排污单位应根据地形和排水方式及排水量大小，在其排放口上游能包含全部污水束流的位置，修建一段特殊渠（管）道的测流段，以满足测量流量、流速的要求。一般还可安装三角形薄壁堰、矩形薄壁堰、巴歇尔槽等标准化计量堰（槽）。标准化计量堰（槽）的建设应能够清除堰板附近堆积物，能够进行明渠流量计比对工作。管道流量计的建设管道及周围应留有足够的长度及空间以满足管道流量计的计量检定和手工比对。水污染源在线监测系统的组成如图8.1所示。

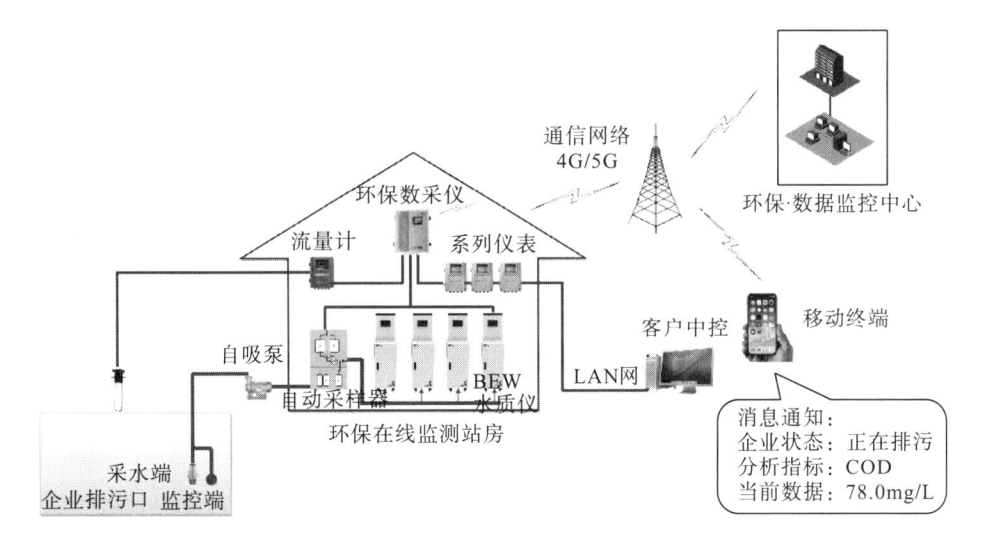

图8.1 水污染源在线监测系统的组成

三、监测站房建设要求

在线监测系统应设有专用监测站房，新建监测站房面积应满足不同监测站房的功能需要并保证水污染源在线监测系统的摆放、运转和维护。监测站房的设置应根据标准HJ 353—2019，并满足以下要求。

(1) 使用面积应不小于15m²，站房高度不低于2.8m。
(2) 监测站房应尽量靠近采样点，与采样点的距离应小于50m。
(3) 应安装空调和冬季采暖设备，空调具有来电自启动功能，具备温湿度计，保证室内清洁，环境温度、相对湿度和大气压等应符合《工业过程测量和控制装置 工作条件 第1部分：气候条件》（GB/T 17214.1—1998）、《工业过程测量和控制装置的工作条件 第2

部分：动力》（GB/T 17214.2—2005）、《工业过程测量和控制装置的工作条件第 3 部分：机械影响》（GB/T 17214.3—2000）和《工业过程测量和控制装置的工作条件第 4 部分：腐蚀和侵蚀影响》（GB/T 17214.4—2005）的要求。

(4) 监测站房内应配置安全合格的配电设备，能提供足够的电力负荷，功率≥5 kW，站房内应配置稳压电源。

(5) 监测站房内应配置合格的给、排水设施，使用符合实验要求的用水清洗仪器及有关装置。

(6) 监测站房应配置完善规范的接地装置和避雷措施、防盗和防止人为破坏的设施，接地装置安装工程的施工应满足《电气装置安装工程接地装置施工及验收规范》（GB 50169—2016）的相关要求，建筑物防雷设计应满足《建筑物防雷设计规范》（GB 50057—2010）的相关要求。

(7) 监测站房应配备灭火器箱、手提式二氧化碳灭火器、干粉灭火器或沙桶等，按消防相关要求布置。

(8) 监测站房不应位于通信盲区，应能够实现数据传输。

(9) 监测站房的设置应避免对企业安全生产和环境造成影响。

(10) 监测站房内、采样口等区域应安装视频监控设备。

四、水质自动采样单元建设要求

水质自动采用单元的设置应根据标准 HJ 353—2019 满足以下要求。

(1) 水质自动采样单元具有采集瞬时水样及混合水样，混匀及暂存水样、自动润洗及排空混匀桶，以及留样功能。

(2) pH 水质自动分析仪和温度计应原位测量或测量瞬时水样。

(3) COD_{Cr}、TOC、NH_3-N、TP、TN 水质自动分析仪应测量混合水样。

(4) 水质自动采样单元的构造应保证将水样不变质地输送到各水质分析仪，应有必要的防冻和防腐设施。

(5) 水质自动采样单元应设置混合水样的人工比对采样口。

(6) 水质自动采样单元的管路宜设置为明管，并标注水流方向。

(7) 水质自动采样单元的管材应采用优质的聚氯乙烯(polyvinylchloride，PVC)、三丙聚丙烯(polypropylene random，PP-R)等不影响分析结果的硬管。

(8) 采用明渠流量计测量流量时，水质自动采样单元的采水口应设置在堰槽前方，合流后充分混合的场所，并尽量设在流量检测单元标准化计量堰(槽)取水口头部的流路中央，采水口朝向与水流的方向一致，减少采水部前端的堵塞。采水装置宜设置成可随水面的涨落而上下移动的形式。

(9) 采样泵应根据采样流量、水质自动采样单元的水头损失及水位差合理选择。应使用寿命长、易维护的，并且对水质参数没有影响的采样泵，安装位置应便于采样泵的维护。

五、数据控制单元建设要求

（1）数据控制单元可协调统一运行水污染源在线监测系统，采集、储存、显示监测数据及运行日志，向监控中心平台上传污染源监测数据，具体示意图见图 8.2。

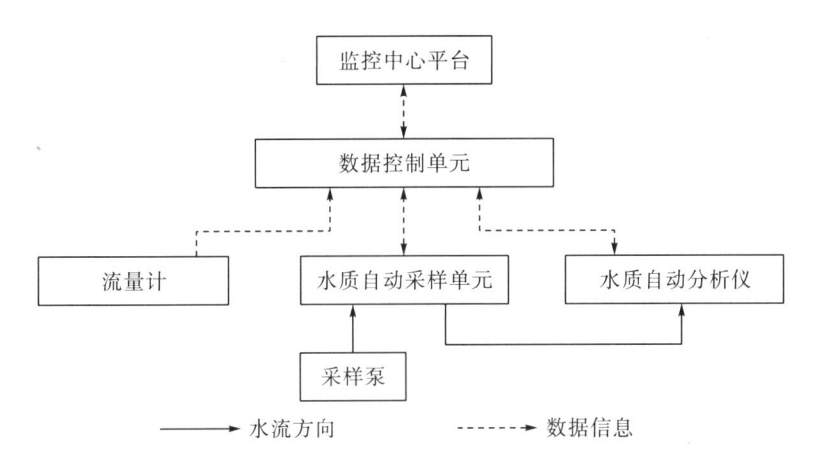

图 8.2　数据控制单元示意图

（2）数据控制单元可控制水质自动采样单元采样、送样及留样等操作。
（3）数据控制单元触发水污染源在线监测仪器进行测量、标液核查和校准等操作。
（4）数据控制单元读取各个水污染源在线监测仪器的测量数据，并实现实时数据、小时均值和日均值等项目的查询与显示，并通过数据采集传输仪上传至监控中心平台。
（5）数据控制单元记录并上传的污染源监测数据，上报数据应带有时间和数据状态标识，如图 8.3 所示，具体参照标准 HJ 355—2019 中 6.2 条款。

图 8.3　带标识和时间的污染源监测数据

(6)数据控制单元可生成、显示各水污染源在线监测仪器监测数据的日统计表、月统计表和年统计表。

六、水质自动分析仪建设要求

现场水质自动分析仪应落地或壁挂式安装，采用有必要的防震措施，保证设备安装牢固稳定。在仪器周围应留有足够空间，方便仪器管护。安装高温加热装置的现场水质自动分析应避开可燃物和严禁烟火的场所。

现场水质自动分析仪与数据采集传输仪的电缆连接应可靠稳定，并尽量缩短信号传输距离，减少信号损失。各种电缆和管路应加保护管铺于地下或空中架设，空中架设的电缆应附着在牢固的桥架上，并在电缆和管路以及电缆和管路的两端作明显标记。电缆线路的施工应满足《电气装置安装工程 电缆线路施工及验收标准》(GB 50168—2018)的相关要求。

现场水质自动分析仪工作所必需的高压气体钢瓶，应稳固固定在监测站房的墙上，防止钢瓶跌倒。

COD_{Cr}、TOC、NH_3-N、TP、TN 水质自动分析仪可自动调节零点和校准量程值，两次校准时间间隔不小于 24h。

根据企业排放废水实际情况，水质自动分析仪可安装过滤等预处理装置，经过预处理装置所安装的过滤等预处理装置应防止过度过滤，过滤后实际水样比对结果应满足要求。

必要时(如南方的雷电多发区)，仪器和电源也应设置防雷设施。

第四节 水污染物在线监测系统相关设备

水污染源在线监测系统中所采用的仪器设备应符合国家有关标准和技术要求，涉及的设备有流量计、数采仪、水质自动采样器、pH 水质自动分析仪、化学需氧量(COD_{Cr})水质自动分析仪、总有机碳(TOC)水质自动分析仪、氨氮(NH_3-N)水质自动分析仪、总磷(TP)水质自动分析仪、总氮(TN)水质自动分析仪等。

一、流量计

水污染源在线监测流量计一般采用超声波明渠污水流量计或电磁管道流量计，其技术要求要满足《超声波明渠污水流量计技术要求及检测方法》(HJ 15—2019)和《环境保护产品技术要求 电磁管道流量计》(HJ/T 367—2007)的相关要求。超声波明渠污水流量计是依据超声波在某一测量介质中传播速度与流体速度相关的原理制作，由转换器和传感器两大部分构成，利用两个超声波转换器交替发送信号测量沿转换器正反两方向的传播速度差，通过传感换算成液体流速。电磁管道流量计则是基于法拉第电磁感应定律而制作的，该流量计适用于导电流体介质的流量测定,它的测量结果不受温度、压力、黏度、密度的影响,腐蚀性介质也可使用。

采用超声波明渠污水流量计测定流量时,应按照《明渠堰槽流量计试行检定规程》(JJG 711—1990)、《城市排水流量堰槽测量标准　三角形薄壁堰》(CJ/T 3008.1—1993)、《城市排水流量堰槽测量标准　矩形薄壁堰》(CJ/T 3008.2—1993)、《城市排水流量堰槽测量标准　巴歇尔量水槽》(CJ/T 3008.3—1993)等技术要求修建或安装标准化计量堰(槽),并通过计量检定。主要流量堰(槽)的安装规范见标准 HJ 353—2019 中附录 D。

应根据测量流量范围选择合适的标准化计量堰(槽),根据计量堰(槽)的类型确定明渠流量计的安装点位,具体要求如表 8.1 所示。

表 8.1　计量堰(槽)的选型及流量计安装点位

序号	堰(槽)类型	测量流量范围/(m³/s)	流量计安装点位
1	巴歇尔量水槽	$0.1 \times 10^{-3} \sim 93$	应位于堰(槽)入口段(收缩段)1/3 处
2	三角形薄壁堰	$0.2 \times 10^{-3} \sim 1.8$	应位于板上游 3～4 倍最大液位处
3	矩形薄壁堰	$1.4 \times 10^{-3} \sim 49$	应位于板上游 3～4 倍最大液位处

采用电磁管道流量计测定流量时,应按照标准 HJ/T 367—2007 等技术要求进行选型、设计和安装并通过计量部门检定。电磁管道流量计在垂直管道上安装时,被测流体的流向应自下而上,在水平管道上安装时,两个测量电极不应在管道的正上方和正下方位置。流量计上游直管段长度和安装支撑方式应符合设计文件要求。管道设计应保证流量计测量部分管道水流时刻满管。另外,流量计应安装牢固稳定,有必要的防震措施。仪器周围应留有足够空间,方便仪器维护与比对。

二、数采仪

数采仪全称为数据采集传输仪,是一款应用于环境在线监测系统现场端的数据软件,主要用于采集、存储各种类型监测仪器仪表的数据,并能完成与上位机数据传输功能。作为数据终端单元,它具备单独的数据处理功能是连接现场分析仪表与上位机系统的纽带。数采仪的数据传输要符合《污染源在线自动监控(监测)数据采集传输仪技术要求》(HJ 477—2009)及《污染物在线监控(监测)系统数据传输标准》(HJ/T 212—2017)传输协议。

数采仪可协调统一运行水污染源在线监测系统,负责采集、储存、显示监测数据及运行日志,向监控中心平台上传污染源监测数据,工作原理如图 8.4 所示。上位机是在线监测系统软件平台的统称,下位机是现场仪器仪表的统称。数采仪通过数字通道、模拟通道、开关量通道采集在线监测仪表的监测数据、状态等信息,然后借助传输网络将数据、状态传输至上位机;上位机通过传输网络发送控制命令,数采仪根据命令控制在线监测仪表工作(注意:数据采集传输仪数据采集误差应≤1%)。

下位机　　数据采集传输仪　传输网络　　上位机

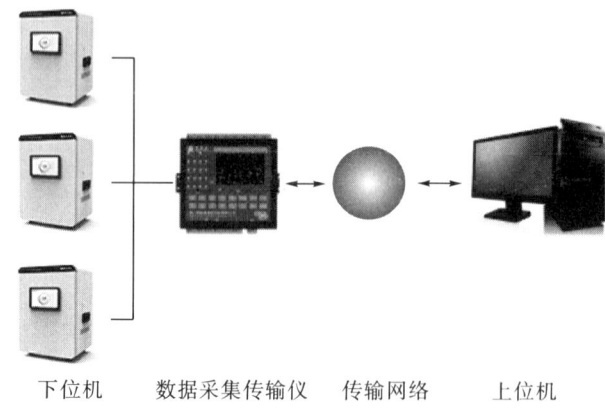

图 8.4　数据采集传输仪工作原理示意图

(一)通信协议

数采仪的数据传输应符合标准 HJ/T 212—2005 规定的要求。

(二)通信方式要求

数据采集传输仪应至少具备下列通信方式之一：无线传输方式，通过通用分组无线服务(general packet radio service，GPRS)、码分多址(code division multiple access，CDMA)等无线方式与上位机通信，数据采集传输仪应能通过串行口与任何标准透明传输的无线模块连接。以太网方式，可直接通过局域网或互联网(Internet)与上位机通信。有线方式，通过电话线、综合业务数字网络(integrated services digital net work，IDSN)或非对称数字用户线路(asymmetric digital subscriber line，ADSL)方式与上位机通信。

(三)构造要求

数据采集传输仪从功能上可分为数据采集单元、数据存储单元，数据传输单元、电源单元、接线单元、显示单元和壳体组成。

1. 数据采集单元

数据采集单元应满足以下要求：

(1)应至少具备 5 个 RS 232(或 RS 485)数字传输通道用于连接检测仪表实现数据命令双向传输。

(2)应至少具备 8 个模拟量输入通道，应支持 4~20mA 电流输入或 1~5V 电压输入，应至少达到 12 位分辨率。

(3)应至少具备 4 个开关量输入通道用于接入污染治理设施工作状态。开关量输入电压为 0~5V。

2. 数据存储单元

数据存储单元用于存储所采集到的监测仪表的实时数据和历史数据，存储容量应至少存储14400条记录，存储单元应具备断电保护功能，断电后所存储数据应不丢失。

3. 数据传输单元

数据传输单元应采用可靠的数据传输设备，保证连续、快速、可靠地进行数据传输；与上位机的通信协议应符合标准HJ/T 212—2005的要求。

4. 电源单元

电源单元负责将220V交流电转换为直流电，为控制主板提供电源，要求具备防浪涌、防雷击功能，要求在输入电压变化±15%条件下保持输出不变。

5. 接线单元

接线单元用于实现监测仪表与数据采集传输仪的连接，要求采用工业级接口，接线牢靠、方便，便于拆卸，接线头应被相对密封，防止接线头腐蚀生锈和接触不良。

6. 显示单元

数据采集传输仪应自带显示屏，应能显示所连接监测仪表的实时数据，包括小时均值、日均值和月均值，还应能够显示污染物的小时总量、日总量和月总量。

7. 壳体

数据采集传输仪壳体应坚固，应采用塑料、不锈钢或经处理的烤漆钢板等防腐材料制造。壳体应密封，以防水、灰尘、腐蚀性气体进入壳体腐蚀控制电路。

(四)功能要求

1. 断电保护功能

仪器应自带备用电池或配装不间断电源(UPS)，在外部供电切断情况下能保证数据采集传输仪连续工作6h，并且在外部电源断电时自动通知上位机或维护人员。数据采集传输仪必须能够在供电(特别是断电后重新供电)后可靠地自动启动运行并且所存数据不丢失。

2. 数据导出功能

数据采集传输仪应具有数据导出功能，可通过磁盘、U盘、存储卡或专用软件导出数据。

3. 看门狗复位功能

数据采集传输仪应具有看门狗复位功能，防止系统死机。

4. 系统防病毒功能

数据采集传输仪如果采用工控机，应具有硬件/软件防病毒、防攻击机制。

5. 数据保密功能

数据采集传输仪应具备保密功能，能设置密码，通过密码才能调取相关的数据资料。

数据采集传输仪可以实现数据的集中上传管理，并能保证数据不被篡改。前端仪器与上位机采用数据采集传输仪连接后，符合国家标准的"现场仪表+数采仪"模式，便很好地实现了管理上的归一化。

三、水质自动采样器

水质自动采样器具有采集瞬时水样和混合水样、冷藏保存水样的功能。

水质自动采样器具有远程启动采样、留样及平行监测功能，记录瓶号、时间、平行监测等信息。

水质自动采样器采集的水样量应满足各类水质自动分析仪润洗、分析需求。水质自动采样器如图 8.5 所示。

图 8.5 水质自动采样器

四、水质自动分析仪

应根据企业废水实际情况选择合适的水质自动分析仪，并根据标准 HJ 353—2019 中附录 E 所登记的企业实际排放废水浓度选择合适的水质自动分析仪现场工作量程，具体设置方法参照标准 HJ 355—2019 中 5.1 章节。

(一)pH 水质自动分析仪

1. pH 水质自动分析仪的结构组成

pH 水质自动分析仪一般由传感器探头、前置电路、显示表组成(图 8.6)。探头与前置电路安装成一个整体,与仪器显示表之间由 4 芯屏蔽线连接。传感器探头产生约 60mV/pH 的电压,经前置电路放大后,经光电耦合,再经过恒流电路形成 4~20mA 远传电流信号。4~20mA 对应的 pH 为 0~14,温度补偿在前置电路内完成,显示表向这部分电路提供 12V 直流电源。

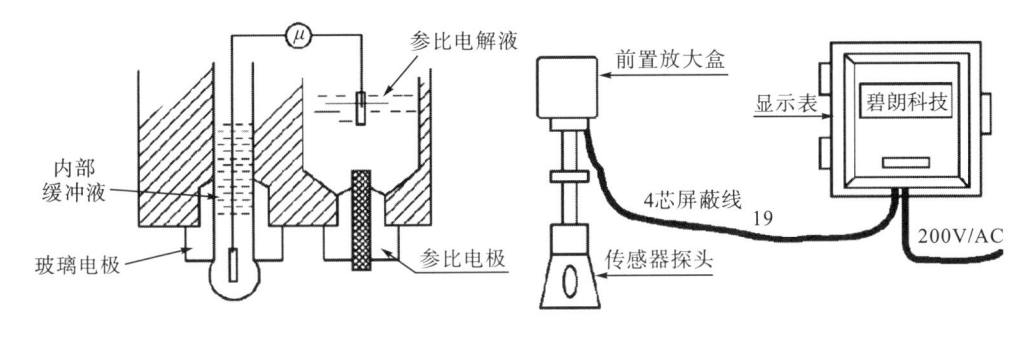

图 8.6 pH 水质自动分析仪结构组成示意图

显示表将 220V 交流电源转变为直流电,处理 4~20mA 的 pH 信号后进行显示、4~20mA 隔离输出,并提供上下限报警输出(表 8.2)。上下限报警在显示表面板上由发光管显示,并各驱动一个 1×2 继电器。继电器触点容量为 24V、1A。

表 8.2 主要技术参数表

主要技术参数	参数范围
测量范围	2~12pH
测量精度	±0.1pH
显示分辨率	±0.01pH
输出信号	4~20mA

2. 仪器设备的操作

pH 水质自动分析仪可实现连续直接测量,操作比较简单,一般只需定期校准、定期清洗和定期更换电极即可。

仪器的操作主要包括安装、校准和定期维护等。

1) 安装

一次表为杆状结构,适用于测量池、渠道等敞开水面条件。使用时,用金属板、弯形卡支杆等将一次表牢固地固定在池或渠的侧墙上,并且保证 pH 探头部分埋入水中。二次表为壁挂式,利用仪表后面挂钩挂在墙上或控制柜内。二次表要求安装于室内或避风雨、日晒的仪器箱内,如图 8.7 所示。

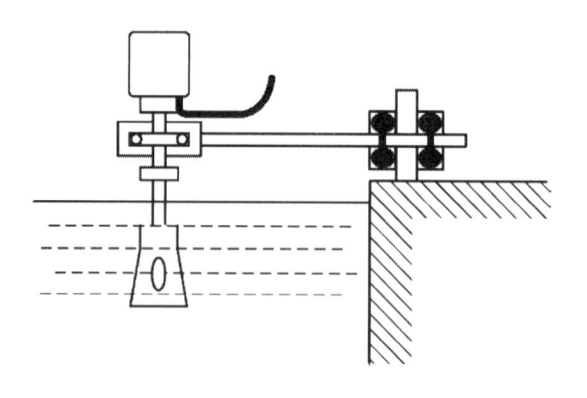

图 8.7　pH 水质自动分析仪的安装示意图

2）功能及操作

仪器的程序主要有 3 个功能模块，分别为主界面、校准和设置。校准模块采用三点校准方式，使用 pH 分别为（在 25℃时）4.01、6.86、9.18 的三种标准缓冲溶液进行校准；设置功能包括报警上限、报警下限、4～20mA 模拟输出和恢复参数 4 个功能。

3）校准操作

为了保证测量准确，应该定期对仪器进行校准。校准采用三点校准方式，校准前应提前准备 pH（在 25℃时分别为 4.01、6.86、9.18）标准缓冲溶液，然后按照界面提示逐点校准。

(二)化学需氧量（COD_{Cr}）水质自动分析仪

COD 在线自动监测仪（图 8.8）由液体输送系统、溶液输送系统、计量、加热回流、冷却、光度测定（或滴定）自动控制、数据采集、数据显示、数据打印等部分组成。

根据检测方法的不同，可分为分光光度法、库仑滴定法和氧化还原滴定法等。其中分光光度法和库仑滴定法已经广泛应用于 COD 的快速检测，如美国哈希（HACH）公司的 COD 快速测定仪采用了分光光度法，日本 CKC 公司采用了库仑滴定法。上述简便、试剂用量少，简化了用标准溶液标定的步骤，缩短了加热回流时间，适用于现场 COD 自动测定的要求。

图 8.8　COD 在线自动监测仪

1. 分光光度法

在强酸性介质中,水样中的还原性物质被重铬酸钾氧化后,根据朗伯-比尔定律进行(Lambert-Beer law)比色分析。分光光度法的仪器可分为程序式和流动注射分析式两类。

1)程序式

仪器工作原理:在微机的控制下,将水样与重铬酸钾溶液和浓硫酸混合,加入硫酸银作为催化剂,硫酸汞络合溶液中的氯离子。混合液在165℃条件下经过一定时间的回流,水中的还原性物质与氧化剂发生反应。氧化剂中的 Cr^{6+} 被还原为 Cr^{3+},这时混合液的颜色会发生变化。通过光电比色把 Cr^{3+} 的增加量转换为电压变化量。通过测量变化了的电压量,并通过曲线查找计算得出 COD 值。程序式 COD 分析流程如图 8.9 所示,分析仪构造如图 8.10 所示。

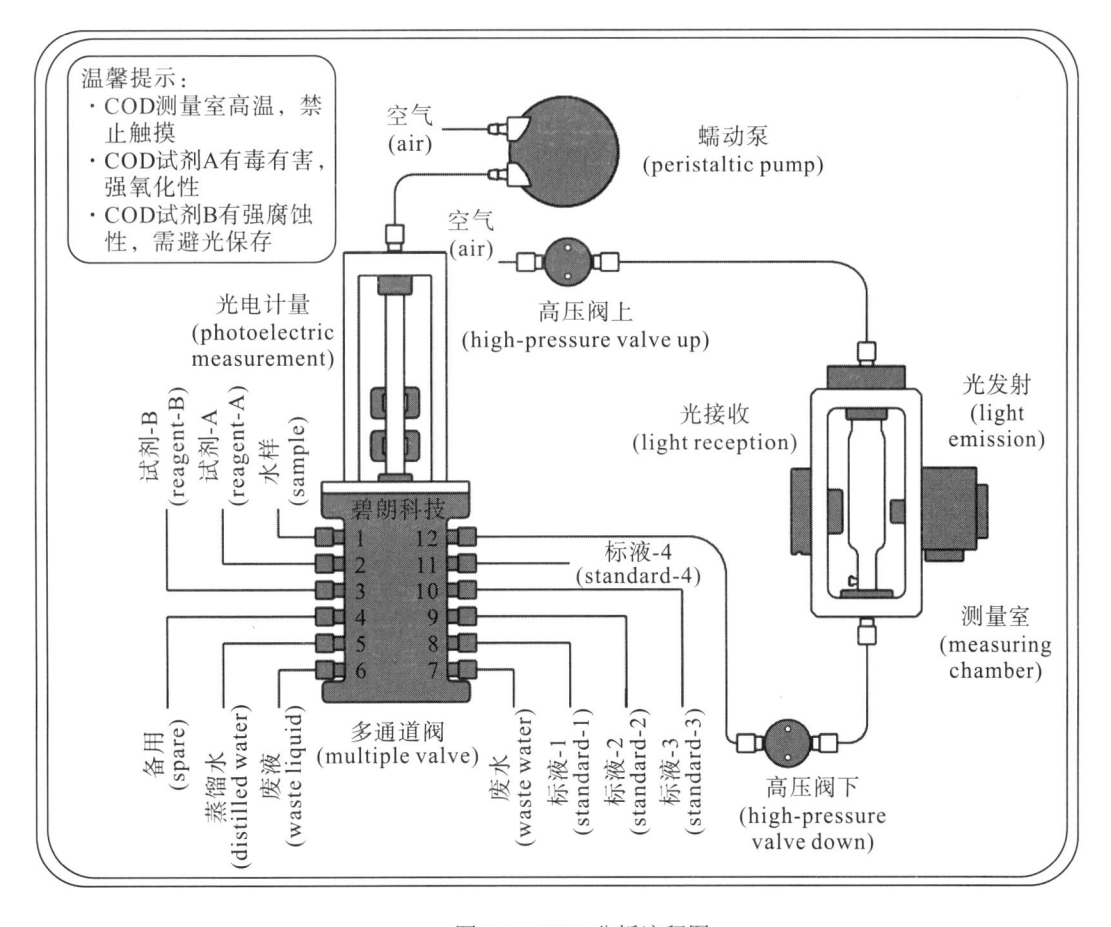

图 8.9　COD 分析流程图

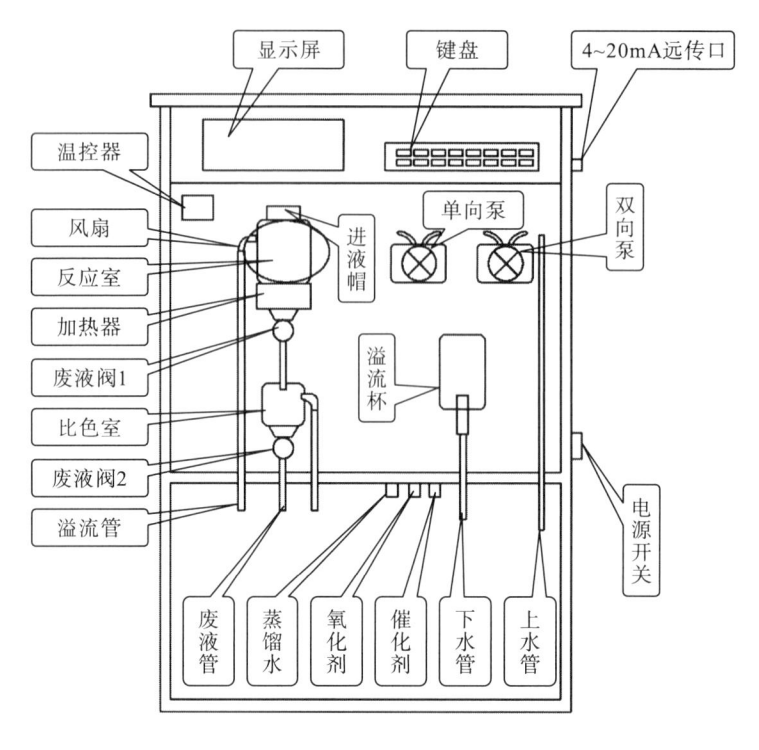

图 8.10 程序式 COD 分析仪构造图

主要技术指标如表 8.3 所示。

表 8.3 主要技术参数表

技术参数	数值
测量量程	10～5000mg/L(可扩展)
示值误差	±5%F·S
重复性	3%(量程值 80%处)
最小测量周期	<60min

2)流动注射分析式

基本原理：试剂连续进入直径为 1mm 的毛细管中，水样定量注入载流液中，在流动过程中完成混合、加热、反应和测量。

仪器工作原理：反应试剂[含重铬酸钾的硫酸(6：4[①])]由陶瓷恒流泵以恒定流速向前推进，通过注样阀将定量水样切换进流路后，在推进的过程中水样与载流液相互混合，在 180℃恒温加热反应后溶液进入检测系统,测定标准系列和水样在 380nm 波长时的透光率，从而计算出水样的 COD 值(图 8.11)。流动注射分析式测量 COD 的分析方法是相对比较

---

① 质量比。

法。只要测定样品时的测量条件和标定时的测量条件一致，都可得到准确的测量结果。该分析技术运用于水样中 COD 值的测定，分析速度快、频率高、进样量少、精密度高，并且载流液可以循环利用，避免了二次污染。

流动注射式 COD 分析仪结构如图 8.12 所示。该仪器还适用于高氯离子含量（>15000mg/L 氯离子）的水样测定，也可选择加硫酸银或不加硫酸银，加硫酸汞或不加硫酸汞，以节省运行费用。

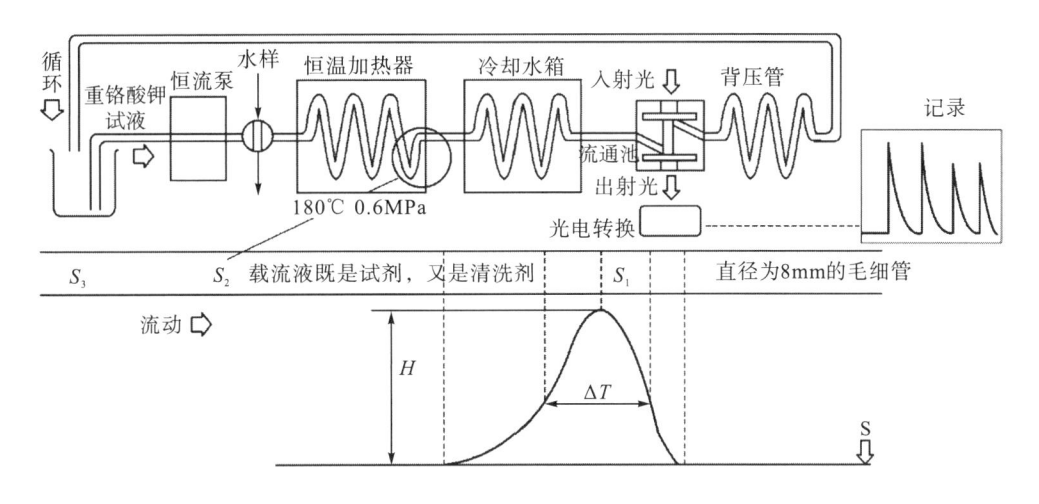

图 8.11 流动注射式 COD 分析仪原理

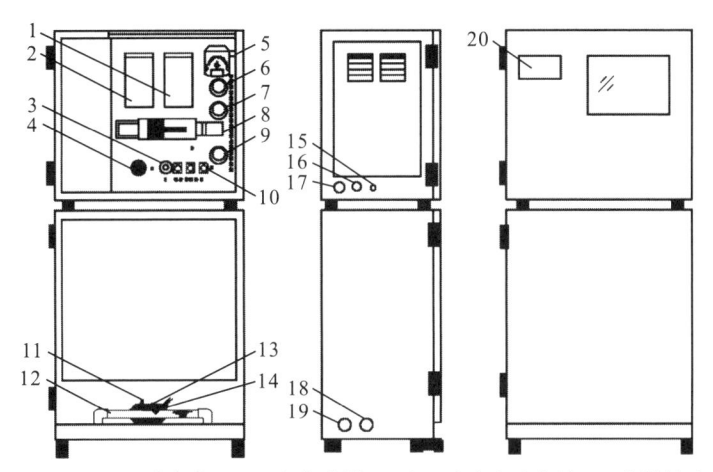

1-恒温反应器；2-冷却箱；3-压力传感器；4-流通式光电比色计；5-取样蠕动泵；6-试剂注入阀；7-注入阀；8-陶瓷恒流泵；9-单向阀；10-水样、标样电磁阀；11-废液管；12-免维护取样器；13-固液分离器；14-水样管；15-通信接口；16-水泵电源；17-仪器电源；18-取水进水口；19-溢流口；20-触摸屏

图 8.12 流动注射式 COD 分析仪结构

主要技术指标如表 8.4 所示。

表 8.4 主要技术参数表

技术参数	数值	技术参数	数值
测量量程	4～500000mg/L	准确度	<5% F·S
检出限	3.5mg/L	相关系数	0.9996
精度	<2%F·S	最短测量周期	7min
稳定度	<8%F·S	—	—

2. 库仑滴定法

基本原理：在水样中加入已知过量的重铬酸钾标准溶液，在强酸加热环境下将水样中还原性物质氧化后，用硫酸亚铁铵标准溶液滴定过量的重铬酸钾，通过电位滴定进行滴定判终，根据硫酸亚铁按标准溶液的消耗量进行计算。

1) 仪器的工作过程

程序启动→加入重铬酸钾到计量杯→排入消解池→加入水样到计量杯→排到消解池→注入硫酸+硫酸银→加热消解→冷却→排入滴定池→加蒸馏水稀释→搅拌冷却→加硫酸亚铁铵滴定→排泄→计算打印结果。

库仑滴定法 COD 分析仪工作原理如图 8.13 所示，滴定终点判定原理如图 8.14 所示。

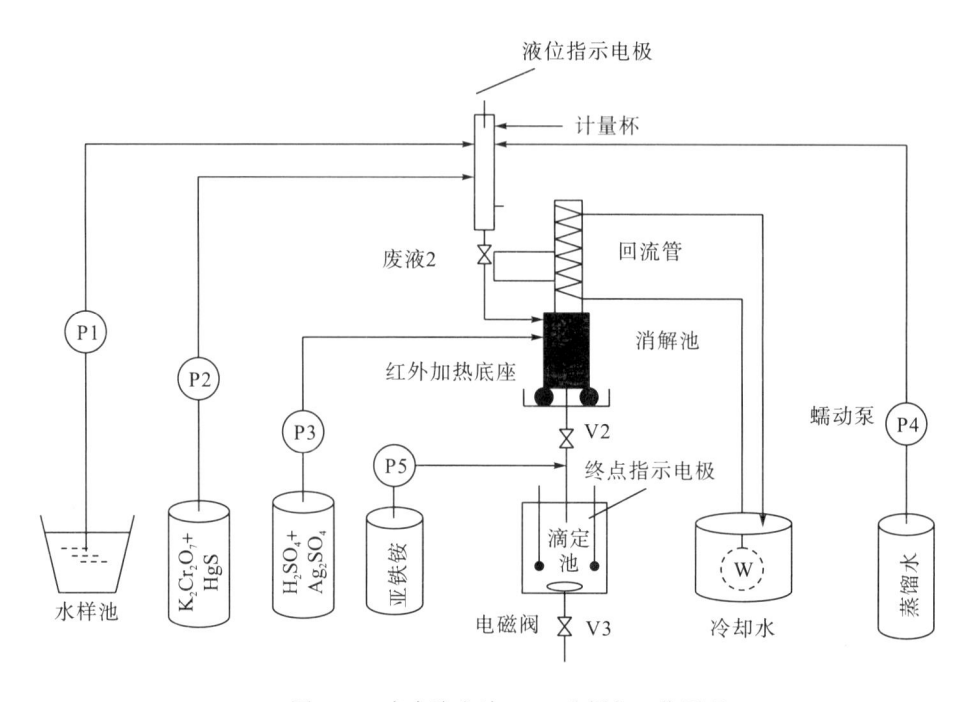

图 8.13 库仑滴定法 COD 分析仪工作原理

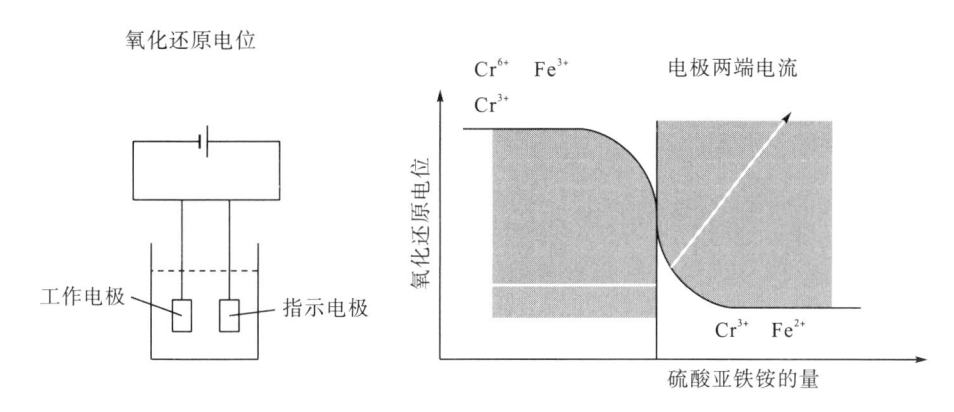

图 8.14　滴定终点判定原理

2) 主要性能指标

主要技术指标如表 8.5 所示。

表 8.5　主要技术参数表

技术参数	内容及数值
测量方法	重铬酸钾加硫酸亚铁滴定法，双铂电极电位法指示滴定终点
测量量程	5～10000mg/L
重现性	±10%
测量误差	10%(标样)，15%(实际水样)
最短测量周期	20min

3. 氧化还原滴定法

水样进入仪器反应室后，加入过量的重铬酸钾标准溶液，用浓硫酸酸化后，在150℃条件下回流 30min，反应结束后以试亚铁灵为指示剂，用硫酸亚铁铵滴定剩余的 Cr^{6+}，将消耗的重铬酸钾量换算成氧的质量浓度，得到 COD 值。

4. 常见问题及解决措施

常见问题分析及解决措施如表 8.6 所示。

表 8.6　常见问题分析及解决措施

常见问题	故障现象	原因分析及解决方法
采样系统不正常	仪器在自动运行时，双向采样泵无法采到水样	(1)采样头露出水面：检查采样头及其固定情况； (2)上水管路漏气、堵塞：检查管路及各连接头； (3)采样泵管老化：更换采样泵管
	仪器自动运行时，溢流杯下水不畅	下水管路出口被阻，冬天时由于没有保暖措施出口被冻住：检查下水管路，进行疏通或增加保暖防冻措施

续表

常见问题	故障现象	原因分析及解决方法
加药系统工作不正常	单向电机不转	(1)泵管有挤压，致使电机无法带动：拆卸泵管，重新安装泵管，用泵钥匙转动泵头； (2)电机有问题(拆掉泵头，电机也无法转动)：更换电机或联系厂家
	加药量不够、无法提升液体、气泡多	(1)试剂不足：添加各种试剂； (2)泵管老化：更换泵管； (3)四氟管破损、堵塞：更换四氟管或卸下四氟管进行清洗； (4)过渡接嘴破裂：更换过渡接嘴； (5)电磁阀无法开启：更换电磁阀或联系厂家
控制操作不正常	无法进入测试模式	(1)系统参数不正确：检查并设定合适的系统参数； (2)工作曲线不正确：在曲线校正时，检查曲线标准点是否达到6个，曲率是否满足要求
仪器数据偏差大	—	(1)试剂配制问题：①催化剂中硫酸银没有完全溶解，致使硫酸银粉末被抽进比色室，影响比色，造成数据偏大甚至超出满量程；②氧化剂中硫酸汞没有完全溶解，致使硫酸汞粉末被抽进比色室，影响比色，造成数据偏差；③试剂不足，造成反应不正常，比色无法进行，数据异常，严格按照说明书配置试剂，并且按时补充试剂； (2)泵管疲软，加药不正常造成数据异常：更换泵管； (3)溢流杯、取样管路被严重污染：根据实际情况，用不同清洗剂清洗溢流杯和管路或者更换上水管路
运行时显示催化剂不足(氧化剂不足、蒸馏水不足)	—	(1)试剂瓶中试剂存量不足：补充试剂并且修改系统设置中相应的试剂存量参数； (2)已经补充试剂但没有修改相应的试剂存量参数：修改系统设置中相应的试剂存量参数

(三)总有机碳水质自动分析仪

总有机碳(total organic carbon，TOC)水质自动分析仪，一般分为燃烧氧化-红外吸收法和紫外催化氧化-红外吸收法两种。

1. 燃烧氧化-红外吸收法

燃烧水样中的有机物生成的CO_2，用非分散红外线分析仪测量，可以计算出TOC的浓度。水中一般存在CO、CO_2、碳化物等形态的无机碳(inorganic carbon，IC)和有机化合物形态的TOC。

测定方式有两种，一种是先测定试样中的TC和无机碳(IC)，TOC即为总碳和无机碳的差值(TC-IC)；另一种是事先酸化试样并通过曝气除去试样中的IC，然后测定试样中的TC，即可获得TOC的浓度。该种方法测量流程简单，测量时间比较短，因此TOC在线自动检测仪器一般采用该种方法。

1)测定原理

试样在进样装置中酸化之后(加入盐酸或硝酸)，将无机碳变成CO_2，通过N_2(或纯净空气)除去CO_2；有机物在燃烧管里燃烧氧化后生成CO_2，用非分散红外线分析仪测量，求出试样中的TOC浓度。水样酸化曝气之后(除去无机碳)，有机物在680℃温度下密封燃烧氧化成CO_2，然后用红外线检测仪检测计算出水样中的TOC浓度。

2)仪器主要性能指标

仪器的主要性能指标见表8.7。

表 8.7　主要性能指标

技术参数	数值
测定范围	0~25mg/L，0~250mg/L
重现性	±2%量程以内
测量周期	4min
检测限	2mg/L

2. 紫外催化氧化-红外吸收法

1) 测定原理

水样经过酸化处理后曝气除去无机碳，水中的有机物在紫外线的照射下催化氧化成 CO_2，用红外检测器检测，计算出 TOC 的浓度。该方法可以大量进样，提高仪器的灵敏度；可采用间歇式(分次采集水样进行检测)或连续式(水样按一定流量通过仪器)，实现完全连续检测。

2) 仪器主要性能指标

仪器主要性能指标如表 8.8 所示。

表 8.8　主要性能指标

技术参数	数值
测定范围	0~25mg/L，0~250mg/L
重现性	±2%量程以内
测量周期	4min
漂移	±5%量程以内(24h)
检测限	2mg/L

3. 常见问题及解决措施

常见问题分析及解决措施如表 8.9 所示。

表 8.9　常见问题分析及解决措施

常见问题	原因分析及解决方法
标准溶液准确性低，可重复性差	(1)检查峰值，若超出范围，应调整峰值范围； (2)标准溶液制备错误，应重新配置标准溶液； (3)进样状态错误，检查进样管； (4)注射器内的试样混入空气，检查柱塞密封是否严实或者更换柱塞头，更换后如重现性仍较差，表明八通阀密封不严，需联系厂家更换； (5)载气量不足，需检查载气的供应情况
测定值显示为零	(1)没有水样流动，此时检查进样泵、输水管及悬浮试样前处理设备； (2)检查软管有无堵塞，有无脱落； (3)检查注射器有无松动； (4)检查供气源有无流动； (5)若上述皆无问题，则联系厂家，判断是否为 TOC 检测器故障

(四)氨氮(NH₃-N)水质自动分析仪

氨氮在线监测方法主要有比色法、电极法、滴定法。

1. 比色法

氨氮的比色法一般分为纳氏试剂比色法与水杨酸比色法等。

1)纳氏试剂比色法

水样经过预处理(蒸馏、过滤、吹脱)后,在碱性条件下,水中离子态转换为游离态氨然后加入一定量的纳氏试剂,游离态氨与纳氏试剂反应生成淡红棕色络合物。分析仪器在420nm波长处测定反应液吸光度 A,由 A 查询标准工作曲线计算氨氮含量。

纳氏试剂比色法稳定性好、重现性好,试剂储存时间长。在线氨氮分析仪如图 8.15 所示。

(1)仪器工作原理。

在线氨氮分析仪通过嵌入式工业计算机系统的控制,自动完成水样采集。水样进入反应室,经掩蔽剂消除干扰后,水样中以游离态氨或离子(NH_4^+)等形式存在的氨氮与反应液充分反应生成淡红棕色络合物,该络合物的色度与氨氮的含量成正比。反应后的混合液进入比色室,运用光电比色法检测到与色度相关的电压,通过信号放大器放大后,传输给嵌入式工业计算机。嵌入式工业计算机经过数据处理后,显示氨氮浓度值并进行数据存储、处理与传输(图 8.16)。本仪器适用于生活污水、工业污染源地表水中氨氮含量的测量。

图 8.15 在线氨氮分析仪

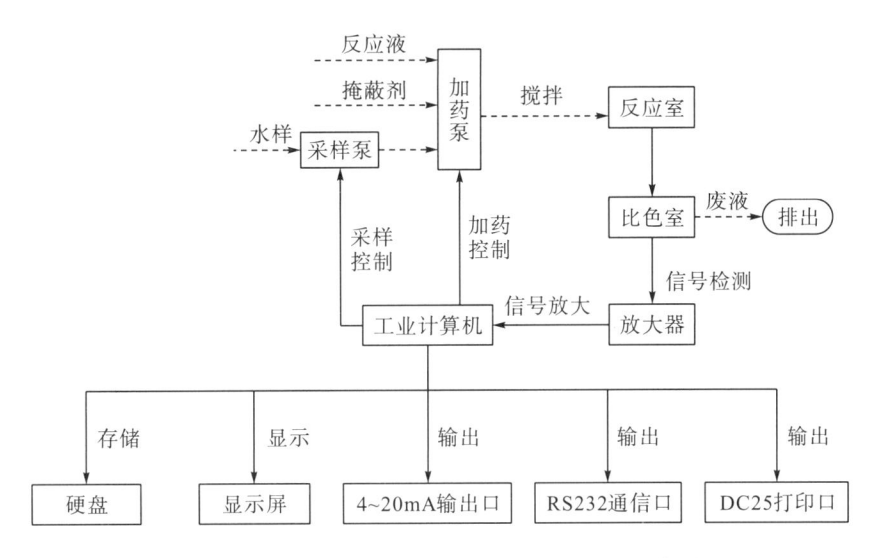

图 8.16 纳氏试剂比色法在线氨氮分析仪工作原理

(2) 主要性能指标。

仪器主要性能指标如表 8.10 所示。

表 8.10 主要性能指标

指标	数值
测定范围	0.1～20mg/L、0.5～100mg/L（可选）
示值误差	±5% F·S
重复性	3%（量程值 80%处）
测量周期	<60min

2) 水杨酸比色法

在硝普钠的存在下，样品中游离态氨、离子与水杨酸盐以及次氯酸根离子反应生成蓝色化合物，在波长约 679nm 处测定吸光度 A，查询标准工作曲线计算氨氮含量。水杨酸比色法具有灵敏、稳定等优点，干扰情况和消除方法与纳氏试剂比色法相同，但试剂存放时间较短。使用该方法的厂家众多，如四川碧朗科技有限公司，且该公司的氨氮在线分析仪具备在 0～100mg/L 的量程中准确测试浓度低于 1mg/L 水样的能力，如图 8.17 所示。

图 8.17 氨氮在线分析仪

(1)仪器工作原理。

废水被导入一个样品池,与定量的 NaOH 混合,样品中所有的铵盐转换成为气态氨扩散到一个装有定量指示剂(水杨酸)的比色池中,氨气再被溶解,生成 NH_4^+。在强碱性介质中,加入的 NH_4^+ 与水杨酸盐和次氯酸离子反应,在亚硝基五氰络铁(III)酸钠(俗称"硝普钠")的催化下,生成水溶性的蓝色化合物,仪器内置双光束、双滤光片比色计,测量溶液颜色的改变(测定波长为 679nm),从而得到氨氮的浓度。加入酒石酸钾钠掩蔽可除去阳离子(特别是钙、镁离子)的干扰。

(2)主要性能指标。

仪器主要性能指标如表 8.11 所示。

表 8.11 主要性能指标

指标	指标内容及数值
测定范围	0.2~120mg/L
示值误差	测量值的±2.5%或者 0.2mg/L,两者中的较大者
重复性	3%(量程值 80%处)
测试时间	<60min

3)流动注射比色法在线分析仪

(1)工作原理。

仪器的蠕动泵输送释放液(稀 NaOH 溶液)作载流液,注样阀转动注入样品,形成 NaOH 溶液和水样间隔混合,切换阀转至循环富集态后,当混合带经过气液分离器的分离室时,释放出样品中的氨气,氨气透过气液分离膜后被接收液[溴百里酚蓝(bromothymol blue,BTB)酸碱指示剂溶液]接收并使溶液颜色发生变化。经过循环氨富集后,接收液被输送到比色计的流通池,测量其光电压变化值,通过其峰高,可求得样品中的氨氮(NH_3-N)含量(图 8.18)。仪器每天自动进行一次标定。

特殊的气液分离器加深了样品流过的沟槽,不使样品与透气膜接触,解决了水样与透气膜接触使透气膜寿命短这一问题。带来的副作用是测量时间延长 1min,作为清除记忆效应的时间。

(2)技术指标和功能。

①测量范围:0.005~1000mg/L。

②运行费用低(0.006 元/次),试剂无毒,无二次污染。

③最短测量周期为 10min。样品和透气膜非接触式的气液分离器使样品摒弃了烦琐和高价的预处理装置,使仪器大为简化。

④可设定自动富集和自动稀释功能,以便分析更低或更高浓度含量的 NH_3-N 样品。

2. 滴定法

滴定法是指水样中的氨在碱性条件下被逐出,被弱酸溶液吸收,利用盐酸滴定吸收液,用电极判断滴定终点,通过滴入盐酸的量计算水样氨氮的方法。

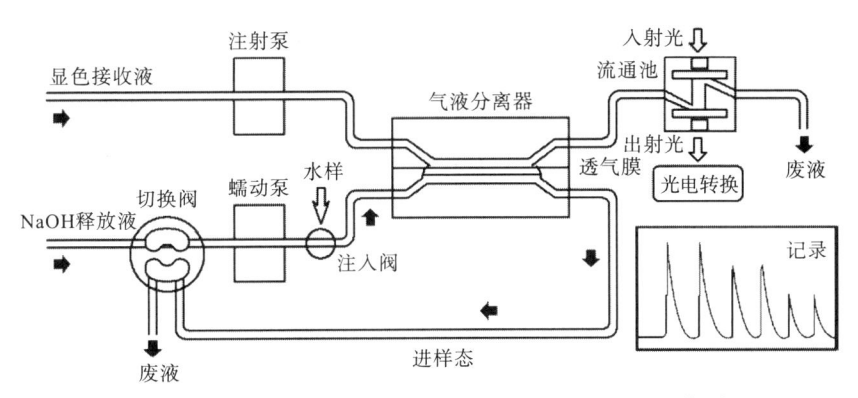

图 8.18 流动注射比色法氨氮全自动在线分析仪工作原理

1) 仪器工作原理

测试样品在综合试剂存在(碱性)条件下，经加热蒸馏、吹脱样品(水样)中的 NH_4^+ 转化为 NH_3，被冷凝吸收于硼酸溶液中。利用盐酸标准溶液自动进行电位滴定，利用滴定中溶液电位的突跃判定终点。根据滴定中盐酸标准溶液的用量(体积)，计算出氨氮的含量。仪器自动显示、存储、打印出结果，并通过网络实现数据远传。滴定法氨氮分析仪系统流程如图 8.19 所示。

2) 主要性能指标

仪器主要性能指标如表 8.12 所示。

3. 电极法

常用的电极法分为氨气敏电极法和电导法等，其中氨气敏电极法技术比较成熟，应用较广。

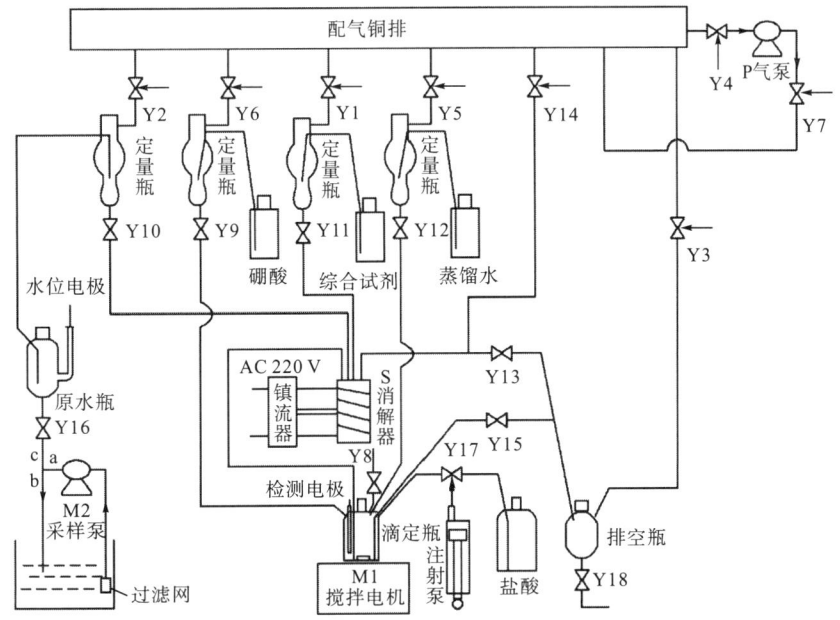

图 8.19 滴定法氨氮分析仪系统流程图

表 8.12　主要性能指标

指标	数值
测定范围	0.1～2000mg/L（量程自动切换）
测量相对误差	5%
重复误差	±3%
电压稳定性	5%（测量误差）
绝缘阻抗	50MΩ 以上
测量周期	≤20min

1）氨气敏电极法

（1）工作原理。

将水样导入测量池中，加入氢氧化钠使水样中离子态转换为游离态氨，游离态氨透过氨气敏电极的憎水膜进入电极内部缓冲液，改变缓冲液的 pH，仪器通过测量 pH 变化即可测量水样中的氨浓度。

氨气敏电极法结构简单、试剂用量少、测量范围宽，但电极稳定性较差，膜电极容易受污染，对环境温度要求较高。目前采用氨气敏电极法的氨氮分析仪主要有德国 WTW、河北先河等公司的产品。

仪器采用氨气敏电极对水中的氨氮进行测试。氨气敏电极包括平头的 pH 玻璃电极和银/氯化银电极，两支电极通过含有氨离子的内充液被组装在一起，作为 pH 测量电对。内充液是 0.1mol/L 的氯化氨溶液，通过气透膜与样品隔开。当把电极浸入加有试剂的待测液中时，待测液中的离子态变为游离态氨，随同待测液中的游离态氨一同通过气透膜进入内充液，使内充液的 pH 发生变化，并产生与样品浓度的对数成正比的电压变化信号。

监测仪由进样系统（两位三通阀、双通道蠕动泵）、控制系统（工控机等）、测试系统（氨气敏电极、模数转换）、显示系统（液晶显示屏）及附件等组成。

（2）主要性能指标。

仪器主要性能指标如表 8.13 所示。

表 8.13　主要性能指标

指标	数值
测定范围	0.05～1000mg/L
重现性	<3%
重复误差	±3%

续表

指标	数值
漂移	零点漂移：±0.5mg/L；量程漂移：±4% F·S

2）电导法

电导法是指利用酸性吸收液吸收氨的量与吸收液的电导率成比例的关系，从而测定氨的浓度。采用电导法的氨氮分析仪主要是山东恒大公司的SHZ-5型氨氮分析仪。

(1) 工作原理。

仪器采用吹脱-电导法，即在碱性条件下用空气将氮从水样中吹出，气流中的氨被吸收液吸收引起吸收液电导变化，电导变化值与吹出的氮量和水样中的氨氮含量成正比，用简单的电导法完成测定，消除了监测过程中常见因素的干扰，大大缩短了监测时间，提高了监测准确度和灵敏度。SHZ-5型氨氮分析仪将氨氮在线监测、流量等比例采样与流量测量三者组成一体，在同一单片机的控制下协调运行，直接监测并显示污水流量、氨氮浓度、氨氮排放总量。

(2) 主要性能指标。

仪器主要性能指标如表8.14所示。

表8.14 主要性能指标

指标	数值
量程	0～2mg/L，0～20mg/L，0～50mg/L
准确度	10%(浓度≤1mg/L时)，5%(浓度>1mg/L时)
重复性	±5%(浓度>1mg/L时)
检出限	0.1mg/L
测量周期	30min

4. 常见问题及解决措施

常见问题分析及解决措施见表8.15。

表8.15 常见问题分析及解决措施

常见问题	故障现象	原因分析及解决方法
未采到试剂A 未采到试剂B 未采到试剂C 未采到蒸馏水 未采到标样 未采到水样	无相应样品 泵管路损坏 管路堵塞	检查对应的样品量是否充足，补充相应试剂；更换新泵管或重新连接漏气接头，确保泵出水口畅通；未采到水样，等30min后自动重采水样

常见问题	故障现象	原因分析及解决方法
测量数据波动大	环境温度波动大； 环境温度高； 加热温度不稳定； 试剂污染/变质过期； 设备其他硬件故障	安装空调，改善环境温度波动问题； 重新连线、更换温度变送器或加热器； 更换试剂； 设备故障联系售后

(五) 总氮(TN)水质自动分析仪

1. 总氮(TN)水质自动分析仪

总氮(TN)水质自动分析仪采用的测定方法是碱性过硫酸钾消解-紫外分光光度法。原理是在 120~124℃下，碱性过硫酸钾溶液使样品含氮化合物的氮转化为硝酸盐，在波长 220nm 和 275nm 处，分别测定吸光度并查询标准工作曲线，得到总氮的含量，总氮分析仪及其工作流程如图 8.20、图 8.21 所示。

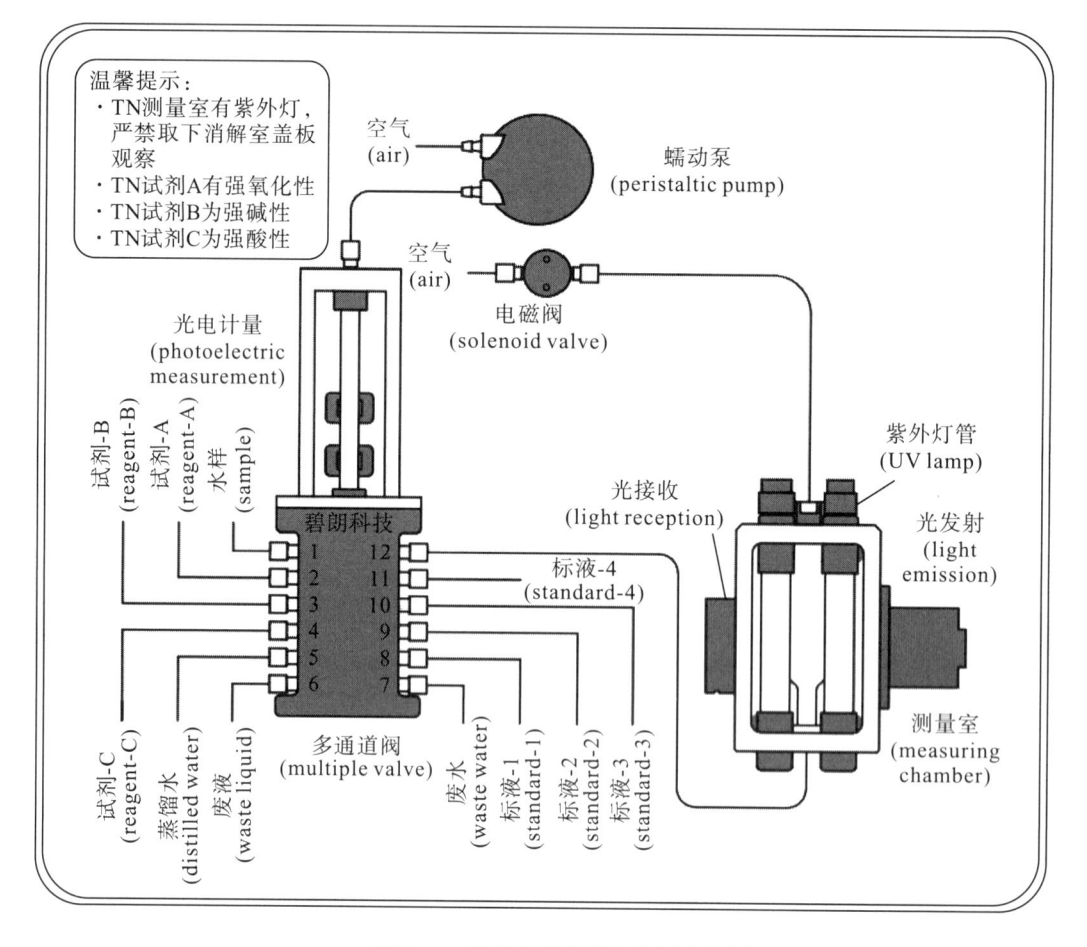

图 8.20 总氮在线分析仪分析流程图

第八章 污水处理厂水质在线监测系统　　239

图 8.21　总氮在线分析仪

2. 常见问题及解决措施

常见问题分析及解决措施见表 8.16。

表 8.16　常见问题分析及解决措施

常见问题	原因分析及解决方法
测量结果和化验结果比对不上	首先检查仪器各部件是否工作正常，然后取一个标准样将参数设定项目中测量通道项目设为"00"再进入主菜单中的试样测定项，仪器将对此标样进行测定，观察测量结果和标称值误差大小，即可判断出是化验结果的原因还是自动测量的原因。 在标定过程与运行过程中一定要保证试剂、标液、清洗水的质量达标。
测量结果重复性不好	首先重复上述步骤，至少要观察 5 个测量结果，如重复性很好则说明是取样不均匀所致，应检查取样部分。如本身就不重现则需要冲洗仪器各部分管道，然后再进行重复性检验，直至解决问题

(六)总磷水质自动分析仪

中性条件下，水样加入过硫酸盐，在密闭、高温(120～130℃)条件下消解水样中不同形态价态的磷全部氧化为正磷盐。在酸性介质中，正磷酸盐与钼酸铵反应，在锑盐的存在下生成磷钼杂多酸后，立即与抗坏血酸(维生素 C)反应生成磷钼杂多蓝，在波长 700nm(或 880nm)下进行吸光度测定，一定范围内，吸光度与正磷酸的浓度有严格的线性关系，从而达到测试水中总磷(total phosphorus，TP)的目的。

1. 仪器工作原理

1)分光光度法

仪器工作原理：通过嵌入式工业计算机系统的控制，自动完成水样采集。水样进入反应室在高温下经强氧化剂的氧化分解，将水样中各种形态的磷转化为正磷酸盐，在酸性条件下，正磷酸盐与钼酸铵、酒石酸锑氧钾反应，生成磷钼杂多酸，被还原剂抗坏血酸还原，生成蓝色络合物，在测定的范围内，该络合物的色度与总磷的含量成正比。反应后的混合液进入比色室，运用光电比色法检测到与色度相关的电压，通过信号放大器放大后，传输给嵌入式工业计算机。嵌入式工业计算机经过数据处理后，显示总磷浓度值并进行数据存储、处理与传输。总磷在线分析仪工作流程及设备照片见图 8.22 和图 8.23 所示。

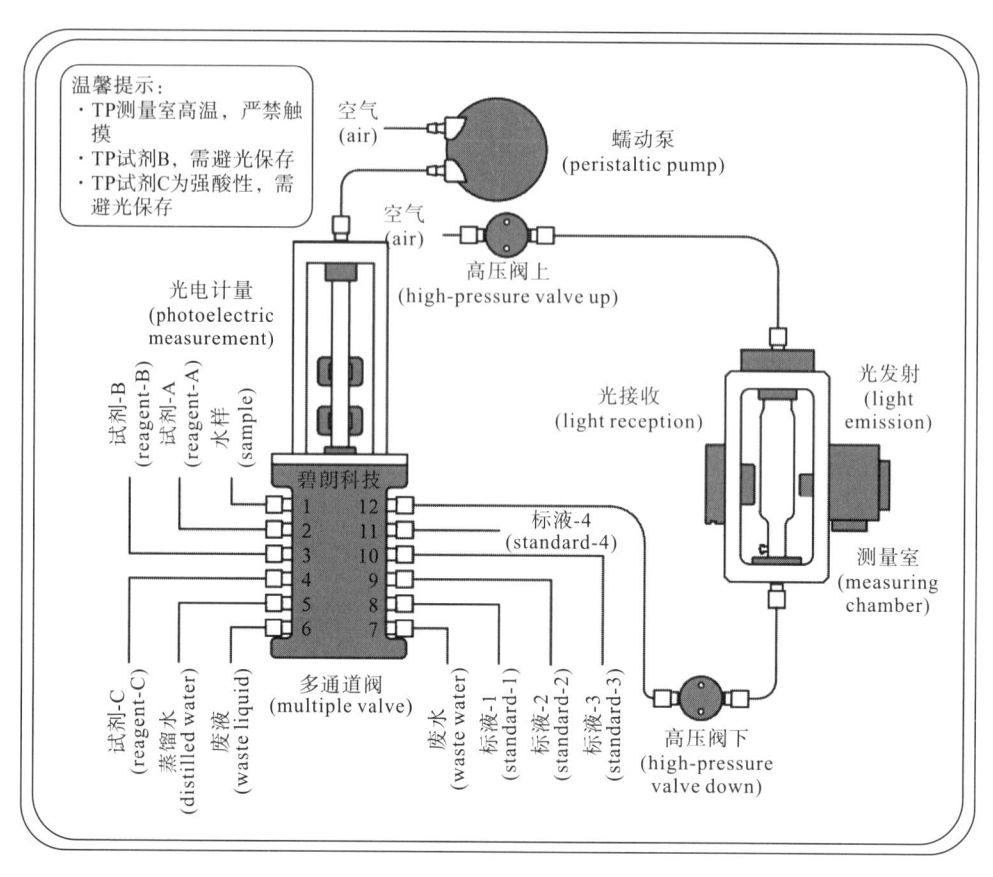

图 8.22 总磷在线分析仪分析流程图

(图片来源：四川碧朗科技有限公司)

图 8.23 总磷在线分析仪

仪器主要性能指标如表 8.17 所示。

表 8.17 主要技术指标

性能指标	数值
测定范围	0.05～5.0mg/L，0.05～50.0mg/L(可选)

续表

性能指标	数值
示值误差	±8%
重复性误差	3%
测量周期	<60min

2）流动注射法

如图 8.24 所示，载流液由注射泵输送至直径为 0.8mm 的反应管道中，当注入阀将水样和钼酸盐溶液切入反应管道中后，试样带被载流液推进并在推进过程中渐渐扩散，样品和试剂发生梯度混合并快速反应，流过流通池，由光电比色计测量并记录液流中的钼蓝对 660nm 波长光吸收后透过光强度的变化值，获得有相应峰高和峰宽的响应曲线，用峰高经比较计算求得水样中 TP 值的含量。该仪器的主要特征是整个反应和测量过程都在一根毛细管中流动进行。

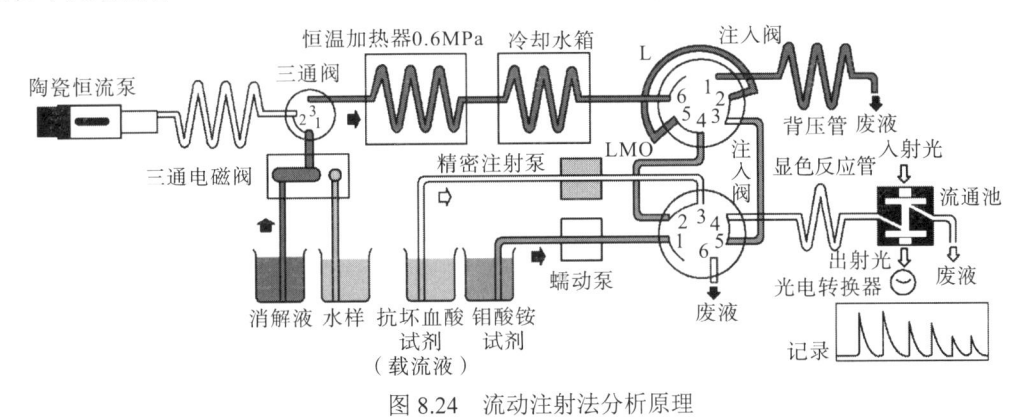

图 8.24 流动注射法分析原理

2. 常见问题及解决措施

常见问题分析及解决措施见表 8.18。

表 8.18 常见问题分析及解决措施

常见问题	故障现象	原因分析及解决方法
未采到试剂 A 未采到试剂 B 未采到试剂 C 未采到标样 1 未采到标样 2 未采到水样	(1) 无相应的样品； (2) 采样管未插在试剂瓶内； (3) 管路漏气； (4) 蠕动泵驱动器连线松动，蠕动泵或管路或对应驱动器损坏； (5) 管路堵塞； (6) 电路板损坏； (7) 试剂瓶内处于真空状态	(1) 补足相应试剂（如是标 1 和标 2，则需重新标定）； (2) 检查采样管是否插在试剂瓶内； (3) 重新更换堵塞管道或重新连接漏气接头； (4) 检查蠕动泵正反工作是否正常，不正常时请检查连线或更换泵驱动器； (5) 检查选择阀各通道是否畅通，不畅通时，检查相应通道是否堵塞；堵塞时，更换选择阀；未堵塞时，检查连线或更换阀驱动器确保潜水泵的 2 个出水口畅通； (6) 检查或更换电路板； (7) 检查试剂瓶与采样管是否接触过紧

常见问题	故障现象	原因分析及解决方法
水样超标	水样浓度值大于当前量程	修改当前量程,需重新标定
测量数据波动大	(1)环境温度波动大,环境温度高; (2)加热温度不稳定; (3)试剂污染; (4)设备其他硬件故障	(1)安装空调,改善环境温度波动问题; (2)重新连线、更换温度变送器或加热器; (3)更换试剂; (4)设备故障联系售后

第五节 监测质量保证与质量控制

为确保水污染在线监测系统稳定运行,污水处理厂安装水污染在线监测系统时应按照 HJ 353—2019 规定建设在线监测站房和安装设备,同时在线监测设备应满足 HJ 355—2019 中运行管理的相关要求,并按照《水污染源在线监测系统(COD_{Cr}、NH_3-N 等)验收技术规范》(HJ 354—2019)要求完成验收,以符合《排污单位自行监测技术指南 总则》(HJ 819—2017)中监测管理的相关要求。在水污染物在线监测系统的日常运营中,在线监测仪器设备管理大多采取专业公司运营维护的管理方式,较容易出现运维人员专业水平不足,不熟悉在线监测仪器,导致运营质量不能满足要求的情形。若试剂更换不及时,出现仪器故障无法修复、数据传输故障等问题,不仅会导致运营费用增加,还会出现超标排污的现象。因此,专业运维公司不仅应接受环保部门的监督检查,还应接受排污企业的监管。

一、在线监测系统运营模式与责任划分

(一)运营模式

运营模式分为部分托管和全面托管两种。

1. 部分托管

部分托管运营指运营商只负责用户仪器设备的日常维护、维修、校准、管理工作,确保用户仪器设备的正常运转,确保用户数据准确可靠。对于仪器运行过程中需要更换的耗材及配件,则由用户负责购买,运营商负责更换。

2. 全面托管

全面托管运营指运营商全面负责用户仪器的日常维护、维修、校准、管理工作,并负责仪器设备的耗材、配件供应及更换,用户只需调取数据,其他工作由运营商负责完成。运营商确保用户仪器设备的正常运转,确保用户数据及时、准确、可靠上报。

(二)各方责任与义务

1. 运营单位

(1)运营单位承担委托责任，负责所辖区域污染源在线系统的日常运行、维护、检修换件、耗材更换等事项，保证污染源在线系统的正常运转，并保证监测工作正常开展。
(2)负责每天进行一次仪器运行状态检查，发现问题第一时间解决。
(3)定期进行仪器现场巡查，进行必要的校准、维护、维修、耗材更换工作，以保障仪器准确可靠运行。
(4)按仪器运行要求定期对系统进行校准，保证仪器数据准确有效。
(5)运行机构应对所有在线监测站一一对应建立专人负责制。制订操作及维修规程和日常保养制度，建立日常运行记录和设备台账，建立相应的质量保证体系，并接受环境保护管理部门的台账检查。
(6)运行机构应每月向有关环境保护管理部门提交运行工作报告，陈述每个站点和在线监测系统的运行情况。
(7)应设立固定的运营维护站，并有相对固定的人员负责运行维护工作。
(8)维护站应备有常用耗材与配件及必要的交通工具，以保障维修及时。
(9)运行机构必须接受环保局的监督、指导、考核，并及时汇报重大事故或仪器严重故障的情况。

2. 环境保护行政主管部门

(1)对运营商的运营维护工作进行监督、指导、考核。
(2)定期对监测仪器进行年检、抽检，以保证数据的准确性。运营商考核不合格，可对运营商进行相应程度的惩罚。

3. 排污单位

(1)为仪器的正常运转提供必要的条件保证(如正常供电、空调、防雷、防磁、防火等)。
(2)负责提供仪器运转的场地场所，负责仪器的安全保护工作。

二、在线监测系统质量管理

(一)管理制度

(1)监测站房必须保持清洁、整齐、安静，与监测分析无关的人和物品不得进入。
(2)无关人员未经批准不得随意进入监测站房，外来人员进入监测站房须经有关负责人许可，并由相关人员陪同。
(3)监测站房各种仪器、设备和工具应分类放置，妥善保管。
(4)监测过程中产生的"三废"，必须按规定进行处理，不得随意排放、丢弃。有毒、有害化学物品的使用发布严格遵守《化学试剂管理制度》。

(5)管理人员必须每天打扫卫生,对使用完毕的仪器设备进行清理、清洁并恢复到原位。

(6)监测站房发生意外事故时,应迅速切断电源、水源等,立即采取有效措施,及时处理并报告单位领导。

(7)使用各种仪器及电水火等设施时,应按使用规则进行操作,保证安全。

(8)离开监测站房前,必须认真检查电源水源门窗,确保监测站房的安全。

(二)操作人员职责

(1)操作人员必须具有良好的职业道德,坚持实事求是的科学态度和一丝不苟的工作作风,遵守监测站房的一切规章制度,不得违规操作。

(2)仪器设备使用人员必须先经过培训,才能上机操作。操作人员应按要求认真填写运行记录。

(3)仪器出故障时应及时报告主管,约定专业维护人员及时检查、修理,并做好维修记录,经鉴定性能正常后才能继续使用。

(4)熟练掌握本岗位监测分析技术,熟悉和执行本岗位技术规范方法等,确保监测数据准确,并及时向有关部门提供监测结果。

(5)规范原始记录做到记录完整、正确。

(6)爱护仪器设备,节约试剂、水电,及时完成每天的监测站房清洁工作,保持室内卫生,做好安全检查。

(7)做好仪器使用记录,协助仪器专业维护人员定期进行仪器检定和校验。

(三)仪器仪表技术档案

1. 总体要求

(1)技术档案是指各监测站活动中形成的归档保存的各种图纸、图表、文字材料、计算材料等技术文件材料,还包括各种与技术相关的文件、行文、信函、标准、规范、制度。

(2)技术档案工作是技术管理、科研管理的重要组成部分,各站必须将技术文件材料的形成、整理、归档纳入各站责任范围,现场记录必须在现场及时填写,由专业维护人员签字。落实工作程序和有关人员的岗位责任制,并进行严格考核。

(3)归档要及时、准确,严禁有重要档案丢失破损的现象发生。可从技术档案中查阅和了解仪器设备的使用、维修和性能检验等全部历史资料,以对运行的各台仪器设备作出正确评价。技术档案工作包括对入库的档案进行收集、分类、整理、编号、编辑、立卷、登记、建账,应做到账物相符。与仪器相关的记录可放置在现场,所有记录均应妥善保存,并用计算机管理档案,做到科学管理。

(4)各站形成的技术文件材料,必须按一个技术项目进行配套,加以系统管理,组成案卷填写保管期限,注明密级,经技术负责人审查后,集中统一管理,任何人不得据为己有。

(5)建立技术档案的收进、移出总登记簿和分类登记簿,及时登记。编制检索工具,做好档案的借阅、查阅登记和利用工作。每年年末要对技术档案的数量、利用情况进行统计。

(6)认真做好技术档案的八防工作(即防火、防盗、防潮、防晒、防鼠、防污染、防蛀),定期检查,发现问题,及时处理。保持库房和办公室的整洁卫生。

(7)技术档案管理实行专人管理、专人负责制度。库房管理人员工作变动时,必须办理交接手续。

(8)档案中的表格应采用统一的标准表格。

(9)记录应清晰、完整,现场记录应在现场及时填写,有专业维护人员的签字。

(10)可从技术档案中查阅和了解仪器设备的使用、维修和性能检验等全部历史资料,以对运行的各台仪器设备作出正确评价。

(11)与仪器相关的记录可放置在现场,所有记录均应妥善保存。

2. 技术档案内容

(1)仪器的生产厂家、系统的安装单位和竣工验收记录。

(2)监测仪器校准、零点和量程漂移、重复性、实际水样比对和质控样试验的例行记录。

(3)监测仪器的运行调试报告。

(4)监测仪器的例行检查记录。

(5)监测仪器的维护保养记录。

(6)检测机构的检定或校验记录。

(7)仪器设备的检修易耗品的定期更换记录。

(8)各种仪器的操作使用、维护规范。

三、在线监测系统运行与维护管理

(一)仪器运行参数设置及数据上报要求

1. 仪器运行参数设置和管理要求

(1)在线监测仪器量程应根据现场实际水样排放浓度合理设置,量程上限应设置为现场执行的污染物排放标准限值的 2~3 倍。超量程时,应及时向相应环境保护管理部门报告,必要时采取人工监测,监测周期间隔不大于 6h,数据报送每天不少于 4 次,监测技术要求参照《污水监测技术规范》(HJ 91.1—2019)执行。

(2)针对模拟量采集时,应保证数据采集传输仪的采集信号量程设置、转换污染物浓度量程设置与在线监测仪器设置的参数一致。

(3)对在线监测仪器的操作、参数的设定修改,应设定相应操作权限。

(4)对在线监测仪器的操作、参数修改等动作,以及修改前后的具体参数都要通过纸质或电子的方式记录并保存,同时在仪器的运行日志里做相应的不可更改的记录,应至少保存1年。

(5)纸质或电子记录单中需注明对在线监测仪器参数的修改原因,并在启用时进行确认。

2. 数据上报要求

(1)应保证数据采集传输仪、在线监测仪器与监控中心平台时间一致。数据采集传输仪应在 COD_{Cr}、TOC、NH_3-N、TP、TN 水质自动分析仪测定完成后输出信号,并在10min内将数据上报平台,监测数据个数不小于污水累计排放小时数。

(2)COD_{Cr}、TOC、NH_3-N、TP、TN 水质自动分析仪存储的测定结果的时间标记,应为该水质自动分析仪从混匀桶内开始采样的时间,数据采集传输仪上报数据时,报文内的时间标记应与水质自动分析仪测量结果存储的时间标记保持一致;水质自动分析仪和数据采集传输仪应能存储至少一年的数据。

(3)数据传输应符合《污染物在线监控(监测)系统数据传输标准》(HJ 212—2017)的规定,上报过程中如出现数据传输不通的问题,数据采集传输仪应对未传输成功的数据做记录,下次传输时自动将未传输成功的数据进行补传。

(二)采样方式与运转要求

1. 采样方式

1)瞬时采样

pH 水质自动分析仪、温度计和流量计对瞬时水样进行监测。连续排放时,pH、温度和流量至少每 10min 获得一个监测数据;间歇排放时,数据数量不小于污水累计排放小时数的 6 倍。

2)混合采样

COD_{Cr}、TOC、NH_3-N、TP、TN 水质自动分析仪对混合水样进行监测。

连续排放时,每日从零点计时,每 1h 为一个时间段,水质自动采样系统在该时段进行时间等比例或流量等比例采样(如每 15min 采一次样,1h 内采集 4 次水样,保证该时间段内采集样品量满足使用),水质自动分析仪测试该时段的混合水样,其测定结果应计为该时段的水污染源连续排放平均浓度。

间歇排放时,每 1h 为一个时间段,水质自动采样系统在该时段进行时间等比例或流量等比例采样(依据现场实际排放量设置,确保在排放时可采集到水样),采样结束后由水质自动分析仪测试该时段的混合水样,其测定结果应计为该时段的水污染源排放平均浓度。如果某个采样周期内所采集样品量无法满足仪器分析之用,则对该时段作无数据处理。

2. 运转要求

根据 HJ 354—2019 的要求,设备运转率应达到 90%,数据传输率应大于 90%,以保证监测数据的数量和传输效率符合要求。设备运转率及数据传输率参照下列公式进行计算。

$$设备运转率=\frac{实际运行小时数}{企业排放小时数}\times100\%$$

式中，实际运行小时数——自动监测设备实际正常运行的小时数；

企业排放小时数——被测的水污染源排放污染物的实际小时数。

$$数据传输率=\frac{实际传输数据数}{规定传输数据数}\times100\%$$

式中，实际传输数据数——每月设备实际上传的数据个数；

规定传输数据数——每月设备规定上传的数据个数。

(三)维护管理

1. 日检查维护

(1)每日上午、下午远程检查仪器运行状态，检查数据传输系统是否正常，如发现数据有持续异常情况，应立即前往站点进行检查。

(2)每48h自动进行化学需氧量(COD_{Cr})水质自动分析仪、总有机碳(TOC)水质自动分析仪、氨氮水质自动分析仪、总氮水质自动分析仪及总磷水质自动分析仪的零点和量程校正。

2. 周检查维护

每周对监测系统进行1~2次现场维护，内容如下：

(1)检查各台自动分析仪及辅助设备的运行状态和重要技术参数，判断运行是否正常。

(2)检查自来水供应、泵取水情况，检查内部管路是否通畅，仪器自动清洗装置是否运行正常，检查各自动分析仪的进样水管和排水管是否清洁，必要时进行清洗。定期清洗水泵和过滤网。

(3)检查站房内电路系统、通信系统是否正常。

(4)对用电极法测量的仪器，检查标准溶液和电极填充液，进行电极探头的清洗。

(5)检查各仪器标准溶液和试剂是否在有效使用期内，按相关要求定期更换标准液和分析试剂。

(6)检查数据采集传输仪运行情况，并检查连接处有无损坏，对数据进行抽样检查，对比自动分析仪、数据采集传输仪及上位机接收到的数据是否一致。

(7)检查水质自动采样系统管路是否清洁，采样泵、采样桶和留样系统是否正常工作，留样保存温度是否正常。

(8)若部分站点使用气体钢瓶，应检查载气气路系统是否密封，气压是否满足使用要求。

3. 月检查维护

每月现场维护内容如下：

(1)每月的现场维护内容还包括对在线监测仪器进行一次保养,对水泵和取水管路、配水和进水系统、仪器分析系统进行维护。对数据存储/控制系统工作状态进行一次检查。对自动分析仪进行一次日常校验。检查监测仪器接地情况检查测用房防雷措施。

(2)水污染源在线监测仪器:根据相应仪器操作维护说明,检查和保养易损耗件,必要时更换;检查及清洗取样单元、消解单元、检测单元、计量单元等。

(3)水质自动采样系统:根据情况更换蠕动泵管、清洗混合采样瓶等。

(4)总有机碳(TOC)水质自动分析仪检查:TOC-COD_{Cr}转换系数是否适用,必要时进行修正。对总有机碳(TOC)水质自动分析仪载气气路的密封性、泵、管、加热炉温度等进行一次检查,检查试剂余量(必要时添加或更换),检查卤素洗涤器、冷凝器水封容器、增湿器,必要时加蒸馏水。

(5)pH水质自动分析仪用酸液清洗一次电极,检查pH电极是否钝化,必要时进行更换,对采样系统进行一次维护。

(6)化学需氧量(COD_{Cr})水质自动分析仪:检查内部试管是否污染,必要时进行清洗。

(7)氨氮水质自动分析仪:检查气敏电极表面是否清洁,对仪器管路进行保养清洁。

(8)总氮、总磷水质自动分析仪:检查采样部分、计量单元、反应器单元、加热器单元、检测器单元的工作情况,对反应系统进行清洗。

(9)温度计:每月至少进行一次现场水温比对试验,必要时进行校准或更换。

(10)超声波明渠流量计:检查流量计液位传感器高度是否发生变化,检查超声波探头与水面之间是否有干扰测量的物体,对堰体内影响流量计测定的干扰物进行清理。

(11)管道电磁流量计:检查管道电磁流量计的检定证书是否在有效期内。

除以上内容外,运行维护人员每月应对每个站点所有自动分析仪至少进行一次自动监测方法与实验室标准方法的比对试验,试验结果应满足HJ 355—2019表8规定的性能指标要求。当实际水样比对试验或校验的结果不满足要求时,应立即重新进行第二次比对试验或校验,连续3次结果不符合要求,应采用备用仪器或手工方法监测。备用仪器在正常使用和运行之前,应对仪器进行校验和比对试验。

4. 季度检查维护

(1)水污染源在线监测仪器:根据相应仪器操作维护说明,检查及更换易损耗件,检查关键零部件可靠性,如计量单元准确性、反应室密封性等,必要时进行更换。

每3个月至少对总有机碳(TOC)水质自动分析仪试样计量阀等进行一次清洗。检查化学需氧量(COD_{Cr})水质自动分析仪水样导管、排水导管、活塞和密封圈,必要时进行更换;检查氨氮水质在线自动分析仪的气敏电极膜,必要时进行更换;每年至少更换一次总有机碳(TOC)水质自动分析仪注射器活塞、燃烧管、CO_2吸收器。

(2)季度校验。每3个月应进行现场校验,现场校验可采用自动校准或手工校准。现场校验内容包括重复性试验、零点漂移和量程漂移试验,参照相关仪器说明书要求进行。当仪器发生严重故障,经维修后在正常使用和运行之前也应对仪器进行一次校验,满足要求才可投入使用。

5. 检查维护记录

运行人员在对水污染源在线监测系统进行故障排查与检查维护时,应做好巡检记录,巡检记录应包含该系统运行状况、系统辅助设备运行状况、系统校准工作等必检项目和记录,以及仪器使用说明书中规定的其他检查项目和校准、维护保养、维修记录。

6. 其他检查维护

(1)保证监测站房的安全性,进出监测站房应进行登记,包括出入时间、人员、出入站房原因等,应设置视频监控系统。

(2)保持监测站房、实验室、监测用房(监控箱)的清洁,保持设备的清洁,避免仪器振动,保证房内的温度、湿度满足仪器正常运行的需求。

(3)保持各仪器管路通畅,出水正常,无漏液。

(4)对电源控制器和空调等辅助设备要进行经常性检查。

(5)此处未提及的维护内容,按相关仪器说明书的要求进行仪器维护保养、易耗品的定期更换工作。

(6)操作人员在对系统进行日常维护时,水污染源在线监测仪器所产生的废液应以专用容器予以回收,并按照《危险废物贮存污染控制标准》(GB 18597—2023)的有关规定,交由有危险废物处理资质的单位处理,不得随意排放或流入污水排放口。

(7)操作人员可借助在线系统实时监控监测设备的测试状况,及时发现异常情况,进行相关维护,能极大地提高运维管理效率,降低运维成本。例如基于云平台信息化的智能诊断系统,可用于获取、传输、接收、存储、分析及展示在线监测仪器的运行状态、过程数据及测试数据,并对仪器出现的异常情况进行"诊断",实现操作人员对在线监测仪器的集中管控。其系统展示如图 8.25 所示。

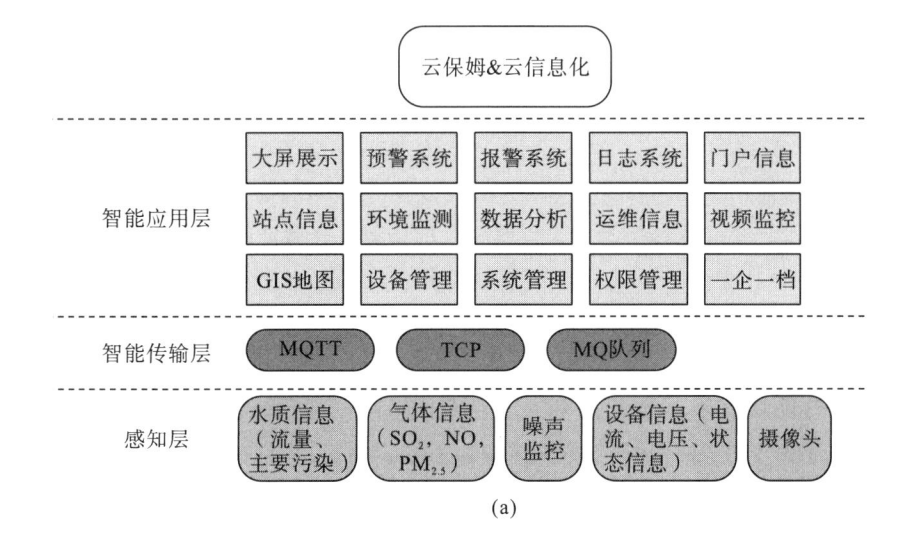

(a)

(b)

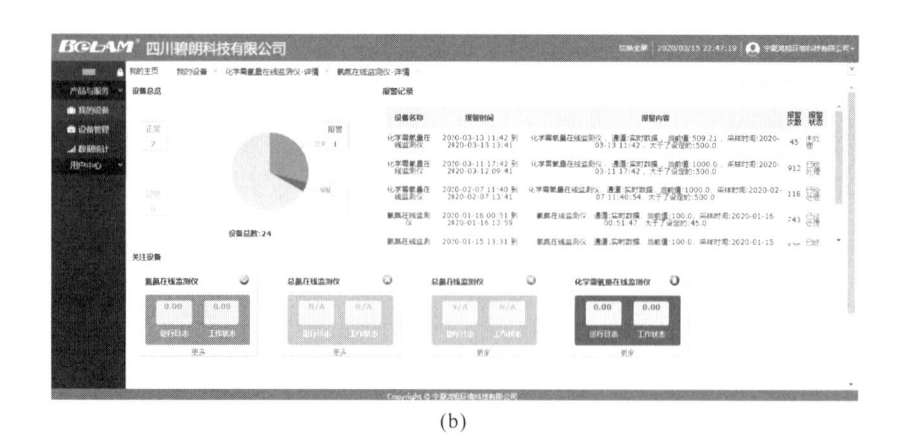

图 8.25 智能诊断系统

7. 运行技术及质量控制要求

1) 自动核查

COD_{Cr}、TOC、NH_3-N、TP、TN 水质自动分析仪选用浓度约为现场工作量程上限值 0.5 倍的标准样品定期进行自动标样核查。如果自动标样核查结果不满足表 8.19 的规定，则应对仪器进行自动校准。仪器自动校准完后应使用标准溶液进行验证（可使用自动标样核查代替该操作），验证结果应符合表 8.19 的规定，如不符合则应重新进行一次校准和验证，6h 内如仍不符合规定，则应进入人工维护状态。自动标样核查周期最长间隔不得超过 24h，校准周期最长间隔不得超过 168h。

在线监测仪器自动校准及验证时间如果超过 6h，则应采取人工监测的方法向相应环境保护主管部门报送数据，数据报送每天不少于 4 次，间隔不得超过 6h。

2) 实际水样比对试验

COD_{Cr}、TOC、NH_3-N、TP、TN 水质自动分析仪应每月至少进行一次实际水样比对试验。试验结果应满足表 8.19 规定中的性能指标要求，实际水样比对试验的结果不满足规定的性能指标要求时，应对仪器进行校准和标准溶液验证后再次进行实际水样比对试验。

如第二次实际水样比对试验结果仍不符合规定时，仪器应进入维护状态，同时此次实际水样比对试验至上次仪器自动校准或自动标样核查期间，所有数据应按照《水污染源在线监测系统（COD_{Cr}、NH_3-N 等）数据有效性判别技术规范》（HJ 356—2019）的相关规定进行处理。

仪器维护时间超过 6h 时，应采取人工监测的方法向相应环境保护主管部门报送数据，数据报送每天不少于 4 次，间隔不得超过 6h。

3) 其他设备要求

pH 水质自动分析仪和温度计每月至少进行 1 次实际水样比对试验，如果比对结果不符合表 8.19 的要求，应对 pH 水质自动分析仪和温度计进行校准，校准完成后需再次进行比对，直至合格。

每季度至少用便携式明渠流量计比对装置对现场安装使用的超声波明渠流量计进行 1 次比对试验(比对前应对便携式明渠流量计进行校准)，如比对结果不符合表 8.19 的要求，应对超声波明渠流量计进行校准，校准完成后须再次进行比对，直至合格。

表 8.19　水污染源在线监测仪器运行技术指标

仪器类型	技术指标要求	试验指标限值	样品数量要求
COD_{Cr}、TOC 水质自动分析仪	采用浓度约为现场工作量程上限值 0.5 倍的标准样品	±10%	1
	实际水样 COD_{Cr}<30mg/L（用浓度为 20～25mg/L 的标准样品替代实际水样进行测试）	±5mg/L	比对试验总数应不少于 3 对。当比对试验数量为 3 对时应至少有 2 对满足要求；4 对时应至少有 3 对满足要求；5 对以上时至少需 4 对满足要求
	30mg/L≤实际水样 COD_{Cr}<60mg/L	±30%	
	60mg/L≤实际水样 COD_{Cr}<100mg/L	±20%	
	实际水样 COD_{Cr}≥100mg/L	±15%	
NH_3-N 水质自动分析仪	采用浓度约为现场工作量程上限值 0.5 倍的标准样品	±10%	1
	实际水样氨氮<2mg/L（用浓度为 1.5mg/L 的标准样品替代实际水样进行测试）	±0.3mg/L	同化学需氧量比对试验数量要求
	实际水样氨氮≥2mg/L	±15%	
TP 水质自动分析仪	采用浓度约为现场工作量程上限值 0.5 倍的标准样品	±10%	1
	实际水样总磷<0.4mg/L（用浓度为 0.2mg/L 的标准样品替代实际水样进行测试）	±0.04mg/L	同化学需氧量比对试验数量要求
	实际水样总磷≥0.4mg/L	±15%	
TN 水质自动分析仪	采用浓度约为现场工作量程上限值 0.5 倍的标准样品	±10%	1
	实际水样总氮<2mg/L（用浓度为 1.5mg/L 的标准样品替代实际水样进行测试）	±0.3mg/L	同化学需氧量比对试验数量要求
	实际水样总氮≥2mg/L	±15%	
pH 水质自动分析仪	实际水样比对	±0.5	1
温度计	现场水温比对	±0.5℃	1
超声波明渠流量计	液位比对误差	12mm	6 组数据
	流量比对误差	±10%	10 分钟累计流量

4) 有效数据率

以月为周期,计算每个周期内水污染源在线监测仪实际获得的有效数据的个数占应获得的有效数据的个数的百分比不得小于90%,有效数据的判定参见 HJ 356—2019 的相关规定。

5) 其他质量控制要求

应按照相关要求对水样分析、自动监测实施质量控制。对某一时段、某些异常水样,应不定期进行平行监测、加密监测和留样比对试验。水污染源在线监测仪器所使用的标准溶液应正确保存且经有证的标准样品验证合格后方可使用。

8. 检修和故障处理要求

(1) 水污染源在线监测系统需维修的,应在维修前报相应环境保护管理部门备案;需停运、拆除、更换、重新运行的,应经相应环境保护管理部门批准同意。

(2) 因不可抗力和突发性原因致使水污染源在线监测系统停止运行或不能正常运行时,应当在 24h 内报告相应环境保护管理部门并书面报告停运原因和设备情况。

(3) 运行单位发现故障或接到故障通知,应在规定的时间内赶到现场处理并排除故障,无法及时处理的应安装备用仪器。

(4) 水污染源在线监测仪器经过维修后,在正常使用和运行之前应确保其维修全部完成并通过校准和比对试验。若在线监测仪器进行了更换,在正常使用和运行之前,确保其性能指标满足表 8.19 的要求。维修和更换的仪器,可由第三方或运行单位自行出具比对检测报告。

(5) 数据采集传输仪发生故障时,应在相应环境保护管理部门规定的时间内修复或更换,并能保证已采集的数据不丢失。

(6) 运行单位应备有足够的备品备件及备用仪器,对其使用情况进行定期清点,并根据实际需要进行增购。

(7) 水污染源在线监测仪器因故障或维护等原因不能正常工作时,应及时向相应环境保护管理部门报告,必要时采取人工监测,监测周期间隔不大于 6h,数据报送每天不少于 4 次,监测技术要求参照《污水监测技术规范》(HJ 91.1—2019)执行。

9. 数据有效性判别

水污染源在线监测系统的运行状态分为正常采样监测时段和非正常采样监测时段。

正常采样监测时段获取的监测数据,根据 HJ 356—2019 规定的标准,进行有效性判别。

非正常采样监测时段包括仪器停运时段、仪器故障维修或维护时段、校准和校验时段,在此期间,无论在线监测系统是否获得或输出监测数据,均为无效数据。

数据有效性判别流程见图 8.26。

第八章　污水处理厂水质在线监测系统　　253

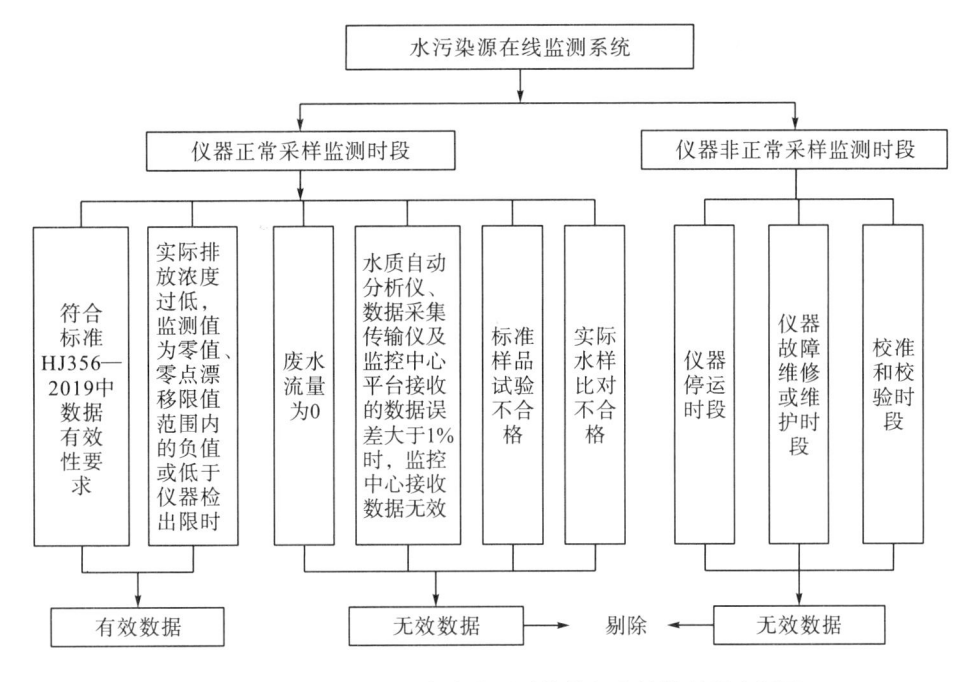

图 8.26　水污染源在线监测系统数据有效性判别流程图

10. 运营工作技术考核要求

运营工作技术考核从运行与日常维护、校验、检修、质量保证和质量控制、数据准确性、数据数量要求、设备运转率、仪器技术档案等方面来考核。技术考核成绩作为评定运行单位工作质量的重要依据。

第六节　在线监测系统运维安全风险防控

根据对在线监测系统运行维护公司的综合调查，运维过程中主要存在电气风险、物理风险、化学风险和环境风险四大类。

(一) 电气风险

1. 触电风险

(1) 风险点：运维人员触电风险。

(2) 防控措施：电气操作时，必须断电操作，严禁带电操作。操作过程中要遵循"无电当有电"操作，并戴好绝缘手套等安全防护用品。

2. 静电风险

(1) 风险点：静电伤害。静电是一种处于静止状态的电荷。多产生在干燥和多风的秋冬季节。运维人员在设备维修，接触到设备的电路板时，未对人体的静电进行消除容易对设备的电路板造成不可逆的损坏。

(2)防控措施：在进行设备维护需要接触电路板时，需对人体所携带的静电进行消除(在拆卸电路板等电子元件之前，先触摸静电释放器(或触摸墙壁)消除身体所携带的静电)。

(二)物理风险

(1)风险点：在维护作业过程中，可能会与机械设备、工具等物体发生碰撞摔落等物理风险。

(2)防控措施：运维人员正确佩戴安全帽、劳保鞋、防护手套等安全防护用品。

(三)化学风险

化学试剂是水质在线监测设备是否正常运行的必要条件。而化学试剂多包含酸、碱、有毒有害等物质，是水质在线设备运行维护中最大风险点。

1. 酸试剂风险

(1)风险点：酸试剂灼伤皮肤或溅入眼内。

(2)防范措施：正确佩戴防酸碱手套，作业时正确佩戴护目镜等安全防护用品。

(3)处理方法：立即用大量水洗，再以 3%～5%碳酸氢钠溶液洗，最后用水洗，拭干后送医疗单位。如果皮肤灼伤严重，需消毒并涂烫伤油膏。说明：使用清水冲洗可以使强酸变弱酸，但是不能改变酸性。用稀碳酸氢钠溶液，即小苏打水冲洗，可以跟酸反应生成盐、二氧化碳和水，生成的盐是正钠盐，一般对人无害，使用小苏打水而不用氢氧化钠溶液或石灰水的原因是它们是碱溶液，对皮肤有腐蚀性，另外酸碱中和会放热，可能引起不适或灼伤。

2. 碱试剂风险

(1)风险点：碱试剂灼伤皮肤或溅入眼内。

(2)防范措施：正确佩戴防酸碱手套，作业时正确佩戴护目镜等安全防护用品。

(3)处理方法：立即用大量水洗，再以1%硼酸或者2%的醋酸溶液洗，最后用水洗，拭干后送医疗单位。如皮肤灼伤严重，需消毒并涂烫伤油膏。硼酸对皮肤腐蚀伤害很小，由于它与碱的反应不是很快，中和放出的热容易散失掉，不会对皮肤再次损伤，除了涂硼酸外，还可以涂醋酸。但是一定要涂弱酸，不能涂强酸，如果涂强酸，也会灼伤皮肤。

3. 腐蚀性毒物风险

(1)风险点：腐蚀性毒物吸入。

(2)防范措施：更换化学试剂之后需要及时洗手，不饮用监测站房内部的不明液体。

(3)处理方法：对于强酸，先饮大量水，然后服用氢氧化铝膏、鸡蛋白；对于强碱，也应先饮大量水，然后服用醋、酸果汁。不论酸或碱中毒皆再以牛奶灌注，不要吃催吐剂。同时立即前往医院进行救治。氢氧化铝凝胶具有弱碱性，可以中和体内的酸性物质，提高胃内 pH，同时也可以保护胃黏膜。强碱中毒时应口服食醋、酸果汁等，用弱酸快速中和，如醋、酸果汁以及柠檬汁等。蛋白当中含有大量的蛋白质、胶原纤维，维生素和微量元素，能够有效地减轻消化道黏膜损伤的症状，中和强酸强碱。

4. 刺激剂及神经毒物风险

(1) 风险点：刺激剂及神经毒物吸入。

(2) 防范措施：更换化学试剂之后需要及时洗手，不饮用监测站房内部的不明液体。

(3) 处理方法：先服用牛奶或鸡蛋白使之立即冲淡或缓和，再用一大勺硫酸镁(约 30g)溶于一杯水中催吐。有时候也可用手指伸入喉部促使呕吐，然后立即送医疗单位。牛奶或鸡蛋白可吸附部分毒物，硫酸镁溶液可导泻和催吐。

(四) 环境风险

(1) 风险点：运维过程中，可能到室外工作，因此会受到恶劣天气(高温、低温、暴雨等)的影响。

(2) 防范措施：高温时常备饮用水及防暑药品，避免高温中暑；低温时注意防寒措施；暴雨时尽量避免户外作业，防止摔倒等。

参 考 文 献

魏复盛. 水和废水监测分析方法[M].4 版. 北京：中国环境科学出版社，2002.

生态环境部. 水质 细菌总数的测定 平皿计数：HJ 1000—2018[S]. 北京：中国环境出版集团，2019.

生态环境部. 水质 粪大肠菌群的测定 多管发酵法：HJ 347.2—2018[S]. 北京：中国环境出版集团，2018.

生态环境部. 水质 粪大肠菌群的测定 滤膜法：HJ 347.1—2018[S]. 北京：中国环境出版集团，2018.

生态环境部. 水质 总大肠菌群、粪大肠菌群和大肠埃希氏菌的测定酶底物：HJ 1001—2018[S]. 北京：中国环境出版集团，2018.

生态环境部. 水污染源在线监测系统（COD_{Cr}、NH_3-N 等）安装技术规范：HJ 353—2019[S]. 北京：中国环境出版集团，2019.

生态环境部. 水污染源在线监测系统（COD_{Cr}、NH_3-N 等）验收技术规范：HJ 354—2019[S]. 北京：中国环境出版集团，2019.

生态环境部. 水污染源在线监测系统（COD_{Cr}、NH_3-N 等）运行技术规范：HJ 355—2019[S]. 北京：中国环境出版集团，2019.

中华人民共和国住房和城乡建设部. 城镇污水处理厂运行、维护及其安全技术规程：CJJ60—2011[S].北京：中国建筑工业出版社，2011.

中华人民共和国住房和城乡建设部. 城镇供水与污水处理实验室技术规范：CJJ/T 182—2014[S]. 北京：中国建筑工业出版社，2014.

姜洪文，陈淑刚，张美娜. 化验室组织与管理[M].4 版. 北京：化学工业出版社，2020.

杨波，王森，郑波，等. 在线水质分析仪器[M]. 重庆：重庆大学出版社，2020.

参 考 资 料

1. 《危险化学品目录》（2022 调整版）
2. 城镇污水处理厂运行、维护及安全技术规程(CJ 60—2011)
3. 城镇污水水质标准检验方法(CJ/T 51—2018)
4. 城镇污泥标准检验方法(CJ/T 221—2023)
5. 检测和校准实验室能力认可准测(ISO/IEC 17025—2017)
6. 工业企业厂界环境噪声排放标准(GB 12348—2008)
7. 城镇污水处理厂污染物排放标准(GB 18981—2002)
8. 易制爆危险化学品储存场所治安防范要求(GA 1511—2018)
9. 水质 溶解氧的测定 碘量法(GB/T7489—1987)
10. 总有机碳(TOC)水质自动分析仪技术要求(HJ/T 104—2003)
11. 总磷水质自动分析仪技术要求(HJ/T 103—2003)
12. 总氮水质自动分析仪技术要求(HJ/T 102—2003)

参考资料 257

13. pH 水质自动分析仪技术要求(HJ/T 96—2003)
14. 排污单位自行监测技术指南　水处理(HJ 1083—2020)
15. 水质　总大肠菌群、粪大肠菌群和大肠埃希氏菌的测定　酶底物法(HJ 1001—2018)
16. 水质　细菌总数的测定　平皿计数法(HJ 1000—2018)
17. 水质　化学需氧量的测定　重铬酸盐法(HJ 828—2017)
18. 排污单位自行监测技术指南　总则(HJ 819—2017)
19. 水质　总大肠菌群和粪大肠菌群的测定　纸片快速法(HJ 755—2015)
20. 水质　总氮的测定碱性过硫酸钾消解　紫外分光光度法(HJ 636—2012)
21. 环境监测质量管理技术导则(HJ 630—2011)
22. 水质　氨氮的测定　纳氏试剂分光光度法(HJ 535—2009)
23. 水质　溶解氧的测定　电化学探头法(HJ 506—2009)
24. 水质　五日生化需氧量(BOD_5)的测定　稀释与接种法(HJ 505—2009)
25. 水质采样　样品的保存和管理技术规定(HJ 493—2009)
26. 污染源在线自动监控(监测)数据采集传输仪技术要求(HJ 477—2009)
27. 化学需氧量(COD_{Cr})水质在线自动监测仪技术要求及检测方法(HJ 377—2019)
28. 水污染源在线监测系统(COD_{Cr}、NH_3—N 等)验收技术规范(HJ 354—2019)
29. 水污染源在线监测系统(COD_{Cr}、NH_3—N 等)安装技术规范(HJ 353—2019)
30. 水质　粪大肠菌群的测定　多管发酵法(HJ 347.2—2018)
31. 水质　粪大肠菌群的测定　滤膜法(HJ 347.1—2018)
32. 污染物在线监控(监测)系统数据传输标准(HJ 212—2017)
33. 氨氮水质在线自动监测仪技术要求及检测方法(HJ 101—2019)
34. 污水监测技术规范(HJ 91.1—2019)
35. 水质悬浮物的测定重量法(GB 11901—89)
36. 数值修约规则与极限数值的表示和判定(GB/T 8170—2008)
37. 易制爆危险化学品储存场所治安防范要求(GA 1511—2018)
41. 《易制爆危险化学品名录》2023
42. 《易制毒化学品的分类和品种目录》2024

书中其他参考资料请见二维码

附　　录

附录 A　常用污水监测指标的采样和水样保存要求

如监测指标采用的分析方法中未明确采样容器材质、保存剂及其用量、保存期限和采集的水样体积等内容时，可按表 A.1 执行。

表 A.1　常用污水监测指标的采样和保存技术

序号	指标	采样容器	采集或保存方法	保存期限	建议采样量/mL	备注
1	pH	P 或 G		12h	250	
2	色度	P 或 G		12h	1000	
3	悬浮物	P 或 G	冷藏*，避光	14d	500	
4	五日生化需氧量	溶解氧瓶	冷藏*，避光	12h	250	
		P	−20℃冷冻	30d	1000	
5	化学需氧量	G	H_2SO_4，pH≤2	2d	500	
		P	−20℃冷冻	30d	100	
6	氨氮	P 或 G	H_2SO_4，pH≤2	24h	250	
		P 或 G	H_2SO_4，pH≤2，冷藏*	7d	250	
7	总氮	P 或 G	H_2SO_4，pH≤2	7d	250	
		P	−20℃冷冻	30d	500	
8	总磷	P 或 G	HCl，H_2SO_4，pH≤2	24h	250	
		P	−20℃冷冻	30d	250	
9	石油类和动植物油类	G	HCl，pH≤2	7d	500	
10	挥发酚	G	H_3PO_4，pH 约为 2，用 0.01~0.02g 抗坏血酸除去残余氯	24h	1000	
11	总有机碳	G	H_2SO_4，pH≤2	7d	250	
		P	−20℃冷冻	30d	100	
12	阴离子表面活性剂	P 或 G		24h	250	
		G	1%（体积分数）的甲醛，冷藏*	4d		
13	可吸附有机卤素	G	水样充满采样瓶，HNO_3，pH 为 1~2，冷藏*，避光	5d	1000	

续表

序号	指标	采样容器	采集或保存方法	保存期限	建议采样量/mL	备注
14	急性毒性	G(带聚四氟乙烯衬垫瓶盖)	水样充满采样瓶,采样后密封瓶口,冷藏*	24h		
15	氟化物	P	冷藏*,避光	14d	250	
16	氯化物	P 或 G	冷藏*,避光	30d	250	
17	余氯	P 或 G	避光	5min	500	最好在采集后5分钟内现场分析
18	二氧化氯	P 或 G	避光	5min	500	最好在采集后5分钟内现场分析
19	磷酸盐	P 或 G	NaOH,H$_2$SO$_4$ 调 pH 约为 7,CHCl$_3$ 0.5%	7d	250	
20	硫化物	P 或 G	水样充满容器。1L 水样加 NaOH 至 pH 约为 9,加入 5%抗坏血酸 5mL,饱和 EDTA 3mL,滴加饱和 Zn(AC)$_2$ 至胶体产生,常温避光	24h	250	
21	硫酸盐	P 或 G	冷藏*,避光	30d	250	
22	硝酸盐氮	P 或 G	冷藏*,避光	24h	250	
		P 或 G	HCl,pH 为 1~2	7d	250	
		P	−20℃冷冻	30d	250	
23	亚硝酸盐氮	P 或 G	冷藏*,避光	24h	250	
24	氰化物	P 或 G	NaOH,pH≥9,冷藏*	7d	250	如果硫化物存在,保存 12h
25	汞	P 或 G	HCl 1%,如水样为中性,1L 水样中加浓 HCl 10mL	14d	250	
26	铬	P 或 G	HNO$_3$,1L 水样中加浓 HNO$_3$ 10mL	30d	100	
27	六价铬	P 或 G	NaOH,pH 为 8~9	14d	250	
28	银	P 或 G	HNO$_3$,1L 水样中加浓 HNO$_3$ 10mL	14d	250	
29	铍	P 或 G	HNO$_3$,1L 水样中加浓 HNO$_3$ 10mL	14d	250	
30	钠	P	HNO$_3$,1L 水样中加浓 HNO$_3$ 10mL	14d	250	
31	镁	P 或 G	HNO$_3$,1L 水样中加浓 HNO$_3$ 10mL	14d	250	
32	钾	P	HNO$_3$,1L 水样中加浓 HNO$_3$ 10mL	14d	250	
33	钙	P 或 G	HNO$_3$,1L 水样中加浓 HNO$_3$ 10mL	14d	250	
34	锰	P 或 G	HNO$_3$,1L 水样中加浓 HNO$_3$ 10mL	14d	250	
35	铁	P 或 G	HNO$_3$,1L 水样中加浓 HNO$_3$ 10mL	14d	250	
36	镍	P 或 G	HNO$_3$,1L 水样中加浓 HNO$_3$ 10mL	14d	250	
37	铜	P	HNO$_3$,1L 水样中加浓 HNO$_3$ 10mL,如用溶出伏安法测定,可改用 1L 水样中加 19mL 浓 HClO$_4$	14d	250	

续表

序号	指标	采样容器	采集或保存方法	保存期限	建议采样量/mL	备注
38	锌	P	HNO_3，1L 水样中加浓 HNO_3 10mL，如用溶出伏安法测定，可改用 1L 水样中加 19mL 浓 $HClO_4$	14d	250	
39	砷	P 或 G	HNO_3，1L 水样中加浓 HNO_3 10mL，如用溶出伏安法测定，可改用 1L 水样中加 19mL 浓 $HClO_4$	14d	250	
40	锡	P 或 G	HNO_3，1L 水样中加浓 HNO_3 10mL，如用溶出伏安法测定，可改用 1L 水样中加 19mL 浓 $HClO_4$	14d	250	
41	锑	P 或 G	HCl，0.2%(氢化物法)，如用原子荧光法测定，1L 水样中加 10mL 浓 HCl	14d	250	
42	铅	P 或 G	HNO_3，1%，如水样为中性，1L 水样中加浓 HNO_3 10mL，如用溶出伏安法测定，可改用 1L 水样中加 19mL 浓 $HClO_4$	14d	250	
43	硼	P	HNO_3，1L 水样中加浓 HNO_3 10mL	14d	250	
44	硒	P 或 G	HCl，1L 水样中加浓 HCl 2mL，如用原子荧光法测定，1L 水样中加 10mL 浓 HCl	14d	250	
45	烷基汞	P	如在数小时内样品不能分析，应在样品瓶中预先加入 $CuSO_4$，加入量为每升 1g（水样处理时不再加入），冷藏*		2500	
46	农药类	G	加入抗坏血酸 0.01～0.02g 除去残余氧，冷藏*，避光	24h	1000	
47	杀虫剂(包含有机氯、有机磷、有机氮)	G(带聚四氟乙烯瓶盖)或 P(适用草甘膦)	冷藏*	24h(萃取)5d(测定)	1000～3000	
48	氨基甲酸酯类杀虫剂	G	冷藏*	14d	1000	如水样中有余氯，每 1L 样品中加入 80mg $Na_2S_2O_3 \cdot 5H_2O$
49	除草剂类	G	加入抗坏血酸 0.01～0.02g 除去残余氧，冷藏*，避光	24h	1000	
50	挥发性有机物	G	用 1+10 HCl 调至 pH 约为 2，加入 0.01～0.02g 抗坏血酸除去残余氯，冷藏*，避光	12h	1000	
51	挥发性卤代烃	G(棕色，带聚四氟乙烯瓶盖)	如果水样含有余氯，向采样瓶中加入 0.3～0.5g 抗坏血酸或 $Na_2S_2O_3 \cdot 5H_2O$。采样时样品沿瓶壁注入，防止气泡产生，水样充满后不留液上空间，冷藏*	7d	40	所有样品均采集平行样
52	甲醛	G	加入 0.2～0.5g/L $Na_2S_2O_3 \cdot 5H_2O$ 除去残余氯，冷藏*，避光	24h	250	
53	邻苯二甲酸酯类	G	加入抗坏血酸 0.01～0.02g 除去残余氧，冷藏*，避光	24h	1000	

续表

序号	指标	采样容器	采集或保存方法	保存期限	建议采样量/mL	备注
54	多环芳烃	G(带聚四氟乙烯瓶盖)	冷藏*	7d	500	如水样中有余氯,每1L样品中加入80mg Na$_2$S$_2$O$_3$·5H$_2$O
55	二噁英类	对二噁英类无吸附作用不锈钢或玻璃材质可密封器具	4~10℃的暗冷处,密封避光,尽快进行分析测定			
56	酚类	G	H$_3$PO$_4$,pH约为2,用0.01~0.02g抗坏血酸除去残余氯,冷藏*,避光	24h	1000	
57	总大肠菌群和粪大肠菌群、细菌总数、大肠菌总数、粪大肠菌、黄链球菌、沙门氏菌、志贺氏菌等	G(灭菌)或无菌装	与其他项目一同采集时,先单独采集微生物样品,不预洗采样瓶,冷藏*,避光,样品采集至采样瓶体积的80%左右	6h	250	如水样中有余氯,每1L样品中加入80mg Na$_2$S$_2$O$_3$·5H$_2$O

注1:P为聚乙烯瓶等材质塑料容器,G为硬质玻璃容器。
注2:h:小时;d:天。
注3:每个监测指标的建议采样量应保证满足分析所需的最小采样量,同时考虑重复分析和质量控制等的需要。
*冷藏温度范围为:0~5℃。
以上内容摘自《污水监测技术规范》(HJ 91.1—2019)。

附录B 粪大肠菌群数查询表

表B.1 15管法最大可能数(MPN)表

各接种量阳性份数 10mL	1mL	0.1mL	MPN/100 mL	95%置信限 下限	上限	各接种量阳性份数 10mL	1mL	0.1mL	MPN/100 mL	95%置信限 下限	上限
0	0	0	<2			3	0	0	8	1	19
0	0	1	2	<0.5	7	3	0	1	11	2	25
0	0	2	4	<0.5	7	3	0	2	13	3	31
0	0	3	5			3	0	3	16		
0	0	4	7			3	0	4	20		
0	0	5	9			3	0	5	23		
0	1	0	2	<0.5	7	3	1	0	11	2	25
0	1	1	4	<0.5	11	3	1	1	14	4	34
0	1	2	6	<0.5	15	3	1	2	17	5	46
0	1	3	7			3	1	3	20	6	60
0	1	4	9			3	1	4	23		
0	1	5	11			3	1	5	27		
0	2	0	4	<0.5	11	3	2	0	14	4	34
0	2	1	6	<0.5	15	3	2	1	17	5	46
0	2	2	7			3	2	2	20	6	60
0	2	3	9			3	2	3	24		
0	2	4	11			3	2	4	27		
0	2	5	13			3	2	5	31		
0	3	0	6	<0.5	15	3	3	0	17	5	46
0	3	1	7			3	3	1	21	7	63
0	3	2	9			3	3	2	24		
0	3	3	11			3	3	3	28		
0	3	4	13			3	3	4	32		
0	3	5	15			3	3	5	36		
0	4	0	8			3	4	0	21	7	63
0	4	1	9			3	4	1	24	8	72
0	4	2	11			3	4	2	28		
0	4	3	13			3	4	3	32		
0	4	4	15			3	4	4	36		
0	4	5	17			3	4	5	40		
0	5	0	9			3	5	0	25	8	75
0	5	1	11			3	5	1	29		
0	5	2	13			3	5	2	32		
0	5	3	15			3	5	3	37		
0	5	4	17			3	5	4	41		

续表

各接种量阳性份数			MPN/100 mL	95%置信限		各接种量阳性份数			MPN/100 mL	95%置信限	
10mL	1mL	0.1mL		下限	上限	10mL	1mL	0.1mL		下限	上限
0	5	5	19			3	5	5	45		
1	0	0	2	<0.5	7	4	0	0	13	3	31
1	0	1	4	<0.5	11	4	0	1	17	5	46
1	0	2	6	<0.5	15	4	0	2	21	7	63
1	0	3	8	1	19	4	0	3	25	8	75
1	0	4	10			4	0	4	30		
1	0	5	12			4	0	5	36		
1	1	0	4	<0.5	11	4	1	0	17	5	46
1	1	1	6	<0.5	15	4	1	1	21	7	63
1	1	2	8	1	19	4	1	2	26	9	78
1	1	3	10			4	1	3	31		
1	1	4	12			4	1	4	36		
1	1	5	14			4	1	5	42		
1	2	0	6	<0.5	15	4	2	0	22	7	67
1	2	1	8	1	19	4	2	1	26	9	78
1	2	2	10	2	23	4	2	2	32	11	91
1	2	3	12			4	2	3	38		
1	2	4	15			4	2	4	44		
1	2	5	17			4	2	5	50		
1	3	0	8	1	19	4	3	0	27	9	80
1	3	1	10	2	23	4	3	1	33	11	93
1	3	2	12			4	3	2	39	13	110
1	3	3	15			4	3	3	45		
1	3	4	17			4	3	4	52		
1	3	5	19			4	3	5	59		
1	4	0	11	2	25	4	4	0	34	12	93
1	4	1	13			4	4	1	40	14	110
1	4	2	15			4	4	2	47		
1	4	3	17			4	4	3	54		
1	4	4	19			4	4	4	62		
1	4	5	22			4	4	5	69		
1	5	0	13			4	5	0	41	16	120
1	5	1	15			4	5	1	48		
1	5	2	17			4	5	2	56		
1	5	3	19			4	5	3	64		
1	5	4	22			4	5	4	72		
1	5	5	24			4	5	5	81		
2	0	0	5	<0.5	13	5	0	0	23	7	70
2	0	1	7	1	17	5	0	1	31	11	89
2	0	2	9	2	21	5	0	2	43	15	110
2	0	3	12	3	28	5	0	3	58	19	140

续表

各接种量阳性份数			MPN/100 mL	95%置信限		各接种量阳性份数			MPN/100 mL	95%置信限	
10mL	1mL	0.1mL		下限	上限	10mL	1mL	0.1mL		下限	上限
2	0	4	14			5	0	4	76	24	180
2	0	5	16			5	0	5	95		
2	1	0	7	1	17	5	1	0	33	11	93
2	1	1	9	2	21	5	1	1	46	16	120
2	1	2	12	3	28	5	1	2	63	21	150
2	1	3	14			5	1	3	84	26	200
2	1	4	17			5	1	4	110		
2	1	5	19			5	1	5	130		
2	2	0	9	2	21	5	2	0	49	17	130
2	2	1	12	3	28	5	2	1	70	23	170
2	2	2	14	4	34	5	2	2	94	28	220
2	2	3	17			5	2	3	120	33	280
2	2	4	19			5	2	4	150	38	370
2	2	5	22			5	2	5	180	44	520
2	3	0	12	3	28	5	3	0	79	25	190
2	3	1	14	4	34	5	3	1	110	31	250
2	3	2	17			5	3	2	140	37	340
2	3	3	20			5	3	3	180	44	500
2	3	4	22			5	3	4	210	53	670
2	3	5	25			5	3	5	250	77	790
2	4	0	15	4	37	5	4	0	130	35	300
2	4	1	17			5	4	1	170	43	490
2	4	2	20			5	4	2	220	57	700
2	4	3	23			5	4	3	280	90	850
2	4	4	25			5	4	4	350	120	1000
2	4	5	28			5	4	5	430	150	1200
2	5	0	17			5	5	0	240	68	750
2	5	1	20			5	5	1	350	120	1000
2	5	2	23			5	5	2	540	180	1400
2	5	3	26			5	5	3	920	300	3200
2	5	4	29			5	5	4	1600	640	5800
2	5	5	32			5	5	5	≥2400	800	

注1：接种5份10mL样品、5份1mL样品、5份0.1mL样品。

注2：如果有超过三个的稀释度用于检验，在一系列的十进稀释当中，计算MPN时，只需要用其中依次三个的稀释度，取其阳性组合。选择的标准是：先选出5支试管全部为阳性的最大稀释(小于它的稀释度也全部为阳性试管)，然后再加上依次相连的两个更高的稀释。用这三个稀释度的结果数据来计算MPN。

测定结果保留整数，最多保留两位有效数字；测定结果≥100MPN/L时，按"四舍五入"原则修约并以科学计数法表示；测定结果<20MPN/L时，则表示未"未检出"或"<20MPN/L"。

表 B.2 97 孔定量盘法 MPN 表（小孔阳性格数 0～23）

大孔阳性格数	0	1	2	3	4	5	6	7	8	9	10	11	12	13	14	15	16	17	18	19	20	21	22	23
0	<1.0	1	2	3	4	5	6	7	8	9	10	11	12	13	14.1	15.1	16.1	17.1	18.1	19.1	20.2	21.2	22.2	23.3
1	1	2	3	4	5	6	7.1	8.1	9.1	10.1	11.1	12.1	13.2	14.2	15.2	16.2	17.3	18.3	19.3	20.4	21.4	22.4	23.5	24.5
2	2	3	4.1	5.1	6.1	7.1	8.1	9.2	10.2	11.2	12.2	13.3	14.3	15.4	16.4	17.4	18.5	19.5	20.6	21.6	22.7	23.7	24.8	25.8
3	3.1	4.1	5.1	6.1	7.2	8.2	9.2	10.3	11.3	12.4	13.4	14.5	15.5	16.5	17.6	18.6	19.7	20.8	21.8	22.9	23.9	25	26.1	27.1
4	4.1	5.2	6.2	7.2	8.3	9.3	10.4	11.4	12.5	13.5	14.6	15.6	16.7	17.8	18.8	19.9	21	22	23.1	24.2	25.3	26.3	27.4	28.5
5	5.2	6.3	7.3	8.4	9.4	10.5	11.5	12.6	13.7	14.7	15.8	16.9	17.9	19	20.1	21.2	22.2	23.3	24.4	25.5	26.6	27.7	28.8	29.9
6	6.3	7.4	8.4	9.5	10.6	11.6	12.7	13.8	14.9	16	17	18.1	19.2	20.3	21.4	22.5	23.6	24.7	25.8	26.9	28	29.1	30.2	31.3
7	7.5	8.5	9.6	10.7	11.8	12.8	13.9	15	16.1	17.2	18.3	19.4	20.5	21.6	22.7	23.8	24.9	26	27.1	28.3	29.4	30.5	31.6	32.8
8	8.6	9.7	10.8	11.9	13	14.1	15.2	16.3	17.4	18.5	19.6	20.7	21.8	22.9	24.1	25.2	26.3	27.4	28.6	29.7	30.8	32	33.1	34.3
9	9.8	10.9	12	13.1	14.2	15.3	16.4	17.6	18.7	19.8	20.9	22	23.2	24.3	25.4	26.6	27.7	28.9	30	31.2	32.3	33.5	34.6	35.8
10	11	12.1	13.2	14.4	15.5	16.6	17.7	18.9	20	21.1	22.3	23.4	24.6	25.7	26.9	28	29.2	30.3	31.5	32.7	33.8	35	36.2	37.4
11	12.2	13.4	14.5	15.6	16.8	17.9	19.1	20.2	21.4	22.5	23.7	24.8	26	27.2	28.3	29.5	30.7	31.9	33	34.2	35.4	36.6	37.8	39
12	13.5	14.6	15.8	16.9	18.1	19.3	20.4	21.6	22.8	23.9	25.1	26.3	27.5	28.6	29.8	31	32.2	33.4	34.6	35.8	37	38.2	39.5	40.7
13	14.8	16	17.1	18.3	19.5	20.6	21.8	23	24.2	25.4	26.6	27.8	29	30.2	31.4	32.6	33.8	35	36.2	37.5	38.7	39.9	41.2	42.4
14	16.1	17.3	18.5	19.7	20.9	22.1	23.3	24.5	25.7	26.9	28.1	29.3	30.5	31.7	33	34.2	35.4	36.7	37.9	39.1	40.4	41.6	42.9	44.2
15	17.5	18.7	19.9	21.1	22.3	23.5	24.7	25.9	27.2	28.4	29.6	30.9	32.1	33.3	34.6	35.8	37.1	38.4	39.6	40.9	42.2	43.4	44.7	46
16	18.9	20.1	21.3	22.6	23.8	25	26.2	27.5	28.7	30	31.2	32.5	33.7	35	36.3	37.5	38.8	40.1	41.4	42.7	44	45.3	46.6	47.9
17	20.3	21.6	22.8	24.1	25.3	26.6	27.8	29.1	30.3	31.6	32.9	34.1	35.4	36.7	38	39.3	40.6	41.9	43.2	44.5	45.9	47.2	48.5	49.8
18	21.8	23.1	24.3	25.6	26.9	28.1	29.4	30.7	32	33.3	34.6	35.9	37.2	38.5	39.8	41.1	42.4	43.8	45.1	46.5	47.8	49.2	50.5	51.9
19	23.3	24.6	25.9	27.2	28.5	29.8	31.1	32.4	33.7	35	36.3	37.6	39	40.3	41.6	43	44.3	45.7	47.1	48.4	49.8	51.2	52.6	54
20	24.9	26.2	27.5	28.8	30.1	31.5	32.8	34.1	35.4	36.8	38.1	39.5	40.8	42.2	43.6	44.9	46.3	47.7	49.1	50.5	51.9	53.3	54.7	56.1
21	26.5	27.9	29.2	30.5	31.8	33.2	34.5	35.9	37.3	38.6	40	41.4	42.8	44.1	45.5	46.9	48.4	49.8	51.2	52.6	54.1	55.5	56.9	58.4
22	28.2	29.5	30.9	32.3	33.6	35	36.4	37.7	39.1	40.5	41.9	43.3	44.8	46.2	47.6	49	50.5	51.9	53.4	54.8	56.3	57.8	59.3	60.8
23	29.9	31.3	32.7	34.1	35.5	36.8	38.3	39.7	41.1	42.5	43.9	45.4	46.8	48.3	49.7	51.2	52.7	54.2	55.6	57.1	58.6	60.2	61.7	63.2
24	31.7	33.1	34.5	35.9	37.3	38.8	40.2	41.7	43.1	44.6	46	47.5	49	50.5	52	53.5	55	56.5	58	59.5	61.1	62.6	64.2	65.8

续表

大孔阳性格数	0	1	2	3	4	5	6	7	8	9	10	11	12	13	14	15	16	17	18	19	20	21	22	23
25	33.6	35	36.4	37.9	39.3	40.8	42.2	43.7	45.2	46.7	48.2	49.7	51.2	52.7	54.3	55.8	57.3	58.9	60.5	62	63.6	65.2	66.8	68.4
26	35.5	36.9	38.4	39.9	41.4	42.8	44.3	45.9	47.4	48.9	50.4	52	53.5	55.1	56.7	58.2	59.8	61.4	63	64.7	66.3	67.9	69.6	71.2
27	37.4	38.9	40.4	42	43.5	45	46.5	48.1	49.6	51.2	52.8	54.4	56	57.6	59.2	60.8	62.4	64.1	65.7	67.4	69.1	70.8	72.5	74.2
28	39.5	41	42.6	44.1	45.7	47.3	48.8	50.4	52	53.6	55.2	56.9	58.5	60.2	61.8	63.5	65.2	66.9	68.6	70.3	72	73.7	75.5	77.3
29	41.7	43.2	44.8	46.4	48	49.6	51.2	52.8	54.5	56.1	57.8	59.5	61.2	62.9	64.6	66.3	68	69.8	71.5	73.3	75.1	76.9	78.7	80.5
30	43.9	45.5	47.1	48.7	50.4	52	53.7	55.4	57.1	58.8	60.5	62.2	64	65.7	67.5	69.3	71	72.9	74.7	76.5	78.3	80.2	82.1	84
31	46.2	47.9	49.5	51.2	52.9	54.6	56.3	58.1	59.8	61.6	63.3	65.1	66.9	68.7	70.5	72.4	74.2	76.1	78	79.9	81.8	83.7	85.7	87.6
32	48.7	50.4	52.1	53.8	55.6	57.3	59.1	60.9	62.7	64.5	66.3	68.2	70	71.9	73.8	75.7	77.6	79.5	81.5	83.5	85.4	87.5	89.5	91.5
33	51.2	53	54.8	56.5	58.3	60.2	62	63.8	65.7	67.6	69.5	71.4	73.3	75.2	77.2	79.2	81.2	83.2	85.2	87.3	89.3	91.4	93.6	95.7
34	53.9	55.7	57.6	59.4	61.3	63.1	65	67	68.9	70.8	72.8	74.8	76.8	78.8	80.8	82.9	85	87.1	89.2	91.4	93.5	95.7	97.9	100.2
35	56.8	58.6	60.5	62.4	64.4	66.3	68.3	70.3	72.3	74.3	76.3	78.4	80.5	82.6	84.7	86.9	89.1	91.3	93.5	95.7	98	100.3	102.6	105
36	59.8	61.7	63.7	65.7	67.7	69.7	71.7	73.8	75.9	78	80.1	82.3	84.5	86.7	88.9	91.2	93.5	95.8	98.1	100.5	102.9	105.3	107.7	110.2
37	62.9	65	67	69.1	71.2	73.3	75.4	77.6	79.8	82	84.2	86.5	88.8	91.1	93.4	95.8	98.2	100.6	103.1	105.6	108.1	110.7	113.3	115.9
38	66.3	68.4	70.6	72.7	74.9	77.1	79.4	81.6	83.9	86.2	88.6	91	93.4	95.8	98.3	100.8	103.3	105.9	108.6	111.2	113.9	116.6	119.4	122.2
39	70	72.2	74.4	76.7	78.9	81.3	83.6	86	88.4	90.9	93.4	95.9	98.4	101	103.6	106.3	109	111.8	114.6	117.4	120.3	123.2	126.1	129.2
40	73.8	76.2	78.5	80.9	83.3	85.7	88.2	90.8	93.3	95.9	98.5	101.2	103.9	106.7	109.5	112.4	115.3	118.2	121.2	124.3	127.4	130.5	133.7	137
41	78	80.5	83	85.5	88	90.6	93.3	95.9	98.7	101.4	104.3	107.1	110	113	116	119.1	122.2	125.4	128.7	132	135.4	138.8	142.3	145.9
42	82.6	85.2	87.8	90.5	93.2	96	98.8	101.7	104.6	107.6	110.6	113.7	116.9	120.1	123.4	126.7	130.1	133.6	137.2	140.8	144.5	148.3	152.2	156.1
43	87.6	90.4	93.2	96	99	101.9	105	108.1	111.2	114.5	117.8	121.1	124.6	128.1	131.7	135.4	139.1	143	147	151	155.2	159.4	163.8	168.2
44	93.1	96.1	99.1	102.2	105.4	108.6	111.9	115.3	118.7	122.3	125.9	129.6	133.3	137.4	141.4	145.5	149.7	154.1	158.5	163.1	167.9	172.7	177.7	182.9
45	99.3	102.5	105.8	109.2	112.6	116.2	119.8	123.6	127.4	131.4	135.4	139.6	143.9	148.3	152.9	157.6	162.4	167.4	172.6	178	183.5	189.2	195.1	201.2
46	106.3	109.8	113.4	117.2	121	125	129.1	133.3	137.6	142.1	146.7	151.5	156.5	161.6	167	172.5	178.2	184.2	190.4	196.8	203.5	210.5	217.8	225.4
47	114.3	118.3	122.4	126.6	130.9	135.4	140.1	145	150	155.3	160.7	166.4	172.3	178.5	185	191.8	198.9	206.4	214.2	222.4	231	240	249.5	259.5
48	123.9	128.4	133.1	137.9	143	148.3	153.9	159.7	165.8	172.2	178.9	186	193.5	201.4	209.8	218.7	228.2	238.2	248.9	260.3	272.3	285.1	298.7	313
49	135.5	140.8	146.4	152.3	158.5	165	172	179.3	187.2	195.6	204.6	214.3	224.7	235.9	248.1	261.3	275.5	290.9	307.6	325.5	344.8	365.4	387.3	410.6

表 B.3 97孔定量盘法 MPN 表（小孔阳性格数 24～48）

大孔阳性格数	24	25	26	27	28	29	30	31	32	33	34	35	36	37	38	39	40	41	42	43	44	45	46	47	48
0	24.3	25.3	26.4	27.4	28.4	29.5	30.5	31.5	32.6	33.6	34.7	35.7	36.8	37.8	38.9	40	41	42.1	43.1	44.2	45.3	46.3	47.4	48.5	49.5
1	25.6	26.6	27.7	28.7	29.8	30.8	31.9	32.9	34	35	36.1	37.2	38.2	39.3	40.4	41.4	42.5	43.6	44.7	45.7	46.8	47.9	49	50.1	51.2
2	26.9	27.9	29	30	31.1	32.2	33.2	34.3	35.4	36.5	37.5	38.6	39.7	40.8	41.9	43	44	45.1	46.2	47.3	48.4	49.5	50.6	51.7	52.8
3	28.2	29.3	30.4	31.4	32.5	33.6	34.7	35.8	36.8	37.9	39	40.1	41.2	42.3	43.4	44.5	45.6	46.7	47.8	48.9	50	51.2	52.3	53.4	54.5
4	29.6	30.7	31.8	32.8	33.9	35	36.1	37.2	38.3	39.4	40.5	41.6	42.8	43.9	45	46.1	47.2	48.3	49.5	50.6	51.7	52.9	54	55.1	56.3
5	31	32.1	33.2	34.3	35.4	36.5	37.6	38.7	39.9	41	42.1	43.2	44.4	45.5	46.6	47.7	48.9	50	51.2	52.3	53.5	54.6	55.8	56.9	58.1
6	32.4	33.5	34.7	35.8	36.9	38	39.2	40.3	41.4	42.6	43.7	44.8	46	47.1	48.3	49.4	50.6	51.7	52.9	54.1	55.2	56.4	57.6	58.7	59.9
7	33.9	35	36.2	37.3	38.4	39.6	40.7	41.9	43	44.2	45.3	46.5	47.7	48.8	50	51.2	52.3	53.5	54.7	55.9	57.1	58.3	59.4	60.6	61.8
8	35.4	36.6	37.7	38.9	40	41.2	42.3	43.5	44.7	45.9	47	48.2	49.4	50.6	51.8	53	54.1	55.3	56.5	57.7	59	60.2	61.4	62.6	63.8
9	37	38.1	39.3	40.5	41.6	42.8	44	45.2	46.4	47.6	48.8	50.0.	51.2	52.4	53.6	54.8	56	57.2	58.4	59.7	60.9	62.1	63.4	64.6	65.8
10	38.6	39.7	40.9	42.1	43.3	44.5	45.7	46.9	48.1	49.3	50.6	51.8	53	54.2	55.5	56.7	57.9	59.2	60.4	61.7	62.9	64.2	65.4	66.7	67.9
11	40.2	41.4	42.6	43.8	45	46.3	47.5	48.7	49.9	51.2	52.4	53.7	54.9	56.1	57.4	58.6	59.9	61.2	62.4	63.7	65	66.3	67.5	68.8	70.1
12	41.9	43.1	44.3	45.6	46.8	48.1	49.3	50.6	51.8	53.1	54.3	55.6	56.8	58.1	59.4	60.7	62	63.2	64.5	65.8	67.1	68.4	69.7	71	72.4
13	43.6	44.9	46.1	47.4	48.6	49.9	51.2	52.5	53.7	55	56.3	57.6	58.9	60.2	61.5	62.8	64.1	65.4	66.7	68	69.3	70.7	72	73.3	74.7
14	45.4	46.7	48	49.3	50.5	51.8	53.1	54.4	55.7	57	58.3	59.6	60.9	62.3	63.6	64.9	66.3	67.6	68.9	70.3	71.6	73	74.4	75.7	77.1
15	47.3	48.6	49.9	51.2	52.5	53.8	55.1	56.4	57.8	59.1	60.4	61.8	63.1	64.5	65.8	67.2	68.5	69.9	71.3	72.6	74	75.4	76.8	78.2	79.6
16	49.2	50.5	51.8	53.2	54.5	55.8	57.2	58.5	59.9	61.2	62.6	64	65.3	66.7	68.1	69.5	70.9	72.3	73.7	75.1	76.5	77.9	79.3	80.8	82.2
17	51.2	52.5	53.9	55.2	56.6	58	59.3	60.7	62.1	63.5	64.9	66.3	67.7	69.1	70.5	71.9	73.3	74.8	76.2	77.6	79.1	80.5	82	83.5	84.9
18	53.2	54.6	56	57.4	58.8	60.2	61.6	63	64.4	65.8	67.2	68.6	70.1	71.5	73	74.4	75.9	77.3	78.8	80.3	81.8	83.3	84.8	86.3	87.8
19	55.4	56.8	58.2	59.6	61	62.4	63.9	65.3	66.8	68.2	69.7	71.1	72.6	74.1	75.5	77	78.5	80	81.5	83.1	84.6	86.1	87.6	89.2	90.7
20	57.6	59	60.4	61.9	63.3	64.8	66.3	67.7	69.2	70.7	72.2	73.7	75.2	76.7	78.2	79.8	81.3	82.8	84.4	85.9	87.5	89.1	90.7	92.2	93.8
21	59.9	61.3	62.8	64.3	65.8	67.3	68.8	70.3	71.8	73.3	74.9	76.4	77.9	79.5	81.1	82.6	84.2	85.8	87.4	89	90.6	92.2	93.8	95.4	97.1
22	62.3	63.8	65.3	66.8	68.3	69.8	71.4	72.9	74.5	76.1	77.6	79.2	80.8	82.4	84	85.6	87.2	88.9	90.5	92.1	93.8	95.5	97.1	98.8	100.5
23	64.7	66.3	67.8	69.4	71	72.5	74.1	75.7	77.3	78.9	80.5	82.2	83.8	85.4	87.1	88.7	90.4	92.1	93.8	95.5	97.2	98.9	100.6	102.4	104.1
24	67.3	68.9	70.5	72.1	73.7	75.3	77	78.6	80.3	81.9	83.6	85.2	86.9	88.6	90.3	92	93.8	95.5	97.2	99	100.7	102.5	104.3	106.1	107.9

续表

大孔阳性格数 \ 小孔阳性格数	24	25	26	27	28	29	30	31	32	33	34	35	36	37	38	39	40	41	42	43	44	45	46	47	48
25	70	71.7	73.3	75	76.6	78.3	80	81.7	83.3	85.1	86.8	88.5	90.2	92	93.7	95.5	97.3	99.1	100.9	102.7	104.5	106.3	108.2	110	111.9
26	72.9	74.6	76.3	78	79.7	81.4	83.1	84.8	86.6	88.4	90.1	91.9	93.7	95.5	97.3	99.2	101	102.9	104.7	106.6	108.5	110.4	112.3	114.2	116.2
27	75.9	77.6	79.4	81.1	82.9	84.6	86.4	88.2	90	91.9	93.7	95.5	97.4	99.3	101.2	103.1	105	106.9	108.8	110.8	112.7	114.7	116.7	118.7	120.7
28	79	80.8	82.6	84.4	86.3	88.1	89.9	91.8	93.7	95.6	97.5	99.4	101.3	103.3	105.2	107.2	109.2	111.2	113.2	115.2	117.3	119.3	121.4	123.5	125.6
29	82.4	84.2	86.1	87.9	89.8	91.7	93.7	95.6	97.5	99.5	101.5	103.5	105.5	107.5	109.5	111.6	113.7	115.7	117.8	120	122.1	124.2	126.4	128.6	130.8
30	85.9	87.8	89.7	91.7	93.6	95.6	97.6	99.6	101.6	103.7	105.7	107.8	109.9	112	114.2	116.3	118.5	120.6	122.8	125.1	127.3	129.5	131.9	134.1	136.4
31	89.6	91.6	93.6	95.6	97.7	99.7	101.8	103.9	106	108.2	110.3	112.5	114.7	116.9	119.1	121.4	123.6	125.9	128.2	130.5	132.9	135.3	137.7	140.1	142.5
32	93.6	95.7	97.8	99.9	102	104.2	106.3	108.5	110.7	113	115.2	117.5	119.8	122.1	124.5	126.8	129.2	131.6	134	136.5	139	141.5	144	146.6	149.1
33	97.8	100	102.2	104.4	106.6	108.9	111.2	113.5	115.8	118.2	120.5	122.9	125.4	127.8	130.3	132.8	135.3	137.8	140.4	143	145.6	148.3	150.9	153.7	156.4
34	102.4	104.7	107	109.3	111.7	114	116.4	118.9	121.3	123.8	126.3	128.8	131.4	134	136.6	139.2	141.9	144.6	147.4	150.1	152.9	155.7	158.6	161.5	164.4
35	107.3	109.7	112.2	114.6	117.1	119.6	122.2	124.7	127.3	129.9	132.6	135.3	138	140.8	143.6	146.4	149.2	152.1	155	158	161	164	167.1	170.2	173.3
36	112.7	115.2	117.8	120.4	123	125.7	128.4	131.1	133.9	136.7	139.5	142.4	145.3	148.3	151.3	154.3	157.3	160.5	163.6	166.8	170	173.3	176.6	179.9	183.3
37	118.6	121.3	124	126.8	129.6	132.4	135.3	138.2	141.2	144.2	147.3	150.3	153.5	156.7	159.9	163.1	166.5	169.8	173.2	176.7	180.2	183.7	187.3	191	194.7
38	125	127.9	130.8	133.8	136.8	139.9	143	146.2	149.4	152.6	155.9	159.2	162.6	166.1	169.6	173.2	176.8	180.4	184.2	188	191.8	195.7	199.7	203.7	207.7
39	132.2	135.3	138.5	141.7	145	148.3	151.7	155.1	158.6	162.1	165.7	169.4	173.1	176.9	180.7	184.7	188.7	192.7	196.8	201	205.3	209.6	214	218.5	223
40	140.3	143.7	147.1	150.6	154.2	157.8	161.5	165.3	169.1	173	177	181.1	185.2	189.4	193.7	198.1	202.5	207.1	211.7	216.4	221.1	226	231	236	241.1
41	149.5	153.2	157	160.9	164.8	168.9	173	177.2	181.5	185.8	190.3	194.8	199.5	204.2	209	214	219.1	224.2	229.4	234.8	240.2	245.8	251.5	257.2	263.1
42	160.2	164.3	168.6	172.9	177.3	181.9	186.5	191.3	196.1	201.1	206.2	211.4	216.7	222.2	227.7	233.4	239.2	245.2	251.3	257.5	263.8	270.3	276.9	283.6	290.5
43	172.8	177.5	182.3	187.3	192.4	197.6	202.9	208.4	214	219.8	225.8	231.8	238.1	244.5	251	257.7	264.6	271.7	278.9	286.3	293.8	301.5	309.4	317.4	325.7
44	188.2	193.6	199.3	205.1	211	217.2	223.5	230	236.7	243.6	250.8	258.1	265.6	273.3	281.2	289.4	297.8	306.3	315.1	324.1	333.3	342.8	352.4	362.3	372.4
45	207.5	214.1	220.9	227.9	235.2	242.7	250.4	258.4	266.7	275.3	284.1	293.3	302.6	312.3	322.3	332.5	343	353.8	364.9	376.2	387.9	399.8	412	424.5	437.4
46	233.3	241.5	250	258.9	268.2	277.8	287.8	298.1	308.8	319.9	331.4	343.3	355.5	368.1	381.1	394.5	408.3	422.5	437.1	452	467.4	483.3	499.6	516.3	533.5
47	270	280.9	292.4	304.4	316.9	330	343.6	357.8	372.5	387.7	403.4	419.8	436.6	454	472.1	490.7	509.9	529.8	550.4	571.7	593.8	616.7	640.5	665.3	691
48	328.2	344.1	360.9	378.4	396.8	416	436	456.9	478.6	501.2	524.7	549.3	574.8	601.5	629.4	658.6	689.3	721.5	755.6	791.5	829.7	870.4	913.9	960.6	1011.2
49	435.2	461.1	488.4	517.2	547.5	579.4	613.1	648.8	686.7	727	770.1	816.4	866.4	920.8	980.4	1046.2	1119.9	1203.3	1299.7	1413.6	1553.1	1732.9	1986.3	2419.6	>2419.6